BERGWERKE

ROGER
WIDMER

SCHWEIZER BERGBAU

DIE GESCHICHTE VON GLÜCKSRITTERN

AS VERLAG

SULZER

VORWORT

Während der Zeit, in welcher ich bei der Schweizerischen Geotechnischen Kommission SGTK für die historischen Rohstoffe der Schweiz zuständig war, befuhr ich zahlreiche Bergwerke und hatte dabei noch das Glück, Menschen kennenzulernen, die früher selber in diesen Bergwerken gearbeitet hatten. Ich erfuhr von den Schicksalen dieser Bergleute, erlebte, in welch unwegsamem Gelände sich die Bergwerke befanden und welche Strapazen die Menschen auf sich nahmen, um an die damals noch begehrten, oder einfach nur benötigten Rohstoffe zu gelangen.

Die Geschichte des Schweizer Bergbaus ist gespickt mit zahlreichen Versuchen, durch den Abbau dieser oftmals sehr unzugänglich gelegenen Lagerstätten zu schnellem Reichtum zu gelangen. Obwohl die Schweiz reich an vielen «armen» Lagerstätten war, hat sich der Bergbau nie so entwickelt wie in den angrenzenden Nachbarländern. Manch einer hat sein «letztes Hemd» geopfert, nur um sich nach etlichen Rückschlägen sein Scheitern eingestehen zu müssen. In alten Akten finden sich zahlreiche Hinweise auf unlauteren Handel mit Konzessionen, beschönigte Gutachten und Kohle, die so schlecht war, dass sie niemand mehr abnehmen wollte.

DIE GESCHICHTE VON GLÜCKSRITTERN

Trotz all dieser herben Rückschläge und dem Wissen um das Risiko kam es immer wieder vor, dass solche «Glücksritter und Abenteurer», inspiriert durch die Erfolge im Ausland, in der Schweiz nach Rohstoffen gruben. Raubbaumässige Ausbeutung der Lagerstätten, fehlende Fachkenntnisse und zu geringe finanzielle Mittel führten in den häufigsten Fällen zur Schliessung und dem Konkurs der Betreiber. So schrieb Dr. Guillaume Schacht, Konzessionär des Bergwerks Kaltenberg, in einem Brief: «Ich lebte von der Hand in den Mund». Wie schon sein Vorgänger Adolph Ossent, der sein Leben – «all mein Glück, meine Tätigkeiten und meine Existenz» –dem Bergbau gewidmet hatte, war auch Schacht am Bergwerk Kaltenberg gescheitert.

VERGESSEN UND VERLOREN

In meiner Zeit der aktiven Bergwerkforschung bei der SGTK musste ich aber auch mit Schrecken feststellen, wie schnell unser Wissen über den historischen Bergbau vergessen geht und somit wichtige Informationen dazu verloren gehen. Auf der Suche nach dem Bergwerk von Chandoline stand ich vor einem Industriegebäude, hinter welchem ich eines der grössten Walliser Bergwerke vermutete. In einem Teil dieses Industriegebäudes war eine Firma eingemietet, die Pistenfahrzeuge aus den umliegenden Skigebieten reparierte. Obwohl ich später die Stollen zum Bergwerk gleich hinter diesem Industriegebäude fand, wusste niemand in der Firma etwas vom ehemaligen Bergwerk.

KLEIN ABER FEIN

Die Bergwerke, welche in diesem Buch vorgestellt werden, gehörten zu den grösseren in der Schweiz und waren über eine längere Zeit immer wieder im Fokus der Bevölkerung. Um ein Buch mit historischem Hintergrundwissen zu gestalten, sind solche Bergwerke natürlich vorzüglich geeignet, da über sie während der unterschiedlichsten Bergbauperioden viel Wissen zusammengetragen und dokumentiert wurde. Dabei sollten aber auch nicht die unzähligen kleineren Bergwerke und einzelnen Stollen vergessen werden. Nach stundenlanger und mühsamer Suche im unwegsamsten Gelände gefunden, beherbergen diese, ebenso wie die grossen Bergwerke, oft faszinierende Details.

Dieses Buch ist all den Männern, Frauen und Kindern gewidmet, die unter schwersten Arbeitsbedingungen in unseren ehemaligen Bergwerken gearbeitet haben.

Roger Widmer, 2024

Bergmann bei der Kontrolle einer Pumpe im Bergwerk Chandolin VS.

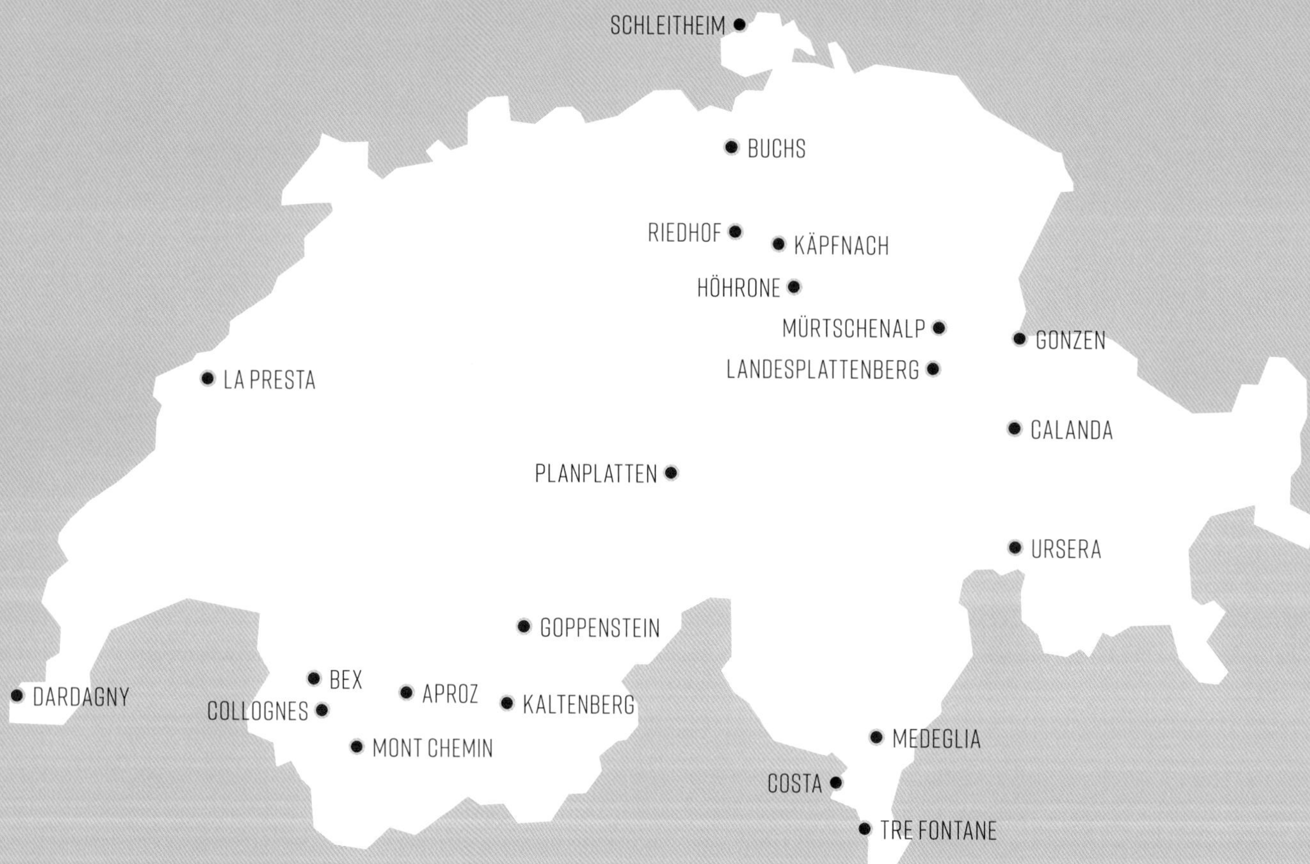

Hinweis: Gefahren im Bergwerk

Es sei darauf hingewiesen, dass das Befahren von Bergwerken auf eigene Faust äusserst gefährlich ist. Dem Laien wird dringend davon abgeraten, sich ohne sachkundige Begleitung in ein verlassenes Bergwerk zu begeben. Ein Bergwerk ist kein Abenteuerspielplatz, es kann unvorhergesehene Gefahren bergen wie einstürzende Stollen und gefährliche Schächte. Man kann sich schnell verlaufen und die Stollen können tödliche, nicht wahrnehmbare Gaskonzentrationen enthalten.

BERGWERKE

Für die Unterstützung des vorliegenden Buchs
danken wir den folgenden Institutionen und Personen:

Landesgeologie, Bundesamt für Landestopografie swisstopo, Wabern
Schweizerische Gesellschaft für historische Bergbauforschung
Fondation des Mines de Sel de Bex
Bergwerkverein Käpfnach, Horgen
Verein Bergwerk Riedhof
Turtmanntal Tourismus
Dr. von Moos AG – Geologie + Geotechnik
Fantalux GmbH
Manfred Mägerle
Vincent Serneels
Pascal Tissières

FONDATION
DES MINES DE
SEL DE BEX

BERGWERK KÄPFNACH

Schweizerische Eidgenossenschaft
Confédération suisse
Confederazione Svizzera
Confederaziun svizra

Bundesamt für Landestopografie swisstopo
Office fédéral de topographie swisstopo

Landesgeologie
Service géologique national

vM Dr. von Moos AG
Geologie + Geotechnik

www.as-verlag.ch

Ein Verlag der Lesestoff-Gruppe
Gestaltung und Satz: AS Verlag & Grafik, Urs Bolz
Lektorat: AS Verlag, Alex Nyffenegger
Korrektorat: AS Verlag, Martha Höschel
Druck und Bindung: BALTO print
ISBN 978-3-03913-050-4

Der AS Verlag wird vom Bundesamt für Kultur
für die Jahre 2021–2025 unterstützt.

INHALT

EINLEITUNG

BERGWERKE

ANHANG

EINLEITUNG
VERTEILUNG DER ROHSTOFFE IN ABHÄNGIGKEIT ZUR GEOLOGIE

Das Ziel dieses Buches ist es, dem interessierten Leser mittels Fotografien und historischen Informationen einen Einblick in die Zeit des historischen Bergbaus zu vermitteln. Welche Mühsal haben die Betreiber dieser Bergwerke, die Bergleute und ihre Angehörigen auf sich genommen, um dem Berg die begehrten Rohstoffe abzuringen.

Um diesen Streifzug in die Vergangenheit richtig geniessen zu können, soll einleitend ein grundlegendes Wissen über die Entstehung und den Aufbau des Untergrundes vermittelt werden.

Die Rohstoffe werden im Buch in zwei Gruppen unterteilt: mineralische Rohstoffe (Erze) und mineralische Energierohstoffe (Kohlen, Bitumen). Die Rohstoffe treten nicht willkürlich verteilt auf. Ihr Vorkommen steht in engem Zusammenhang mit der Genese (Entstehung) der unterschiedlichen Gesteine. Die Rohstoffe wurden in den während ihrer Genese vorhandenen oder gleichzeitig entstandenen Gesteinen eingelagert oder kristallisiert. Die Gesteine mit ihren Rohstoffen waren später teilweise über Jahrmillionen hinweg enormen tektonischen Einflüssen ausgesetzt. Kontinente wurden zerrissen, ihre Ränder zusammengestaucht oder subduziert (Abtauchen einer tektonischen Platte unter eine andere). Durch Vulkanismus, Sedimentation und Metamorphose wurden neue Gesteine gebildet und wiederum durch Erosion abgetragen. Es gibt in den Schweizer Alpen Gesteine, die schon mehrere Metamorphosen durchlebt haben. Dieses Geschehen wird im Abschnitt «Der ewige Kreislauf von Zerstörung und Entstehung» nochmals erklärt. Das geologische Abbild der Schweiz gleicht einem Flickwerk der Gesteinsabfolgen aus den vorhergegangenen Erdzeitaltern.

Je nachdem, wo nun die Gesteine, in denen die Rohstoffe entstanden sind, ihren Platz im alpinen Puzzle gefunden haben, können auffällige Konzentrationen gleicher Rohstoffe festgestellt werden, die sich nach den tektonischen Einheiten, ihren Gesteinsabfolgen und der Entstehungszeit richten (siehe Karten der Rohstoffe).

Bergmänner beim Abbau von Anthrazit im Bergwerk Chandolin VS.

Herauslösen des grössten jemals in einem Schweizer Bergwerk geförderten Anthrazitblocks mit einem Gewicht von 11 Tonnen (Bergwerk Chandolin VS). Links im Vordergrund der Konzessionär J. Dionisotti.

Verteilung der mineralischen Rohstoffe
Stand Aufarbeitung Rohstoffinformationssystem
der Fachstelle Georessourcen Schweiz
der ETH Zürich.

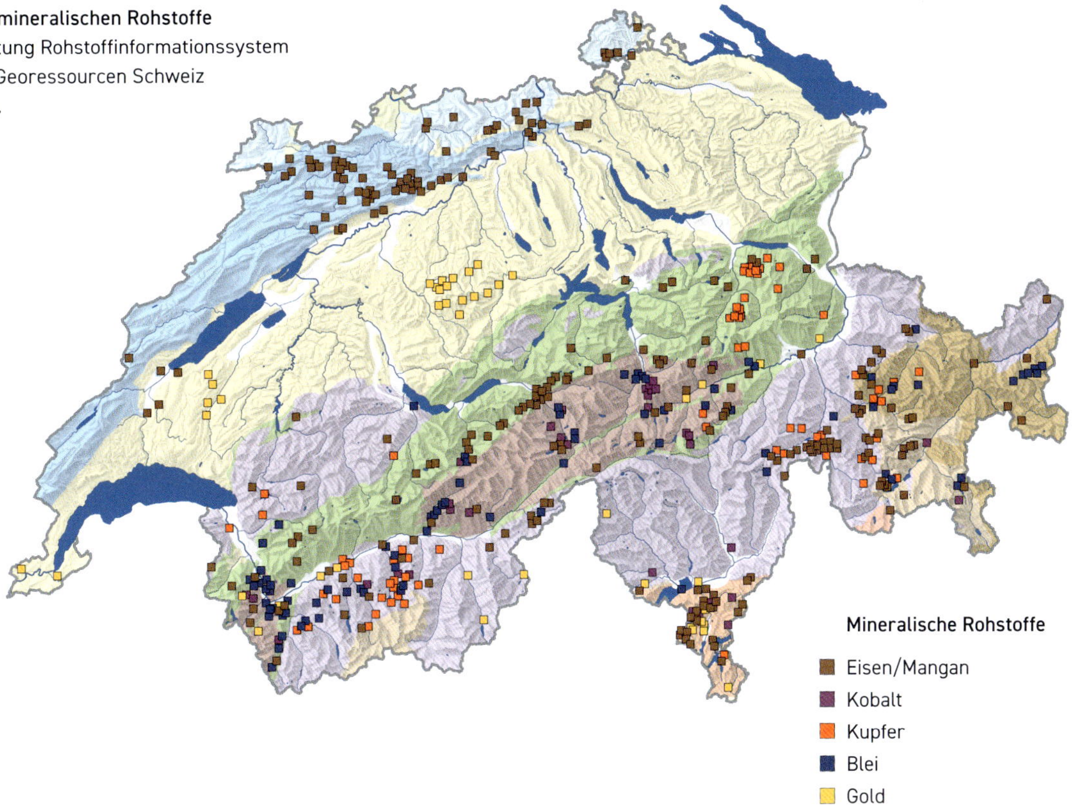

Verteilung der mineralischen Energierohstoffe
Stand Aufarbeitung Rohstoffinformationssystem
der Fachstelle Georessourcen Schweiz
der ETH Zürich.

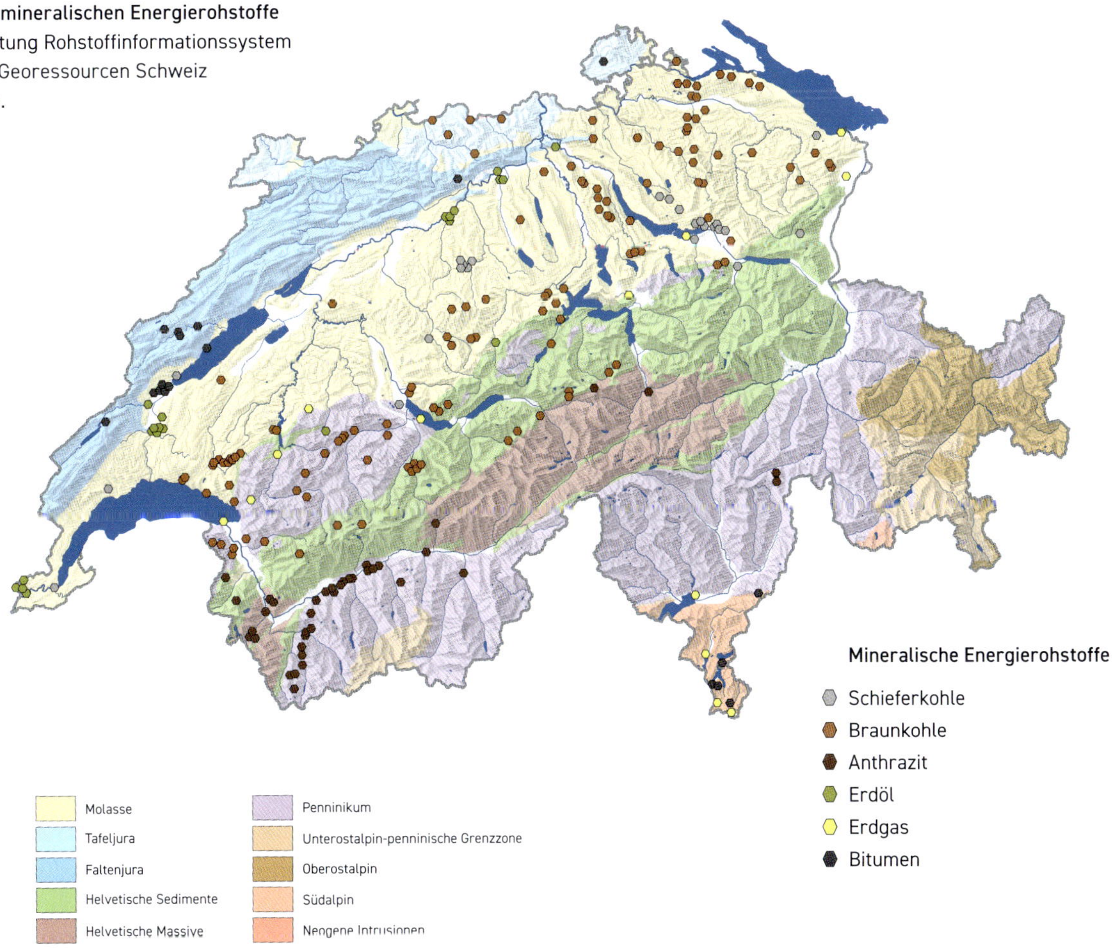

KRISTALLE UND MINERALE
BAUSTOFF DER GESTEINE UND ROHSTOFFE

KRISTALLE

Wer von uns denkt nicht beim Wort «Kristall» gleich an den glasklaren Bergkristall mit seiner kantigen Struktur? So wie auf dem Foto zeigt er sich in einer seiner zahlreichen Varianten des Minerals Siliciumdioxid (SiO_2). Was wäre aber, wenn beim Bergen am Fundort ein Fehler passierte und der Kristall dabei in tausend kleine Splitter zerbrochen wäre – sind diese Bruchstücke dann ebenso noch Kristalle?

Die Bruchstücke sind, auch wenn nun die schöne Form des Bergkristalls zerstört wurde, immer noch Kristalle. Der Kristall wird nicht, wie von Laien oft angenommen, durch seine äussere Form definiert. Es ist die innere Struktur, welche darüber bestimmt, ob eine Substanz als Kristall bezeichnet wird. Die dreidimensionale Anordnung der Atome in einer ganz bestimmten und regelmässigen Struktur ist der Grund, weshalb eine Substanz als kristallin oder kristallisiert bezeichnet wird. Die dreidimensionale Verknüpfung aus einem oder verschiedenen Atomen wird auch Kristallgitter genannt (Meyer 2017).

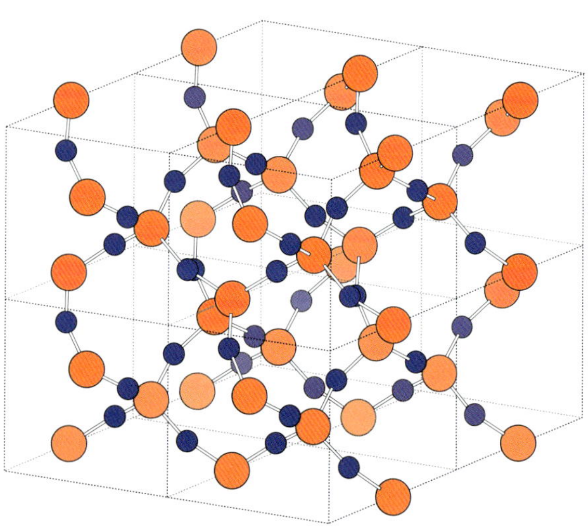

MINERALE

Aber was bedeutet die Bezeichnung «Mineral»? Als Mineral wird natürliche, feste, anorganische (kristalline) Substanz bezeichnet. Mit dieser Definition werden Minerale oder Mineralien von allen künstlichen kristallinen Substanzen abgegrenzt.

In welcher Form die Minerale vorkommen, ist somit irrelevant. Die Minerale können im Gestein als schön ausgebildeter Kristall in einer Zerrkluft gewachsen sein, oder als unregelmässiges Aggregat Bestandteil eines Gesteins sein. Das wohl am häufigsten verwendete Beispiel hierfür ist der Granit. Granit ist ein Gestein aus der Tiefe der Erdkruste, das sich aus mehreren Mineralien zusammensetzt. Um sich diese Zusammensetzung zu merken, gibt es eine kleine Eselsbrücke: «Feldspat, Quarz und Glimmer / die drei vergess ich nimmer». Der Granit bietet den Vorteil, dass die einzelnen Minerale von blossem Auge erkennbar sind. Der Quarz tritt hier als meist rundliches oder unregelmässiges Aggregat mit gräulicher bis bräunlicher Farbe auf (Rauchquarz). Der Feldspat bildet grosse eckige Aggregate mit weisser bis rötlicher Farbe, der Glimmer ist fest dazwischen verwachsen und wenig deutet auf seine blättrige Struktur hin.

Was ist hier geschehen, wo sind die geraden Flächen und die prismatischen Spitzen des Quarzes geblieben? Der Granit ist tief im Innern der Erdkruste aus sich abkühlendem Magma (Gesteinsschmelze) entstanden. In dem sich abkühlenden Magma beginnen die Minerale zu kristallisieren und

Atomares Kristallgitter.

Oben links: Bergkristall (Quarz, Siliciumdioxid SiO_2).
Oben rechts: Dünnschliff einer Kupferschlacke von der Mürtschenalp.
Links: Granit. Gut sichtbar die einzelnen Minerale wie Feldspat (rosa/weiss), Quarz (klar/grau) und Glimmer (schwarz).

wachsen solange, bis sie an einem anderen Mineral anstehen. Schlussendlich füllen alle Minerale im Granit den vorhandenen Platz aus und verwachsen dabei zu einem körnigen Gebilde von einzelnen Kristallen, aber ohne ihre schön ausgewachsenen Kristallformen.

EIN GESTEIN ENTSTEHT

Aus Magma, tief in der Erdkruste, ist durch Kristallisation verschiedener Minerale ein Gestein entstanden. Aber was genau definiert ein «Gestein»?

Wir wissen nun, dass der Granit aus einem Gemenge von fest miteinander verwachsenen Mineralen besteht, die in einem heissen und noch flüssigen Magma tief in der Erdkruste auskristallisierten und von blossem Auge in Form und Farbe voneinander unterschieden werden können.

Aber wie verhält es sich bei einem kompakten Kalkstein- oder einem Tonstein? Obwohl diese Gesteine extrem feinkörnig und die einzelnen Minerale von blossem Auge nicht zu erkennen sind, zeigt sich z. B. im Dünnschliff eines Gesteins unter dem Mikroskop, wie beim Granit, ein Aufbau durch kristallisierte Minerale.

Fest miteinander verzahnte und zusammengewachsene Minerale sind also der Baustoff für die Gesteine. Aber in Gesteinen können neben kristallisierten Mineralen auch noch andere Dinge vorkommen. In einem Sedimentgestein können z. B. Gesteinsbruchstücke enthalten sein. Das Geröll in einem Flussbett kann durch Druck und Verfestigung mit Kalzit zu einem festen Konglomerat zementiert werden. Es können auch Reste von Organismen wie Knochen und Schalen (Fossilien) darin enthalten sein. Sedimentgesteine enthalten oftmals grosse Mengen an organischen Zerfallsprodukten von Pflanzen und Tieren, die wir in Form von Kohle, Erdöl und Erdgas nutzen.

Die Geologen zählen neben diesen mehr oder weniger kompakten Gesteinen auch Sande, Kiese, Tone usw. zu den sogenannten «Lockergesteinen». Diese wurden noch nicht durch die Diagenese (geologischer Prozess der Gesteinsbildung aus Sedimenten) verfestigt. Sie sind für die Trinkwasservorkommen (als Filter und Leiter von Grundwasserströmen) und für die Bauindustrie von grossem Interesse (Meyer 2017).

GESTEINE
DER EWIGE KREISLAUF VON ZERSTÖRUNG UND ENTSTEHUNG

DIE DREI GESTEINSGRUPPEN

Nun haben wir im obigen Kapitel bereits von Gesteinen mit sehr unterschiedlicher Struktur und Genese gelesen.

Um einen besseren Überblick über die unzähligen Varietäten der verschiedenen Gesteine zu bekommen, werden diese in drei Gesteinsgruppen unterteilt: magmatische Gesteine (Magmatite), Ablagerungsgesteine (Sedimente) und Umwandlungsgesteine (Metamorphite) (Meyer 2017).

Von diesen drei Gesteinsgruppen sind in der Schweiz wiederum zahlreiche Varietäten zu finden. Ebenfalls kommt es häufig vor, dass diese drei Gesteinsgruppen durch geologische Prozesse ineinander übergehen. So kann ein erodiertes magmatisches Gestein durch Flüsse transportiert und als Sand zu einem Ablagerungsgestein werden; ein Ablagerungsgestein kann wiederum metamorph (durch Hitze und Druck) verändert werden, oder ein Metamorphit kann wieder aufgeschmolzen werden und das Ausgangsmaterial für ein magmatisches Gestein liefern.

Dem Laien mögen diese Vorgänge verwirrend erscheinen, aber die Wissenschaft kann daraus unterschiedliche Gesteinskreisläufe definieren und Rückschlüsse auf die ursprüngliche Herkunft und Geschichte eines Gesteins ziehen. Wer diese Abläufe versteht, kann beim Wandern in der Natur die Gesteine, über die er geht, wie ein Buch lesen und verstehen, was vor Jahrmillionen passiert ist.

MAGMATISCHE GESTEINE

Die magmatischen Gesteine, auch Magmatite oder Erstarrungsgesteine genannt, entstehen durch das Kristallisieren von über 700 °C heissem Magma (Gesteinsschmelze). Die magmatischen Gesteine lassen sich nach ihrer Entstehungstiefe in zwei weitere Untergruppen aufteilen: Plutonite, in der Tiefe erstarrte Gesteine wie Granit, Diorit und Gabbro; oder die Vulkanite, an der Oberfläche erstarrte Gesteine wie Rhyolith, Andesit und Basalt (Meyer 2017).

SEDIMENT, ABFALL DER ALPEN

Durch die Erosion eines Gesteins an der Erdoberfläche entstehen lockere Sedimente (Lockergesteine), die nach kurzem Transport durch die Schwerkraft, nicht selten über eine längere Strecke in Bächen und Flüssen, auf trockenem Land oder am Grund eines Gewässers abgelagert werden.

In Folge weiterer Überdeckungen entsteht aus diesen Lockergesteinen durch den Prozess der Diagenese ein

Der Granit gehört zu den magmatischen Gesteinen (Magmatit).

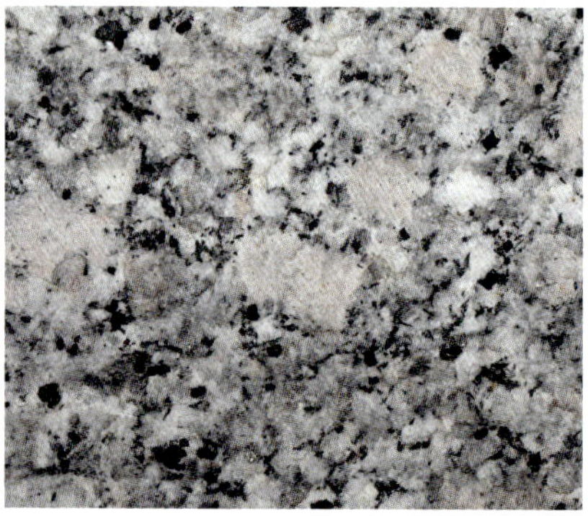

Ein eisenhaltiger Nummulitenkalk. Dieses Sediment enthält zahlreichen Fossilien. Die Versteinerten Nummuliten sind langlebige Einzeller, die bis zu 10 cm gross werden können.

Gneis entsteht z. B. durch Umwandlung von Granit. Die beim Granit schön ausgebildeten Minerale sind beim Gneis auffällig gebändert.

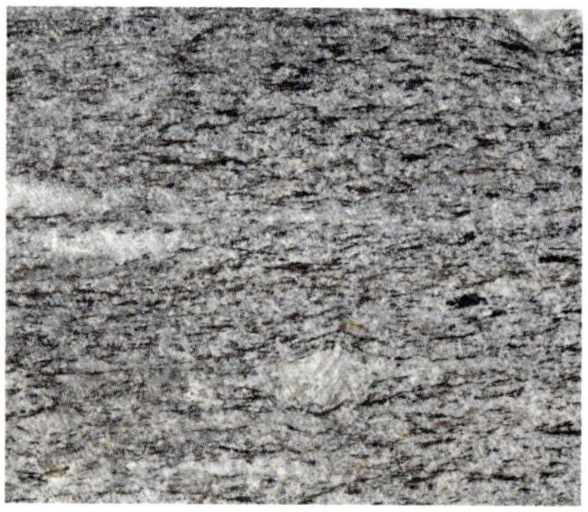

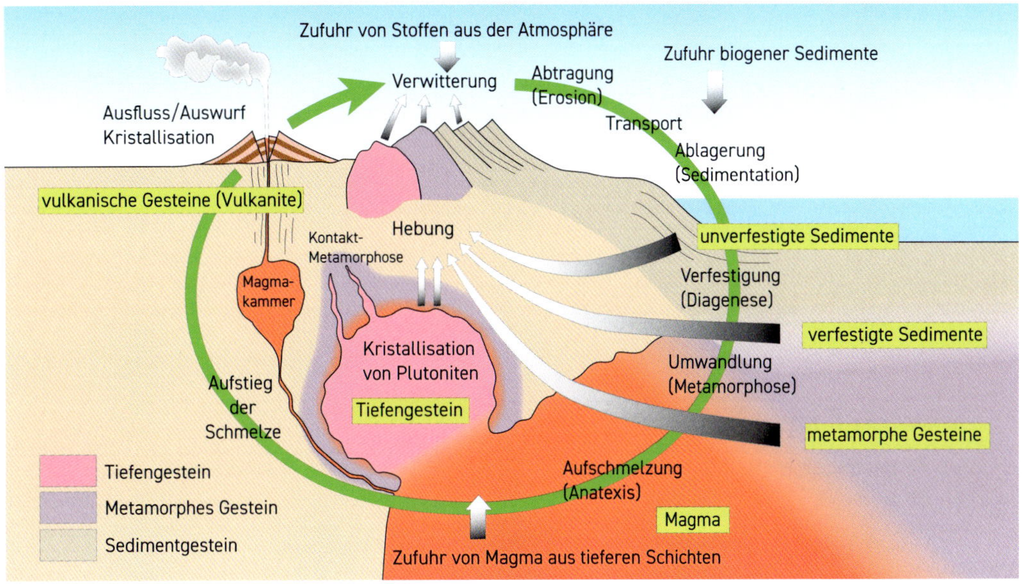

Gesteinskreislauf.

festes Sedimentgestein. Dieser Prozess führt unter Druck und Erwärmung zur Kompaktion (Verfestigung) der Lockergesteine, begleitet von der Reduktion des Porenwassers und gleichzeitiger Zementation der lockeren Bestandteile durch Auskristallisierung von – meistens – Kalzit oder Quarz aus dem Porenwasser.

In zahlreichen Sedimenten sind Schichtungen gut zu erkennen, welche einer ursprünglich horizontalen Ablagerung entsprachen. Verursacht werden diese durch eine Veränderung in der Zusammensetzung des abgelagerten Sediments, abhängig von jahreszeitlichen Zyklen, klimatisch bedingten Veränderungen oder anderen Ereignissen (Meyer 2017).

IM BACKOFEN DER NATUR

Metamorphe Gesteine werden unter höheren Druck- und Temperaturbedingungen umkristallisiert. Ausgelöst durch tektonische Prozesse kann es vorkommen, dass Gesteine eine Versenkung in der Erdkruste erfahren und dabei extremen Bedingungen ausgesetzt werden. Die Temperatur wächst mit der Versenkungstiefe im Durchschnitt um ca. 25 °C/km (Meyer 2017). Dieser Temperaturanstieg ist nicht überall gleich hoch. Deshalb werden die Bohrungen von Geothermieprojekten bewusst in Gegenden abgeteuft, wo im Boden höhere Temperaturen angetroffen werden, wie z. B. beim Projekt «Deep Heat Mining» in der Bruchzone des Rheingrabens bei Basel.

Die Temperatur- und Druckbereiche einer Metamorphose beginnen bei 150 °C/1000 bar und reichen bis ca. 800 °C/35 000 bar (Meyer 2017). Diese Temperatur- und Druckbereiche wurden in Felder von verschiedenen metamorphen Fazies-Typen aufgeteilt. Drei wichtige Bereiche werden im Folgenden kurz charakterisiert.

Während einer Regionalmetamorphose werden grosse Volumen durch tektonische Vorgänge wie Subduktion, Versenkung in tiefere Bereiche der Erdkruste bei der Gebirgsbildung metamorph überprägt (Meyer 2017).

Durch die Kontaktmetamorphose werden Gesteine beim Aufsteigen von Magma in der näheren Umgebung des heissen Magmas verändert. Ein typisches Beispiel für eine solche Kontaktmetamorphose sind die Magnetitvererzungen im Skarn am Mont Chemin bei Martigny. Hier hat der als Magma aufsteigende Mont-Blanc-Granit zu einer Kontaktmetamorphose in den Sedimentgesteinen geführt.

Der Skarn am Mont Chemin ist ein metasomatischer Skarn, entstanden durch einen regen Mineralaustausch zwischen einem zirkulierenden Fluid, einem karbonatreichen Sediment (Kalkstein) und dem frisch eingedrungenen magmatischen Gestein.

Die «Metasomatose» ist im Vergleich zur örtlich beschränkten «Alteration» für grossräumige Umwandlung in den Gesteinen verantwortlich.

Ein typisches Zeichen für eine Subduktion ist die Hochdruckmetamorphose. Bei der Kollision einer ozeanischen mit einer kontinentalen Kruste wird die relativ kühle ozeanische Kruste bis zu 50 km tief versenkt. Geringe Temperatur, aber sehr hoher Druck zeichnet diese Metamorphose aus.

MINERALISCHE ROHSTOFFE
BILDUNG VON LAGERSTÄTTEN

ERZ: «MINERALISCHER ROHSTOFF»

In der Lagerstättenkunde wird unter Erz ein metallhaltiges Gestein oder Mineralgemenge verstanden, aus welchem durch technische Methoden Metalle gewonnen werden können.

ERZLAGERSTÄTTEN

Die Metallanreicherungen, sprich abbauwürdige Lagerstätten oder (nicht) abbauwürdige Vorkommen, entstehen während der Bildung oder der Verwitterung und Erosion der Gesteine. Die Entstehungsprozesse sind sehr unterschiedlich und abhängig von zahlreichen chemischen und physikalischen Faktoren während den geologischen Abläufen (Pohl 2005).

BILDUNG VON ERZLAGERSTÄTTEN

Früheren Ansichten zufolge wurden dem Vulkanismus und magmatischen Fluiden die Hauptrolle bei der Bildung von Erzlagerstätten zugesprochen. Dazu gehören auch geochemische und geologische Vorgänge der Erosion und Sedimentation, die solche Bildungen in späteren Phasen weiter umformten.

Im Verlauf der letzten Jahrzehnte kamen neue Erkenntnisse hinzu. Teilweise verdanken wir sie auch der Ozeanforschung, die am Mittelozeanischen Rücken hydrothermale Schlote entdeckt hat. Dort bilden sich metallhaltige Schlämme, die bekannten Erzlagerstätten an der Oberfläche gleichen.

Kritische Neubewertungen zahlreicher bekannter Lagerstätten führten zur Erkenntnis, dass es sehr viele Bildungsvarianten ohne Beteiligung von Vulkanismus gibt.

Heute wird der Entwässerung von sedimentären Becken (Diagenese) ein bedeutender Anteil der Bildung von Erzlagerstätten zugeschrieben.

Auch meteorisches Wasser, das im Untergrund zirkuliert, kann durch Lösung von Metallen im durchflossenen Gestein zur Bildung einer Lagerstätte führen.

Neu wurde neben dem Vulkanismus die Metamorphose als wichtigster Prozess bei der Bildung von Erzlagerstätten erkannt. Bei der Gebirgsbildung unserer Alpen wurden durch Metamorphose grosse Wassermengen freigesetzt. Sie lösten Metalle und Minerale. Diese stark mineralhaltigen Fluide zirkulierten in Rissen und Klüften, bis es eine Druck- und Temperaturveränderung gab und die Metalle entlang dieser Gänge kristallisierten (Erzgang). Solche gangartigen, hydrothermal entstandenen Lagerstätten sind die häufigsten in den Alpen (Pohl 2005).

Weitere Arten sind grossflächige Lagerstätten am Gonzen SG (hydrothermale Schlote) und sedimentäre Lagerstätten wie in Herznach AG.

MINERALISCHE ENERGIEROHSTOFFE

Fossile, mineralische Energierohstoffe sind Kohle, Erdöl, Erdgas, Teer (Schweröl) und Asphalt sowie Ölschiefer (Muttergestein mit unreifem Erdöl).

Kohlen sind unterschiedlich feste, brennbare Gesteine und gehören zur Gruppe der Sedimentgesteine. Ihr Ursprung ist überwiegend pflanzlich, entstanden aus Mooren (Torf), Sumpflandschaften oder Wäldern (im Karbon). Die abgestorbenen Pflanzen wurden nicht abgebaut, sondern überdeckt und durch Diagenese, die eine Anreicherung des Kohlenstoffs zur Folge hatte, in Kohle umgewandelt.

Je nach geologischem Alter der Kohle, dem Gehalt an Wasser und flüchtigen Bestandteilen findet eine Unterteilung der Kohlen statt (Pohl 2005). In der Schweiz wurden folgende Kohlen abgebaut, wobei Torf – die Ausgangssubstanz – noch keine Kohle ist:

- Torf (Mittelland)
- Schieferkohle (Mittelland)
- Braunkohle (Mittelland)
- Steinkohle (Berner Alpen)
- Anthrazit (Wallis)

ERDÖL «KOHLENWASSERSTOFFE»

Erdöl- und Erdgaslagerstätten sind natürliche Anreicherungen von Kohlenwasserstoffen (Bitumen) im Gestein. Entstanden ist das Erdöl aus Kleinstlebewesen (Einzeller), die als Phytoplankton bezeichnet werden und im Meer leben.

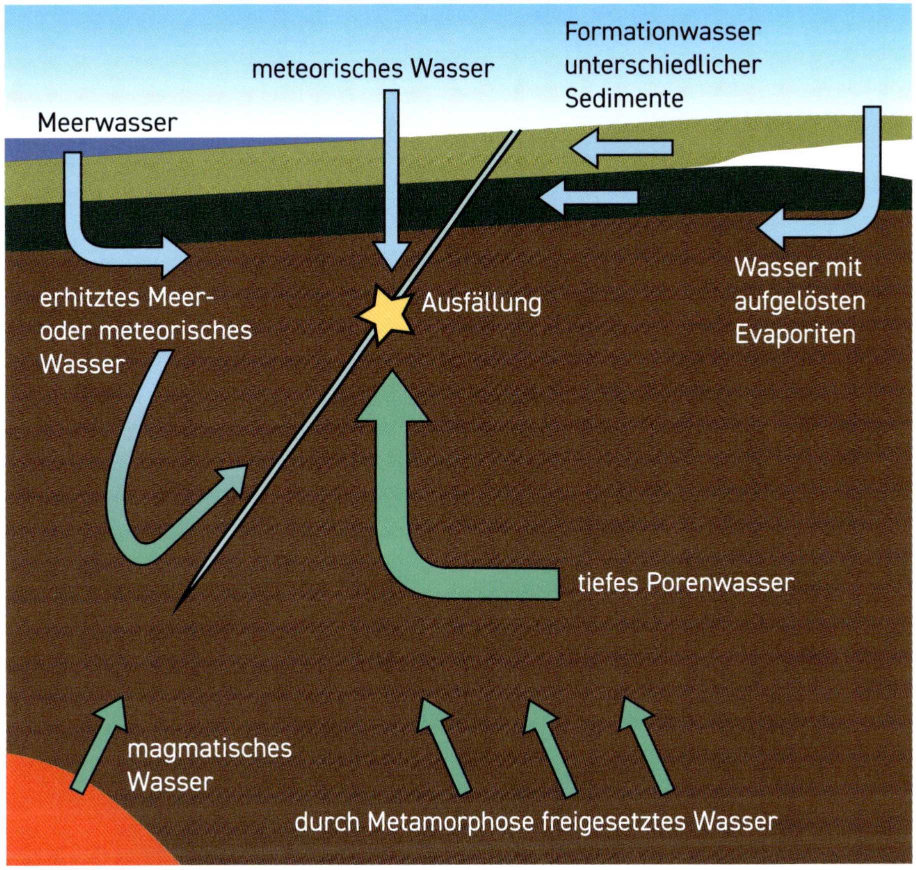

Darstellung der wichtigsten «hydrothermalen» Vorgänge, die zur Bildung von Lagerstätten führen. Beim Waschgold spricht man von Seifen, wenn sich durch den Transport im Flussbett eine Konzentration bildet.

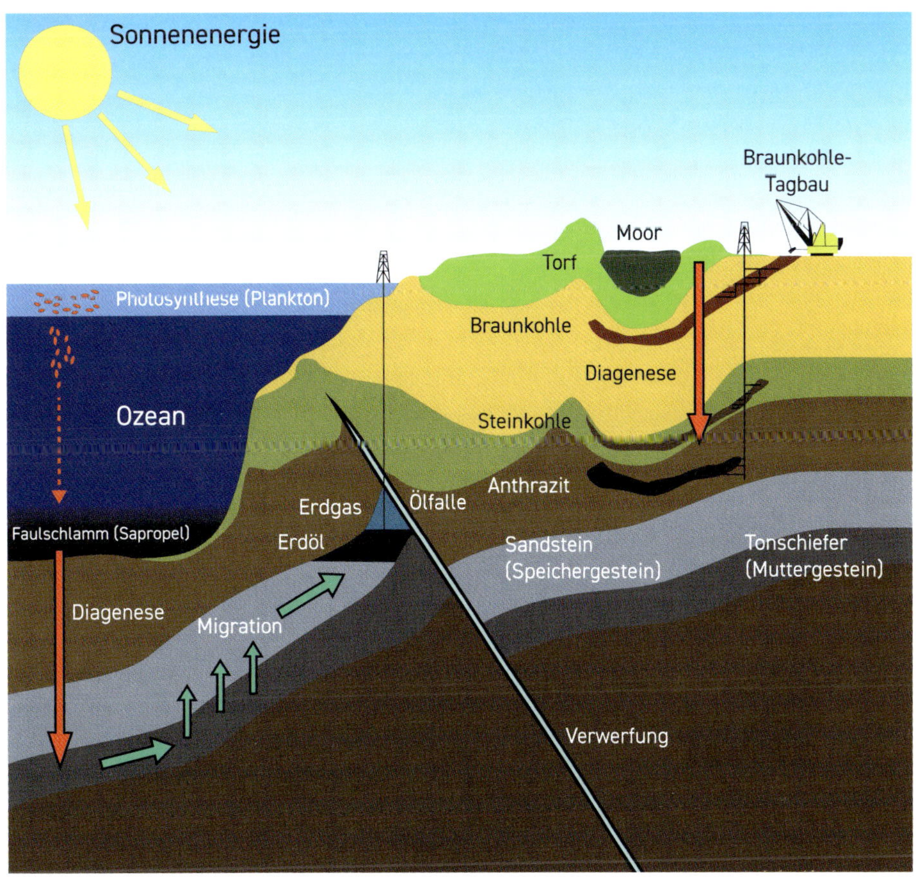

Darstellung der Bildung mineralischer Energierohstoffe wie Kohle, Erdöl und Erdgas.

HISTORISCHER BERGBAU IN DER SCHWEIZ
GESCHICHTLICHE ENTWICKLUNG

FAMILIE FEUERSTEIN

Materialien wie Ton, Holz, Knochen und Steine waren die ersten Rohstoffe der Menschen, aus denen sie Gebrauchsgegenstände herzustellen vermochten. Erste Bergbauspuren sind in der Schweiz aus dem Neolithikum (Steinzeit) bekannt. Damals suchten die Menschen entlang des Juras nach Silex-Knollen (Feuerstein), um daraus Werkzeuge und Waffen herzustellen. Solche Abbaustellen sind aus dem Klettgau, der Lägern und bei Olten bekannt. In Olten wurde bei Bauarbeiten ein regelrechtes Stollensystem mit einer Länge von 24 m im Malmkalk entdeckt. Dort wurden von 6000 bis 2000 v. Chr. mit primitivsten Mitteln, wie z. B. mit Hirschgeweihen, die begehrten Silex-Knollen aus dem Kalkstein gefördert (Lötscher 2015). In den Alpen wurden ebenfalls schon früh Bergkristalle zur Herstellung von Schmuck gesucht.

KUPFER-/BRONZEZEIT

Die Entdeckung der Metalle und deren Verarbeitung in der Kupfer-/Bronze- und später der Eisenzeit führte dazu, dass auch in der Schweiz schon bald die Suche nach diesen begehrten Rohstoffen intensiv betrieben wurde.

Ohne die technischen Geräte und Hilfsmittel der modernen Zeit, musste die Menschheit lernen, die Zeichen der Natur zu lesen, um die oftmals in unwegsamem Gelände und tief im Erdinneren schlummernden Rohstoffe zu finden. Fundstücke in Bächen, Pflanzen, die bestimmte Metalle zum Wachstum bevorzugen (Zeigerpflanzen), Verwitterungen wie der sogenannte «Eiserne Hut» (Vererzungen, die durch Verwitterung von Erzgängen an der Oberfläche entstehen) oder auffällige Mineralbildungen bei Kupfervererzungen (Malachit, Azurit) führten die Menschen zu den verborgenen Rohstoffen im Boden.

Im Oberhalbstein konnte anhand von Schlacke- und Holzkohlefunden eine Bergbautätigkeit aus dem Übergang von der Bronze- zur Eisenzeit um ca. 8000 v. Chr. nachgewiesen werden. Im Waadtländer Jura sind ebenfalls Verhüttungsstellen aus der Eisenzeit bekannt. Diese stehen vermutlich mit den oberflächennahen Bohnerzen in Verbindung.

«BERGBAUBOOM»

Grundsätzlich kann davon ausgegangen werden, dass in der Schweiz von der Bronzezeit bis Ende des 19. Jahrhunderts ohne grosse Unterbrüche Bergbau betrieben wurde.

Analysen von Schlacken und Holzfragmenten aus zahlreichen Stollen und Schürfungen bezeugen einen Bergbau auch im Mittelalter. So konnten mit Hilfe modernster Technologie verschiedene Bergbauaktivitäten den unterschiedlichsten Bergbauepochen (Blütezeiten) zugeordnet werden.

EISEN FÜR DIE RITTER

Neben den schon früh bergmännisch abgebauten Rohstoffen in den Alpen wurden nun vermehrt auch die Eisenerze entlang des Juras abgebaut. Die Eisenerze im Fricktal werden bereits ab dem Jahr 1241 erwähnt.

Älteste Bergwerke entstanden in Graubünden, dann im Wallis. Bereits im 14. und 15. Jahrhundert sind zahlreiche Bergwerke mit den dazugehörigen Aufbereitungs- und Verhüttungsanlagen bekannt. Damals wurden die abgebauten Erze in der nächsten Umgebung zum Bergwerk verarbeitet, wobei sich das Transportgewicht stark reduzierte. Auf dem Mont Chemin VS zeugen neben zahlreichen Stollen auch Verhüttungsplätze von einem regen Bergbau schon während der Merowingerzeit (ca. 600 Jahre nach Christus) (Ansermet 2001).

Oft mussten aber mit der Zeit die Verhüttungsplätze verlegt werden, da das für diesen Vorgang benötigte Holz in der näheren Umgebung zur Neige ging.

Dank den ausführlichen Überlieferungen des Bündner Bergrichters Christian Gadmer ist bekannt, dass im 17. Jahrhundert mit 93 registrierten Bergwerken ein Höhepunkt der damaligen Bergbauentwicklung in Graubünden erreicht war (Kündig et al 1997).

SAGENUMWOBENE GOLDLÖCHER

In der Zeit um das 14. bis 17. Jahrhundert rankten sich viele Sagen um sogenannte Goldlöcher und die geheimnisvollen «Erzmännchen», die die Schweiz auf der Suche nach Gold durchforsten würden. Die in den Sagen beschriebenen sogenannten «Walen» oder «Venediger» waren

Oben links: Mineralische Ausblühungen eines Kobalt-Erzgangs an der Oberfläche.

Oben rechts: Mineralische Sekundärbildungen einer Kupfervererzung durch Verwitterung an der Oberfläche.

Unten links. Graphithaltiges Handstück im Bachbett des Vedeggio bei Medeglia.

Unten rechts: Eiserner Hut, Oxidation von Eisenerz und Bildung von Limonit.

vermutlich auf der Suche nach begehrten Mineralien, die in Venedig zur Glasherstellung benötigt wurden. Die Fremden waren als Einzelgänger unterwegs, oder sie traten in kleineren Gruppen auf. Ihr Wissen über den Bergbau und die Rohstoffexploration, ihr südländisches Aussehen, ihre fremde Sprache und ihr seltsames Verhalten führten dazu, dass die Einheimischen ihnen mit Misstrauen begegneten. Man beobachtete, wie sie beim Suchen nach Mineralen Gesteinsproben zerklopften, Gesteinsproben mit Lupen untersuchten oder im Bach mit der Pfanne Minerale auswuschen, und begann, über diese Erzmännchen Sagen zu erzählen. Solche Sagen sind heute noch überliefert, wie z. B. die Sage vom Goldloch bei Goldingen SG. Dieser und ähnliche Flurnamen in vielen Regionen, wie auch alte Stollen zeugen von den Bergbauaktivitäten dieser Mineraliensucher.

Bergmänner beim Aufsuchen von Erzgängen mit der Wünschelrute und durch Schürfungen.

Darstellung eines Erzganges, wie er vom «Berggehänge» durch ein Tal zieht.

RAUBBAU STATT BERGBAU

Zu Beginn der industriellen Entwicklung im 19. Jahrhundert erlebte die Schweiz einen erneuten «Berbauboom». Erste Versuche, die Rohstoffe industriell rentabel abzubauen, führten dazu, dass weniger, aber grössere Lagerstätten abgebaut wurden. In dieser Zeit begann neben dem Bergbau in Graubünden (Eisen- und Manganerze im Val Ferrera) auch der Bergbau im Wallis (Kupfer, Nickel/Kobalt) und im Tessin zu blühen (Eisenerz im Val Morobbia). Zahlreiche erfahrene Bergmänner und Steiger (Aufsichtsperson/Vorarbeiter im Bergbau, Bergbauingenieur), wie auch Glücksritter wollten mit den begehrten Rohstoffen das schnelle Geld machen. Solche Bergwerke wurden oft «raubbaumässig» geführt und dementsprechend unorganisiert angelegt. Ohne grosse Planung und nachhaltigen Bergbau sollte so schnell wie möglich die grösstmögliche Menge an Rohstoffen ausgebeutet werden.

INDUSTRIELLER ABBAU

In dieser Zeit der grossen Industrialisierung entstand in der Schweiz eine grosse Eisenindustrie mit etlichen Hochöfen. Entlang des Juras wurden die Bohnerze mit grossem Aufwand ausgebeutet und in den verschiedenen Eisenwerken weiterverarbeitet. Eines der wohl bekanntesten Eisenwerke aus dieser Zeit ist die Von Roll Holding AG, oder die heutige Stahl Gerlafingen AG. Der grösste Bohnerzlieferant war das Becken von Delémont.

Mit der Industrialisierung, die diesen «Bergbauboom» verursachte, kam auch die Eisenbahn in die Schweiz. Eisenbahnlinien schossen wie Pilze aus dem Boden. Um die Eisenbahn auch bis zu den Städten in den Alpen zu führen, mussten Flussläufe wie z. B. die Rhone im Wallis begradigt werden, Sumpf- und Überschwemmungsgebiete entwässert und der Boden urbar gemacht werden.

Das 19. Jahrhundert war auch die Zeit der Landes- und Weltausstellungen, an welchen die zahlreichen technischen Errungenschaften präsentiert wurden. Davon gab es zur damaligen Zeit beinahe jede Woche Neues zu verkünden. Anlässlich dieser Landesausstellungen wurde versucht, die Rohstoffe zu dokumentieren. Die dabei entstandenen Karten und Schriften bilden einen wichtigen Schritt in der Geschichte der Rohstofferschliessung. Die Schweizer Rohstoffe waren «salonfähig» geworden und zogen ebenfalls das Interesse der ausländischen Investoren auf sich, wie Exponate aus Schweizer Bergwerken an der Weltausstellung 1889 in Paris zeigen (Kündig et al 1997).

Der Bau der Eisenbahn war aber ein zweischneidiges Schwert. Mit ihr kam nicht nur der industrielle Aufschwung, sondern auch der Untergang für zahlreiche Bergwerke in der Schweiz. Nun konnten grosse Mengen Rohstoffe sehr günstig über weite Distanzen transportiert werden. Die einheimischen Lagerstätten waren im Vergleich zu ausländischen ärmer an Erzen. Sie waren oft schwer zu erreichen (Plantorin,

Oben: Bergmänner beim Schieben gefüllter Loren im Bergwerk Bramois VS.

Rechts: Mineure beim Arbeiten mit einem druckluftbetriebenen Bohrhammer im Bergwerk Bramois VS.

höchstgelegenes Bergwerk der Schweiz auf 3000 m) und durch die Gebirgsbildung stark gestört. Eine Lagerstätte auf ihre Rentabilität hin zu beurteilen war deshalb nicht immer leicht. Diese Faktoren, wie auch mangelnde Kenntnisse über den Aufbau der Alpen und fehlende Fachkenntnisse, führten in den meisten Fällen über kurz oder lang zum Konkurs des Bergwerkbetreibers.

Einzig der Bleibergbau in Goppenstein, der Goldbergbau in Gondo, Salanfe und dem bündnerischen Calanda sowie einige grössere Eisenbergwerke wie Herznach und Gonzen erzielten eine Zeit lang einen gewissen Gewinn.

EINSCHNEIDENDE VERÄNDERUNGEN

Die aufkommende Industrialisierung hatte eine einschneidende Veränderung im Bedarf an Rohstoffen zur Folge. Früher trieb die Notwendigkeit, Rohstoffe zur Verfügung zu haben, die Bevölkerung dazu, jede noch so kleine und unwirtschaftliche Lagerstätte auszubeuten. Nun kamen die Rohstoffe in besserer Qualität und grösseren Mengen günstiger mit der Eisenbahn in die Schweiz, was einen aufwändig betriebenen Bergbau in der Schweiz hinfällig machte.

Gegen Ende des 19. Jahrhunderts hatten deshalb die meisten kleineren Bergwerke ihren Betrieb eingestellt.

Zu Beginn des 20. Jahrhunderts wurde die Schweiz durch die aufstrebende Industrie, wie auch durch Arbeits- und Studiengesellschaften intensiv nach Rohstoffen untersucht. In der Krisenzeit der beiden Weltkriege, als die Einfuhr von Rohstoffen kritisch wurde, musste die Versorgung aufrechterhalten werden. Der Import von Kohle aus Deutschland ging z. B. drastisch zurück, so dass die Eisenindustrie sich genötigt sah, ihre Hochöfen mit einheimischer Kohle zu betreiben.

Unter der Betreuung des Büros für Bergbau des Eidgenössischen Kriegs-, Industrie- und Arbeitsamtes wurden durch einheimische Bauunternehmer, grössere Industriekonzerne und private Konzessionäre die alten Bergwerke wieder aufgewältigt und mögliche neue Lagerstätten exploriert.

BIS ZUM BITTEREN ENDE

Nachdem sich die Versorgungslage nach dem Zweiten Weltkrieg wieder normalisiert hatte, versuchten einige Konzessionäre, ihre Betriebe weiterhin aufrechtzuerhalten. Darunter befanden sich auch einige Anthrazitbergwerke im Wallis sowie das Bleibergwerk von Goppenstein, alle unter der Konzession des Bauunternehmers Joseph Dionisotti. Misswirtschaft, Spekulation und sinkende Rohstoffpreise führten schon in den darauffolgenden Jahren zur Schliessung dieser Betriebe.

Die beiden grössten Eisenbergwerke der Schweiz konnten ihren Betrieb bis in die 60er-Jahre aufrechterhalten; Gonzen bis 1966, Herznach bis 1967 (Kündig et al 1997).

ENTWICKLUNG DER ABBAUTECHNIK
AM ANFANG WAR DAS FEUER ... NICHT GANZ, ABER BEINAHE

WERKZEUGE AUS HIRSCHGEWEIH

Der Abbau von Feuerstein in der Steinzeit kann als älteste Form von Bergbau bezeichnet werden. Erste Funde wurden an der Erdoberfläche gemacht (sogenannte Lesesteine). Nachdem alle brauchbaren Feuersteine verarbeitet waren, ging es darum, die Herkunft dieser und somit weiterer Feuersteine ausfindig zu machen. Schnell wurde klar, dass die Feuersteine aus dem Kalkstein erodiert worden waren. Um weitere Feuersteine zu gewinnen, wurden einfache Gruben im nicht allzu harten Kalkstein im Tagbau ausgehoben. Aus diesen Tagbauen wurde allmählich ein Untertagebau mit bis zu 15 m tiefen Stollen. Als Werkzeuge wurden damals die harten Geweihe von Hirschen oder Steine verwendet.

In der Steinzeit wurden solche Bergwerke nur zeitweise betrieben. Es fehlte noch an landwirtschaftlichen Strukturen, die einen Überschuss erzeugten, wovon Bergleute hätten leben können, ohne sich zusätzlich um Nahrungsbeschaffung kümmern zu müssen.

FEUER GEGEN HARTEN FELSEN

Mit der Möglichkeit, Feuer zu entfachen, wurde in holzreichen Regionen vermehrt das «Feuersetzen» angewandt. Dazu wurde im Stollen Holz aufgeschichtet und entzündet. Durch die Hitze des Feuers und das anschliessende Abkühlen wurde das Gestein mürbe und rissig. Oft wurden die noch heissen Stellen zusätzlich mit Wasser oder Essig bespritzt, um den Effekt zu verstärken. Nach dem Abkühlen konnten die sich dabei gelockerten Steinplatten leicht abgeschlagen werden.

Ein grosser Nachteil dieser Abbaumethode war der hohe Holzverbrauch und die starke Rauchentwicklung im Bergwerk.

MIT SCHLÄGEL UND BERGEISEN

Ab der Eisenzeit kam zum Feuersetzen eine neue Vortriebsart hinzu. Die Arbeit mit dem Schlägel (Fäustel) und dem Bergeisen (ca. 15 cm langer Meissel mit Stiel) war neben dem Feuersetzen über Jahrhunderte die einzige Technik, um Stollen, Strecken und Schächte im Gestein vorzutreiben (Schrämen). Schon bald gehörten der Schlägel und das Bergeisen zu den wichtigsten Werkzeugen im Gezäh (Arbeitsgeräte) eines Bergmannes. Im 17. Jahrhundert begann das Schiessen (Sprengen) mit Schwarzpulver Einzug im Bergbau zu halten. Da die Mannstunden früher noch sehr günstig waren, wurde das Schrämen von Hand in zahlreichen kleineren Bergwerken noch lange angewandt. Bis heute sind Schlägel und Bergeisen ein international gebräuchliches Zeichen für den Bergbau.

Links: Feuersetzen im Stollen.
Mitte: Das heisse Gestein kühlt ab und wird mürbe und rissig.
Rechts: So vorbehandelt kann es leichter von Hand abgeschlagen werden.

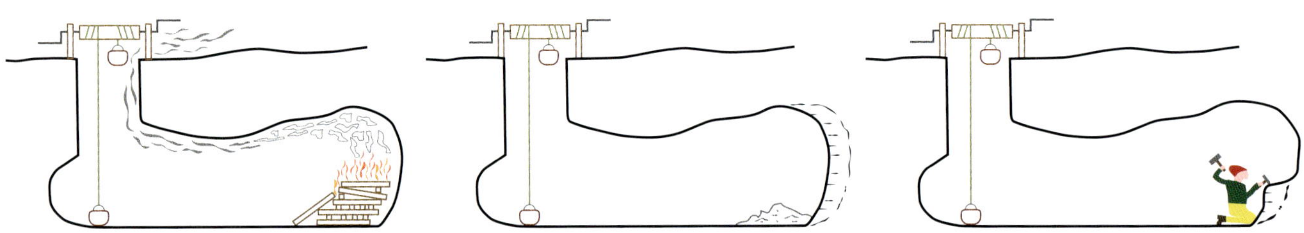

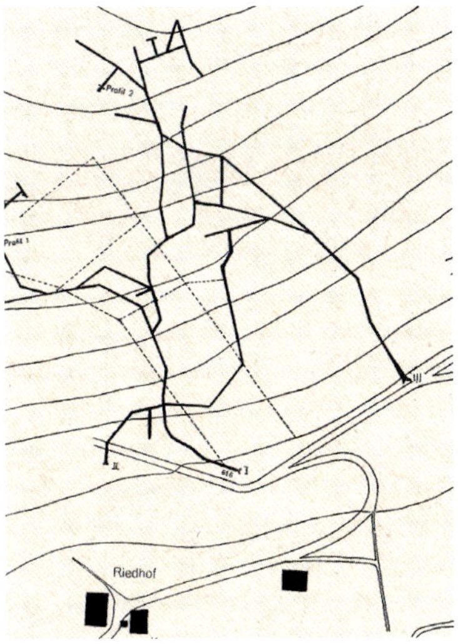

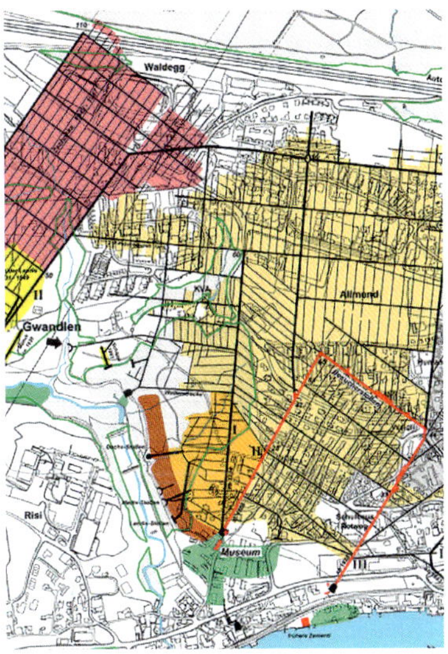

Oben links: Plan des Bergwerks Riedhof mit raubbauartig angelegten Stollen (1925).
Oben rechts: Bergleute im Bergwerk Gottshalden bei Käpfnach in einem Seitenstollen mit seitlichem Abbau (1925).

Unten links: Beispiel eines systematischen Abbaus von horizontal gelagerten Kohlenflözen im Bergwerk Käpfnach (1925).
Unten rechts: Skizze eines solchen Abbaus im Bergwerk Riedhof.

SCHNELLER REICHTUM MIT RAUBBAU

Die beginnende Industrialisierung lockte zahlreiche Menschen auch in die Schweiz, um hier mit dem Bergbau das schnelle Geld zu machen. Es wurde an allen Enden gespart; geologische Gutachten wurden beiseitegelassen und es wurde losgelegt, ohne weitere Gedanken an einen nachhaltigen Bergbau zu verlieren. In solchen Bergwerken waren die Stollen oft sehr chaotisch angelegt. Es wurden nur gerade die mit dem geringsten Aufwand abbaubaren Rohstoffe verfolgt, um so schnell wie möglich den grössten Gewinn zu erzielen.

Schon früh begannen sich Fachleute über unzulängliche Kontrollen Gedanken zu machen. So schrieb H. Gerlach bereits 1859:

«Eine bessere Ueberwachung und grössere Aufmerksamkeit dem Mienenwesen angedeihen zu lassen, damit dieser ausserordentlich wichtige Industriezweig nicht ganz zu Grunde gehe ...»

Allerdings blieb den Bergleuten in den Alpen oft keine andere Wahl, als die durch die tektonische Beanspruchung verwinkelten Erzgänge mit chaotisch angelegten Stollensystemen zu verfolgen.

Hingegen konnte im Mittelland, wo die Rohstoffe beinahe ungestört vorliegen, mit einem systematischen Bergbau verhältnismässig kostengünstig und nachhaltig Bergbau betrieben werden.

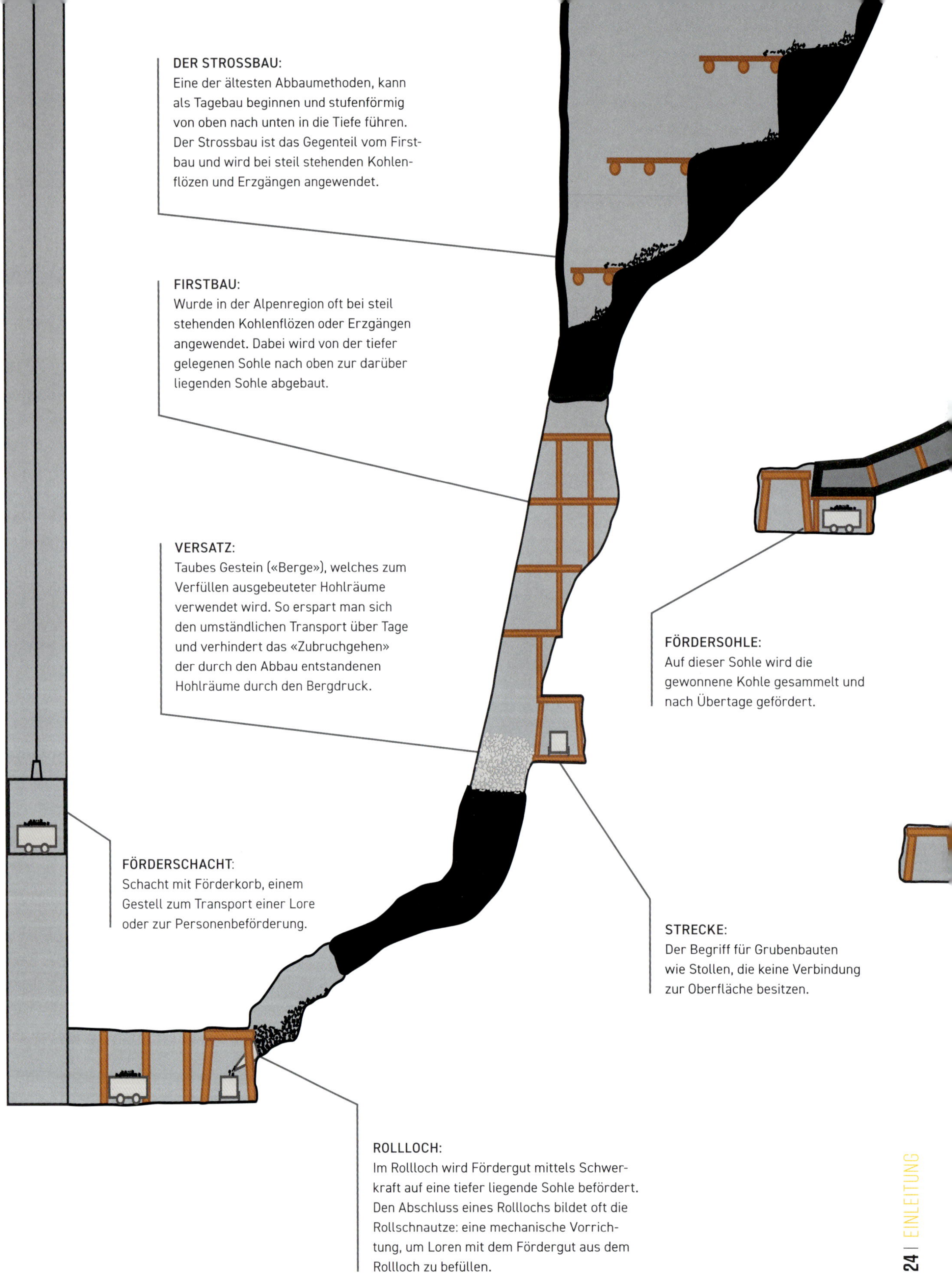
DER STROSSBAU:
Eine der ältesten Abbaumethoden, kann als Tagebau beginnen und stufenförmig von oben nach unten in die Tiefe führen. Der Strossbau ist das Gegenteil vom Firstbau und wird bei steil stehenden Kohlenflözen und Erzgängen angewendet.
FIRSTBAU:
Wurde in der Alpenregion oft bei steil stehenden Kohlenflözen oder Erzgängen angewendet. Dabei wird von der tiefer gelegenen Sohle nach oben zur darüber liegenden Sohle abgebaut.
VERSATZ:
Taubes Gestein («Berge»), welches zum Verfüllen ausgebeuteter Hohlräume verwendet wird. So erspart man sich den umständlichen Transport über Tage und verhindert das «Zubruchgehen» der durch den Abbau entstandenen Hohlräume durch den Bergdruck.
FÖRDERSOHLE:
Auf dieser Sohle wird die gewonnene Kohle gesammelt und nach Übertage gefördert.
FÖRDERSCHACHT:
Schacht mit Förderkorb, einem Gestell zum Transport einer Lore oder zur Personenbeförderung.
STRECKE:
Der Begriff für Grubenbauten wie Stollen, die keine Verbindung zur Oberfläche besitzen.
ROLLLOCH:
Im Rollloch wird Fördergut mittels Schwerkraft auf eine tiefer liegende Sohle befördert. Den Abschluss eines Rolllochs bildet oft die Rollschnautze: eine mechanische Vorrichtung, um Loren mit dem Fördergut aus dem Rollloch zu befüllen.

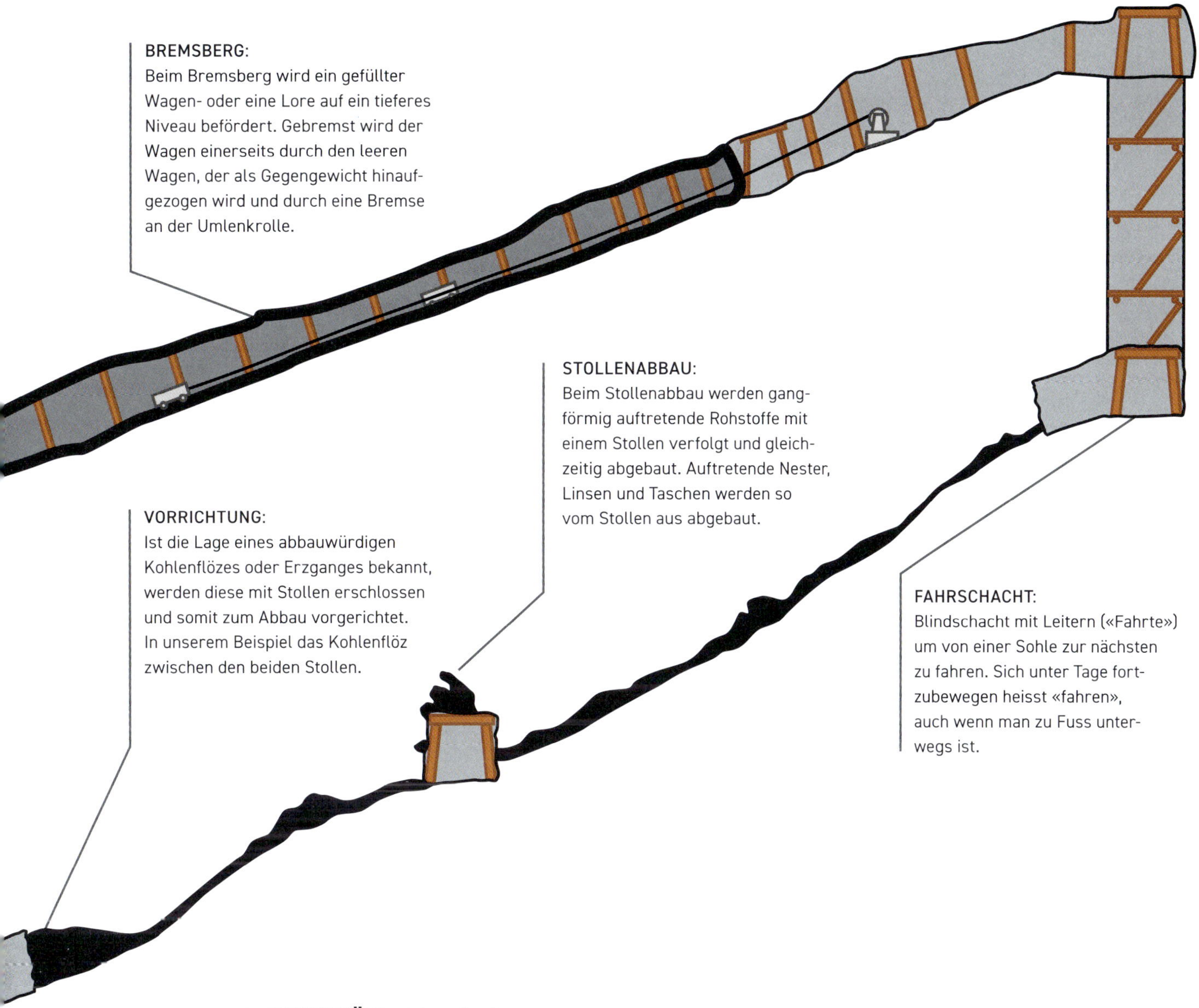

SCHWIERIGE VERHÄLTNISSE VOR ORT

Wie schon erwähnt, sind im Vergleich zum Mittelland die Lagerstätten in den Alpen durch tektonische Einwirkungen mehr oder weniger stark gestört.

Das führte dazu, dass unterschiedlichste, darunter auch sehr aufwändige und kostspielige Abbaumethoden zur Anwendung kamen. Dies verteuerte den Schweizer Bergbau stark gegenüber der Konkurrenz im Ausland, was den einheimischen Bergbau schlussendlich nur noch in Krisenzeiten interessant machte.

Neben einem systematisch angelegten Abbau in flachgelegenen Kohlenflözen (einer sedimentär entstandenen Lagerstätte, die parallel zur Gesteinsschicht verläuft) musste im Wallis in zahlreichen Anthrazitbergwerken steil gestellten Flözen mit einem aufwändigen Firstbau (einem stufenförmigen Abbau von unten nach oben) nachgegangen werden.

In stark gestörten Anthrazitbergwerken kam es vor, dass der Anthrazit überhaupt nicht mehr als durchgehendes Flöz, sondern in Nestern und Linsen vorlag, die mit einem Stollen angefahren und ausgeräumt wurden.

Ebenso verfuhr man bei stark verwinkelten Erzgängen, die mit einem Stollen verfolgt und beim Vortrieb gleich abgebaut wurden. Erweiterte sich der Erzgang zu einer Linse, wurde diese vom Stollen aus abgebaut. Je nach Lage eines solchen Erzganges kam auch hier der Tag-, First- oder Stossbau zur Anwendung.

In Herznach AG sind die Eisenerze mit Pfeilerbau oder dem Bruchbau abgebaut worden. Beim Pfeilerbau werden Sicherheitspfeiler aus Erz stehen gelassen. Beim Bruchbau wird alles Erz abgebaut, mit der Gefahr von Tagbrüchen an der Oberfläche.

ROHSTOFFE HISTORISCH BETRACHTET
IN DER SCHWEIZ ABGEBAUTE ROHSTOFFE

REICH AN ARMEN LAGERSTÄTTEN

Eine Beschreibung aller Rohstoffe, die in der Schweiz abgebaut wurden, würde den Rahmen dieses Buches bei weitem sprengen. Im Rohstoffinformationssystem der Schweiz (RIS) sind aktuell 2075 Rohstoffvorkommen/Lagerstätten erfasst. Die folgende Auswahl beschränkt sich auf Rohstoffe, die auch in den von mir beschriebenen Bergwerken abgebaut wurden.

DIE ROHSTOFFE

Hier eine Auflistung der Rohstoffe, welche in der Vergangenheit der Schweiz immer wieder im Fokus eines intensiven Bergbaus standen:

- Eisen und Mangan
- Blei und Zink
- Kupfer
- Nickel und Kobalt
- Molybdän
- Gold
- Schieferkohlen
- Braunkohlen
- Steinkohlen
- Anthrazit
- Asphalt und Schwarzschiefer

Klauberin bei ihrer Arbeit am Förderband im Bergwerk Chandolin.

Frauen durften nicht in den Stollen arbeiten. Oftmals waren sie aber in der Kantine oder als Klauberinnen in der Aufbereitungsanlage angestellt.

EISEN - MANGAN

ÜBERS VERFALLSDATUM HINAUS

Die ältesten belegten Funde von Gegenständen aus nickelfreiem Eisen sind etwa 5000 Jahre alt. Im Vergleich zu Funden aus Kupfer oder Bronze sind Funde aus der Frühen Eisenzeit eher selten. Dies hängt damit zusammen, dass zu Beginn der Eisenzeit Gegenstände aus Eisen noch selten waren und sich Eisen in feuchter Umgebung schnell zersetzt (Oxidation).

EISEN IN DER ERDKRUSTE

Die Erdkruste besteht zu 5,5 % aus Eisen. Dies hat zur Folge, dass Eisen in der Erdkruste nach Sauerstoff, Silizium und Aluminium das vierthäufigste Element, relativ leicht verfügbar und dementsprechend auch günstig ist (Neukirchen & Ries 2016).

Die wichtigsten Eisenerze in der Schweiz sind Magnetit, Hämatit und Siderit; gelegentlich wurde auch aus Pyrrhotin und Pyrit Eisen gewonnen.

ROSTET EIN EISENERZ?

Gelangen diese hydrothermal in grosser Tiefe gebildeten «primären» Eisenerze durch Erosion an die Erdoberfläche, beginnen sie zu oxidieren und zu hydratisieren. Dabei bildet sich Limonit, ein gelblich-erdiges Verwitterungsprodukt. Im Alltag finden wir Limonit vor allem als «Rost» auf Gegenständen aus Eisen. Limonit ist ein Mischerz, bestehend aus Goethit und Lepidokrokit, welches ebenfalls zur Eisengewinnung abgebaut wurde.

Oben links: Limonit (Rost), ein Mischerz aus Lepidokrokit und bunt schillerndem Goethit.
Oben rechts: Magnetit (magnetisch).
Unten links: Pyrit, auch als «Katzengold» bezeichnet (Bildgrösse: 1 cm).
Unten rechts: Pyrrhotin (magnetisch).

WEICHES EISEN

Reines Eisen ist relativ weich, gut formbar, aber auch sehr anfällig für Korrosion. Wird dem Roheisen Kohlenstoff oder ein Stahlveredler zugeführt, können die Eigenschaften von Eisen verändert werden (Neukirchen &Ries 2016):

Schmiedeeisen hat einen sehr geringen Kohlenstoffgehalt von unter 0,01 %, lässt sich gut schmieden, aber rostet auch schnell.

Stahl besitzt einen Kohlenstoffanteil von 0,01 bis 2 %. Er ist härter, aber lässt sich immer noch gut verformen.

Rostfreier Stahl wird oft zusätzlich mit Chrom, Nickel, Molybdän und Mangan legiert.

Durch eine weitere Erhöhung des Kohlenstoffgehalts wird Stahl sehr hart, aber auch spröd. So ist er zum Schmieden ungeeignet, kann aber gut gegossen werden und wird deshalb auch Gusseisen genannt.

Stahl wird für Armierungen im Stahlbeton, für Stahlkonstruktionen, im Bahn- Schiffs- und Fahrzeugbau sowie für Maschinen und Werkzeuge verwendet.

Gusseisen wird heute noch vorwiegend für Maschinenteile (gut bearbeitbar) und Kanaldeckel verwendet.

Zu erwähnen bleibt noch die ferromagnetische Eigenschaft: Eisen wird in Magneten, Elektromotoren, Generatoren und Transformatoren eingesetzt (Neukirchen & Ries 2016).

KOBALT

SUPERLEGIERUNGEN

Neben der Verwendung als Farbpigment für Glas und Lacke und dem Einsatz in Akkus wird Kobalt heute hauptsächlich als Stahlveredler verwendet. Damit wir mit dem Flugzeug in die Ferien fliegen können, reichen «normale» Metalle wie Stahl und Aluminium schon lange nicht mehr. Allein zur Herstellung der Düsentriebwerke werden Metalle und Legierungen benötigt, die extremsten Bedingungen standhalten können. Solche «Superlegierungen» werden aus Kobalt hergestellt (Neukirchen & Ries 2016). In der Metallbearbeitung werden Werkzeuge wie Fräser, Drehstahl und Bohrer aus Kobaltlegierungen verwendet, um Stahl und andere Metalle zu bearbeiten. Diese Werkzeuge aus Schnellarbeitsstahl (High Speed Steel «HSS») behalten ihre Härte bis zu einer Temperatur von etwa 600 °C (Neukirchen & Ries 2016).

VERHEXTES SILBER

Das silberfarbene Kobalt wurde im Mittelalter oft mit Silber verwechselt. Aber bei der Verarbeitung entwickelten sich wegen des Arsengehalts giftige und übelriechende Dämpfe. Es wurde angenommen, dass Kobolde das Silber verhext hätten. Daher gaben damals die Bergleute dem für sie wertlosen Erz den Namen Kobolderz.

Skutterudit (Speisekobalt) mit einem oxidierten Bruch voller Erythrin.

Erythrin, veraltet auch Kobaltblüte genannt (Haldenfund).

Handstück von einem vergessenen Erzdepot beim Bergwerk Kaltenberg.

KUPFER

BUNTE METALLE

Als Buntmetalle werden farbige Metalle bezeichnet oder Metalle, welche farbige Legierungen ergeben. Kupfer ist neben Gold und Silber eines der ersten Metalle, welches die Menschen zu verarbeiten wussten.

Bereits vor etwa 10 000 Jahren wurde Kupfer für Waffen, Werkzeuge und Schmuck verwendet. Erste Spiegel waren aus poliertem Kupfer gefertigt.

Bald entdeckten Tüftler, dass das weiche Kupfer zusammen mit anderen Metallen härter wurde. So sind dann auch erste Legierungen mit Zinn (Bronze) vor etwa 5500 Jahren aufgetaucht. 5000 Jahre später, vor 470 Jahren, wurden erstmals gezielt Kupfer und Zink zu Messing legiert.

ELEKTRISCHER LEITER

Weil Kupfer eine hervorragende elektrische Leitfähigkeit hat, wird es heute hauptsächlich als Stromleiter verarbeitet. In einem modernen Auto stecken etwa 1,5 km Kupferleitungen.

Bereits in der griechischen Antike war bekannt, dass Kupfer antiseptisch wirkt. Deshalb wird Kupfersulfat in der Landwirtschaft zur Bekämpfung von Pilz verwendet. Auch Legierungen aus Kupfer sind für spezielle Anwendungen noch immer stark verbreitet.

Im Jahr 2022 wurden weltweit etwa 22 Millionen Tonnen Kupfer hergestellt. Somit ist Kupfer nach Eisen und Aluminium das am drittmeisten verwendete Metall (Statista 2023).

BLEI

GIFTIG ABER PRAKTISCH

Es gibt historische Funde, die eine Verarbeitung bereits vor 8500 Jahren belegen. Die Römer verwendeten Bleirohre für ihre Trinkwasserversorgung und Blei (II)-acetat (Bleizucker) als Süssmittel für Wein. Obwohl schon damals bekannt war, dass Blei giftig ist, wurden Bleirohre bis ins 20. Jahrhundert verwendet.

Die Römer hatten für Blei eine Vielzahl von Anwendungen. Typisch war auch die Verwendung von Blei für Särge. In der Architektur wurden Steinblöcke mit gegossenen Bleiklammern zusammengehalten.

BLEISTIFT: ALLES NUR FAKE?

Blei hat einen tiefen Schmelzpunkt und kann leicht gegossen werden, ist weich, hat eine hohe Dichte und ist korrosionsbeständig.

Heute wird Blei hauptsächlich für Autobatterien (Bleiakkus) und als Gewichte zum Auswuchten der Räder eingesetzt. Eine wichtige Anwendung ist der Strahlenschutz in der Medizin und Industrie. In der Waffenindustrie wurde Blei schon früh als Munition verwendet. Und obwohl man mit Blei auf Papier schreiben kann, bestehen Bleistifte heute aus Grafit.

Mehr als die Hälfte des weltweiten Bleibedarfs wird heute durch Recycling gedeckt (Neukirchen & Ries 2016).

Azurit- und Malachitdruse aus dem Bergwerk Tiefttobel GR (Azurit blau, Malachit grün).

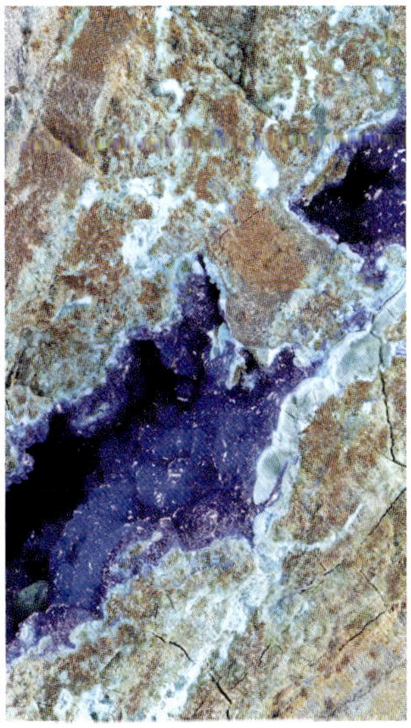

Chalkopyrit mit den Sekundärbildungen Azurit und Malachit.

Galenit (Bleiglanz) aus dem Val Cadlimo TI (Bocchetta della Miniera).

Galenit vergesellschaftet mit Sphalerit, auch als Zinkblende bekannt (gelb = Honigblende).

GOLD

DAS GÖTTLICHE METALL

Gold zählt neben Kupfer und Silber zu den ersten Metallen, die der Mensch verarbeiten konnte. Die bislang ältesten Funde aus Gold sind etwa 6600 Jahre alt.

Wegen seiner auffälligen Farbe und der Tatsache, dass Gold nicht korrodiert, wurde es schon früh in der Natur gefunden und zu Schmuck verarbeitet.

Gold gehört neben Silber und Platin zu den Edelmetallen. Technisch gesehen gelten besonders korrosionsbeständige Metalle, die nicht von einfachen Säuren angegriffen werden und zudem noch selten und teuer sind, zu den Edelmetallen. Laut Spezifikation gehört somit auch Quecksilber zu den Edelmetallen und Kupfer zu den Halbedelmetallen.

24 KARAT = 100 % GOLD

Gold kommt in der Natur vorwiegend gediegen (rein) als Berggold, in Form von Nuggets oder in der Gestalt winzigster Flitter in Flussablagerungen vor. Es enthält 2–20 % Silber und kleine Mengen anderer Metalle.

Nebst als Anlage für Krisenzeiten und für Schmuck wird Gold auch in der Industrie eingesetzt. Es besitzt eine gute Leitfähigkeit und korrodiert nicht, weshalb Computer mit Golddrähten und vergoldeten Kontakten bestückt sind (Neukirchen &Ries 2016). Hauchdünne Folien werden in der Kunst zum Vergolden eingesetzt; Rapper geben sechsstellige Summen für Zahnkronen aus Gold («Grills») aus.

GOLD ALS LEBENSMITTEL?

Vermehrt wird Gold auch als Lebensmittelzusatz (E175) benutzt, zum Beispiel zur Dekoration von Osterhasen und Pralinen. Bisweilen werden auch Spirituosen mit Goldflitterchen versetzt, die ein Glimmern und Glitzern in den Getränken bewirken.

Berggold oder gediegenes Gold – Bezeichnung für das Vorkommen von reinen chemischen Elementen in der Natur, vorwiegend bei Metallen (Bildausschnitt ca. 5 mm).

ENERGIEROHSTOFFE

KOHLE, EIN ORGANISCHES GESTEIN

Ganz im Gegenteil zu den bis jetzt beschriebenen Rohstoffen bestehen Kohlen aus organischen gesteinsbildenden Komponenten, den sogenannten Mazeralen. Je nach Ausgangsmaterial werden drei Gruppen unterschieden:

- Vitrinite bilden den Hauptbestandteil der meisten Kohlen und gehen auf holziges Pflanzenmaterial zurück.
- Liptinite bestehen aus Sporen, Pollen, Harzen, Algen, Häuten von Blättern, Wachsen und Fetten.
- Inertinite entstammen bereits verbranntem Pflanzenmaterial (Waldbrand).

Ein Kohleflöz kann also aus verschiedenen Ausgangsmaterialien und zudem in verschiedenen Ablagerungsräumen entstanden sein. So kann sich in einem Moor, in welchem aus abgestorbenen Pflanzen Torf entsteht, auch ein Tümpel mit stehendem, sauerstoffarmem Wasser und daraus ein Faulschlamm bilden.

Neben Mooren und fauligen Tümpeln können auch tropische Sumpflandschaften wie die Everglades in Florida, sumpfige Wälder oder Mangrovenwälder an tropischen Küsten das Ausgangsmaterial für die Inkohlung liefern (Prozess der Entstehung von Kohle).

Natürlich werden in solchen Ablagerungsräumen auch feinste Sedimente wie Sande und Tone abgelagert, die später in den verbrannten Kohlen als einen Teil der Asche zurückbleiben. Ein wichtiges Qualitätsmerkmal von guter Kohle ist ein möglichst tiefer Aschegehalt.

Bituminöser Tonschiefer mit «Mixosaurus» vom Monte San Giorgio TI.

ÖFTERS MAL EINE REKLAMATION

Durch tektonische Belastung während der Bildung der Alpen kam es in einigen Kohlelagerstätten durch Umlagerung und hydrothermale Vorgänge zu einer zusätzlichen Erhöhung des Aschegehalts. So hatten zahlreiche kleinere Bergwerke im Wallis oft Probleme, die vorgeschriebenen Grenzwerte einzuhalten, so dass – wie im Fall vom Bergwerk Turtmann – ganze Bahnwagons voller Kohlen zurückgeschickt wurden.

DAS SCHWARZE GOLD

Im Meer von der Fotosynthese lebende Kleinstlebewesen wie Kieselalgen, Cyanobakterien usw. werden als Phytoplankton bezeichnet. In Gewässern machen sie etwa 90 % der gesamten Biomasse aus. Sie bilden den grössten Teil der Biomasse, aus welcher Erdöl (Fig. 38) besteht.

In der Jura- und Kreidezeit führten Umweltbedingungen mit sehr warmem Treibhausklima zu einem Absterben ganzer Ozeanbecken, so dass diese «anoxisch» wurden. Die absterbende Biomasse konnte ohne Sauerstoff nicht mehr zersetzt werden und bildete am Grund der Ozeane einen fauligen Schlamm (Sapropel).

UNREIFES ERDÖL

In einem ersten Schritt entsteht durch Überdeckung und die darauffolgende Diagenese ein «unreifer» Schwarzschiefer, das Muttergestein für Erdöl.

Dieser schwarze Tonstein enthält noch kein reifes Erdöl. Das Gestein kann aber auf etwa 500 °C erhitzt werden und gibt dann ein synthetisches Öl ab (ehemalige Fabrik bei Spinirolo, Meride TI).

In einem weiteren Schritt, der Katagese, durchläuft das Muttergestein ab etwa 50 °C die Hauptphase der Öl- und Gasbildung. Dieses «Ölfenster», in dem sich Erdöl bilden kann, ist relativ klein (50–150 °C).

Oben links: Braunkohle von der Höhrone ZG aus der Unteren Süsswassermolasse.
Oben rechts: Tonschiefer mit Farn aus dem Karbon, ca. 360–300 Mio. Jahre alt, Bergwerk Collonges VS.
Unten links: Anthrazit aus dem Bergwerk von Turtmann VS (Karbon).
Unten rechts: Erdölaustritt in einem Stollen bei Dardagny VS.

FERRERATAL
KANTON GRAUBÜNDEN

KUPFER-BERGWERK URSERA

DER BERGBAU IN URSERA HAT EINE LANGE GESCHICHTE, DIE BIS INS 17. JAHRHUNDERT ZURÜCKREICHT. ER WURDE VON ILLEGALEN MACHENSCHAFTEN ÜBERSCHATTET, ALS FREIHERR DR. THOMAS EHRENFELS MINDERWERTIGE MÜNZEN PRÄGEN LIESS. WEGEN VIELER HINDERNISSE UND FINANZIELLER PROBLEME WURDE DER BERGBAUBETRIEB LETZTENDLICH IM JAHR 1870 EINGESTELLT.

BESICHTIGUNG: GEFÜHRTE BESICHTIGUNGEN ZU DEN ABBAUSTELLEN MÖGLICH:
- SCHMELZE BEI AUSSERFERRERA
- BETRIEBSGEBÄUDE
- RÖMERSTOLLEN
- SEILBAHNSTATION

ABGEBAUTE ROHSTOFFE: KUPFER/SILBER (SILBERHALTIGER TETRAEDRIT)
ELEMENTE (LAGERSTÄTTE): KUPFER, ANTIMON, BLEI, EISEN, SILBER
MINERALIEN (LAGERSTÄTTE): QUARZ, BARYT, TETRAEDRIT, CHALKOPYRIT, BORNIT, STIBNIT, GALENIT, PYRIT, COVELLIN, AZURIT, MALACHIT
GANGMINERALIEN: QUARZ, BARYT
SEKUNDÄRMINERAL: AZURIT, MALACHIT

Vorangehende Doppelseite:
Ruine des Ofens bei Schmelza
in Ausserferrera.
Oben: Ruinen bei Gruoba
(Knappenhaus, Schmiede,
Magazin usw.).
Rechte Seite: Holzschienen im
Förderstollen Bethlehem aus der
letzten Bergbauperiode.

Linke Seite: Sepp steht neben einer massiven Versatzarbeit. Dennoch sollte er sich hier nicht zu lange aufhalten: Das Holz kann morsch sein und der Last nachgeben.
Unten: Teilweise eingestürzter, mit Holz ausgeführter Bergversatz im Bethlehemstollen.

KUPFER BERGWERK URSERA

Silberhaltiges Fahlerz (Tetraedrit)
aus den oberen Stollen.

SILBERHALTIGES KUPFER

Die Kupferlagerstätte von Ursera tritt im Bereich der im Roffna-Porphyr (Karbon) eingeschobenen Dolomit-Schollen (Trias) auf. Im Übergang zwischen den beiden Gesteinen tritt eine 0,5 bis 2 m mächtige Quarzit-Schicht (Trias) als eine Art Mischzone auf, in welcher sich die Erze ausgebildet haben. Von den ursprünglich «reichen» Erzgängen ist heute in den noch befahrbaren Stollen nicht mehr viel zu erkennen. Aber auf den Schutthalden finden sich beinahe auf jedem Gesteinsbrocken Spuren der Sekundärminerale Malachit und Azurit. Das Erz, welches damals abgebaut wurde, war ein Fahlerz (Tetraedrit), ein leicht arsenhaltiges Kupfererz mit einem Silbergehalt von ca. 1,46 ‰.

Erkenntnisse über einen Bergbau im Ferreratal reichen nicht so weit zurück, wie im restlichen Graubünden. Erstmals wird in einigen alten Akten der Gemeinde Sufers aus dem Jahr 1605 eine Bergbaukonzession erwähnt, aber Ursera wird darin noch nicht erwähnt (Krähenbühl 1990).

1612 erhielt Freiherr Dr. Thomas Ehrenfels vom Rittergut Haldenstein die Bewilligung zur Münzprägung (Münzregal). Um einen grösstmöglichen Gewinn daraus zu erzielen, beantragte er die Konzessionen aller Bergwerke in der Landschaft Schams. Der Bergbau beschränkte sich in dieser Zeit ausschliesslich auf Buntmetalle, welche zur Herstellung der Münzen verwendet wurden.

Das abgebaute Kupfererz wurde zu Beginn in den Schmelzöfen von Filisur verhüttet. Aber 1614 errichtete der Freiherr eine erste Verhüttungsanlage an der Stelle im Ferreratal, wo noch heute ein Ofen zu sehen ist. Der Bergbau muss zur damaligen Zeit sehr intensiv betrieben worden sein, denn es wurden weiterhin monatlich ca. 8 Tonnen Roherz nach Filisur geliefert (Stäbler 1981).

ILLEGALE MACHENSCHAFTEN

Die Praktiken des Freiherrn Thomas von Ehrenfels waren aber nicht sehr redlich, wurden seine Münzen doch mit einem geringeren Silbergehalt als andere hochwertige Münzen geprägt. Zusätzlich wurde damit begonnen, hochwertigere Münzen mit einem höheren Silbergehalt einzuschmelzen, um daraus minderwertigere Kleinmünzen wie «Sechsbätzner» zu prägen. Dies führte zu einer regelrechten «Münzverwirrung» in Deutschland, Österreich, der Schweiz und schlussendlich zu einem Eklat zwischen der Münzstätte Haldenstein und der Stadt Lindau im Jahr 1623. Noch im gleichen Jahr stellte der Freiherr sein Münzprägen ein. Für diese minderwertigen Silbermünzen werden heute bei Auktionen bis zu 500 Franken bezahlt (Schöttle 1914).

ENGLISCHE ZURÜCKHALTUNG?

Mit der Industrialisierung begannen Ingenieure bekannter englischer Bergbauunternehmen das Graubünden nach abbaubaren Lagerstätten zu prospektieren. Die Lagerstätten von Ursera und Taspegn entsprachen den Vorstellungen der Engländer und so wurde 1864 die «Val Sassam Mines Company» als Tochterfirma der noch heute aktiven Bergwerksgesellschaft «John Taylor & Co.» ins Leben gerufen. Das damalige Aktienkapital von 60 000 Pfund entsprach dem Betrag von ca. 1,5 Millionen Franken.

Oben: Silbermünze aus der Münzstätte bei Haldenstein.

Rechts: Vorgänger der modernen Lore: Ein hölzerner Wagen auf gusseisernen Rädern mit Flansch, der auf Holzschienen fuhr, die oftmals zum Schutz gegen Abnützung und zum Vermindern des Rollwiderstandes mit Eisenplatten belegt waren.

Das Aktienkapital wurde durch die Ausgabe von 6000 10-Pfund-Aktien beschafft. Die 10 Pfund mussten jedoch nicht auf einmal einbezahlt werden. Zum Kauf einer Aktie genügte 1 Pfund. Drei Monate später zahlte der Aktienbesitzer weitere 5 Pfund pro Aktie. Gemäss Kostenvoranschlag der Gebrüder Taylor sollten die so einbezahlten 36 000 Pfund für die Erstellung der Gebäude und die Aufnahme des Bergbaus ausreichen. Die restlichen 24 000 Pfund durften dann nur noch auf Beschluss der Generalversammlung hin abgerufen werden

Das für die damalige Zeit enorme Aktienkapital zeigt, welches Gewicht dem Buntmetallbergbau im Schams zugesprochen wurde und welche Gewinne man von ihm erwartete. Die Prospektionsberichte und die erfolgsversprechenden Erzanalysen der Gebrüder Taylor konnten an einem Erfolg gar keinen Zweifel offenlassen.

Die Gesellschaft liess von den Stollen aus eine Trasse mit Holzschienen bis zu einer Felsnase anlegen, von welcher aus eine 400 m lange Pendelseilbahn hinunter zu der damals verfallenen Verhüttungsanlage im Tal führte.

Die verfallenen Knappenhäuser wurden wieder in Stand gestellt und in der Schmelze eine neue Aufbereitungsanlage mit Wäsche und Erzpoche aufgebaut. Der bestehende Ofen wurde soweit wieder hergestellt, dass zu Analysezwecken Schmelzversuche ausgeführt werden konnten (Stäbler 1981).

EXPORT NACH ÜBERSEE

Das angereicherte Erz (Schliche) sollte in den bestehenden Anlagen in Swansea (Wales) verhüttet werden. Um das Gewicht für den weiten Transport zu reduzieren, wurde es in der neu erstellten Aufbereitungsanlage von 6.25 % Kupfer (Silber 3,6 %) auf 45 % (8,5 %) angereichert. Dazu musste das Erz bereits bei den Stollen von Hand grob vom tauben Gestein geschieden werden. In der Aufbereitung wurde das Erz in der Poche zerkleinert und in der Wäsche wurde das schwere Erz schlussendlich durch die Schwerkraft vom leichteren Gestein getrennt. Die so erhaltene Schliche (gemahlenes Erz) sollte dann zum Weitertransport nach Swansea in Fässer abgefüllt werden (Stäbler 1981).

Mit einem neuen und tiefer gelegenen Stollen wurde versucht, die alten Abbauten in der Tiefe zu entwässern und neue Erzgänge zu erschliessen. Leider verlief dieses Vorhaben nicht wie geplant und das Erz wurde erst viel später erschlossen. Das waren gravierende Verzögerungen, die dazu führten, dass 1866 nur 17,5 Tonnen Schliche nach Swansea geliefert werden konnten. 1867 waren es dann 56 Tonnen. (Stäbler 1981).

FALSCHE INSTALLATIONEN

Es sollte sich aber zeigen, dass die ersten Analysen zu optimistisch ausgefallen waren und sich das Erz nicht wie

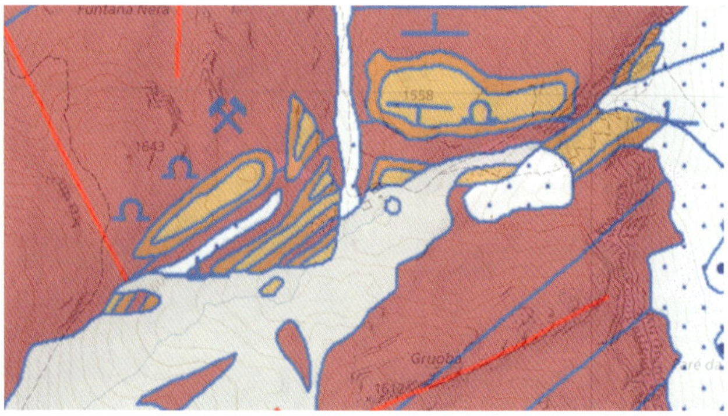

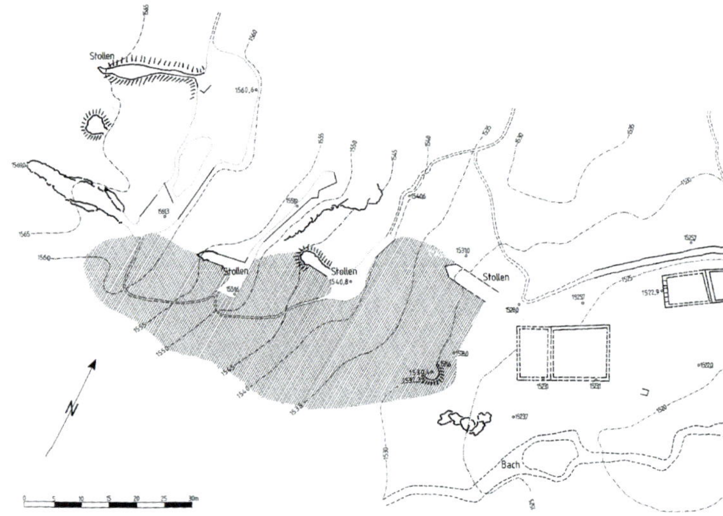

Oben: Rot ist der Roffna-Porphyr, hellorange der Dolomit und orange die Randzone mit Quarzit in welcher das Kupfererz auftreten.

Rechts: Das Stollensystem von Ursera in der Übersicht: 1 Metacalcina, 2 Cantina, 3 Rebasso, 4 Calcina, 5 Sta. Anna, Bethlehemstollen

erhofft anreichern liess. Die Ursache dafür war aber nicht in der Qualität und der falschen Analyse des Erzes zu suchen, sie wurde dem spezifischen Gewicht der Gangart (Bezeichnung der wertlosen Minerale, die neben dem Erz den «Erzgang» bilden) zugeschrieben. Oft war das Erz sehr fein in der Gangart verteilt (dispers), so dass eine saubere Handscheidung nicht möglich war. Erschwerend kam noch hinzu, dass die Gangart ein ähnliches spezifisches Gewicht wie das Erz hatte und es sich dadurch mit der bestehenden Aufbereitungsanlage nur ungenügend von der Gangart separieren liess.

Daher lohnte es sich nicht, die nur ungenügend angereicherte Schliche nach England zu transportieren, und so wurden bei der Aufbereitungsanlage doch noch zwei Öfen gebaut, um das Erz vor Ort zu verhütten. Der Kamin dieser Öfen ist noch heute an der Kantonsstrasse ins Ferreratal zu sehen.

Das Ergebnis der Verhüttung in diesen Öfen liess aber zu wünschen übrig; ein grosser Teil des Silbers und Kupfers fand sich in der Schlacke wieder (Stäbler 1981).

UNVERHÄLTNISMÄSSIGE LÖHNE

All diese Fehlschläge und die ebenfalls aufwändigen Bergbauarbeiten in Taspegn setzten die Gesellschaft schon schnell einmal unter enormen finanziellen Druck. Erschwerend kam noch dazu, dass die Löhne für die damalige Zeit relativ hoch angesetzt waren. Ein Bergmann verdiente 2.50 Franken pro Tag. Wurde aber ein reichhaltiger Erzgang angefahren, so konnte sich dieser Lohn auf bis zu 20 Franken erhöhen. Ebenfalls erhielt der Direktor der Bergbaugesellschaft einen für die damalige Zeit sehr hohen Lohn von 10 000 Franken pro Jahr.

Hinzu kamen noch Unstimmigkeiten mit den Bergleuten. Diese forderten nach Bekanntwerden von Privatspekulationen ein Mitbestimmungsrecht in der Gesellschaft. Kurzerhand wurden die einheimischen Bergleute entlassen und durch Tiroler Bergmänner ersetzt (Stäbler 1981).

DAS SCHICKSAL IST GNADENLOS

Ein Brand im Verwaltungsgebäude führte 1868 zu hohem Sachschaden. Als ob dies noch nicht genug gewesen wäre, stellte sich das Wetter im selben Jahr auch noch gegen die Bergwerksgesellschaft. Gemäss Jahresbericht konnte wegen ungünstiger Witterung nur während 3 Monate, von Beginn Juni bis Beginn September, im Bergwerk gearbeitet werden.

Es wurde noch versucht, die Misere durch eine Aufnahme des ruhenden Eisen-Bergbaus im Ferreratal abzuwenden, aber angesichts der damals ungünstigen Eisenpreise und dem verheerenden Holzmangel im Tal kam dieser Abbau nicht mehr zustande.

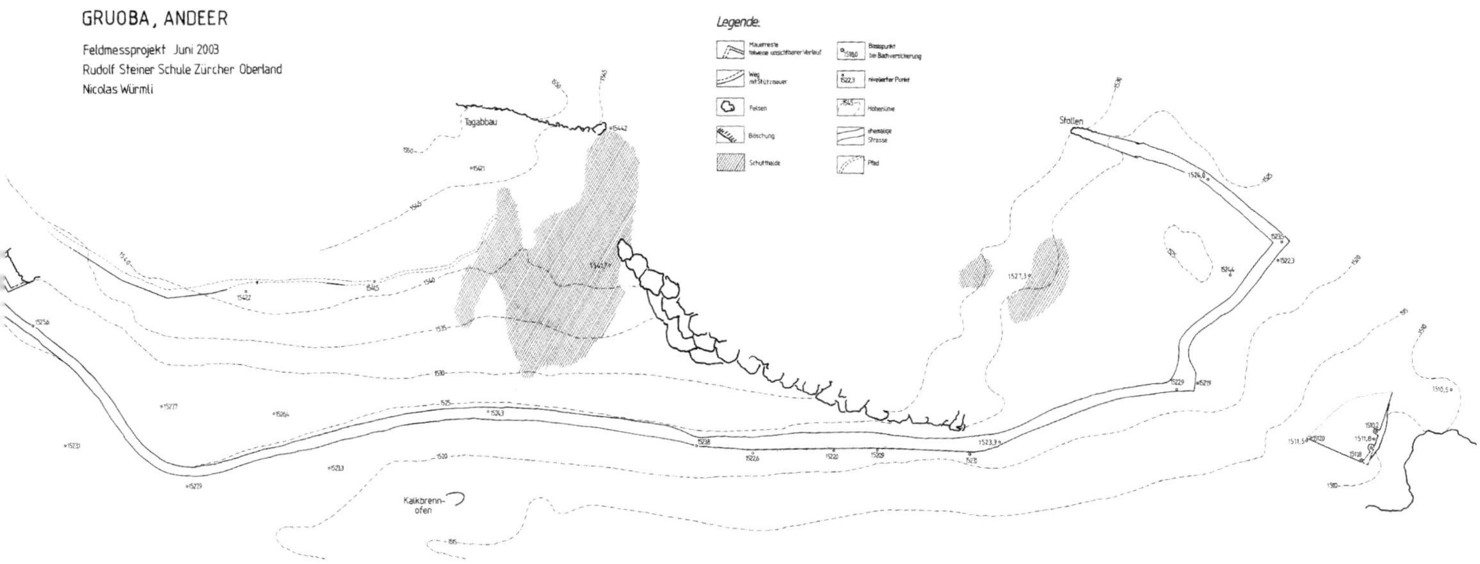

Nach nur fünfjährigem Betrieb musste die Bergbaugesellschaft «Val Sassam Mines Company» im Jahr 1870 den Konkurs bekannt geben (Stäbler 1981).

UNSINNIGE ARBEITEN

Eine sinnlos erscheinende Arbeit im Bergbaugebiet Ursera stellt der tiefstgelegene, 200 m lange «Römerstollen» dar. Ohne jegliches Anzeichen einer Vererzung und ohne dass jemals eine kleinste Erzspur angefahren wurde, trieben die Bergleute diesen Stollen im tauben Gestein bis unter das Bethlehemstollensystem. Vermutlich erhoffte sich die Bergbaugesellschaft, in der Tiefe weitere reichhaltige Erzgänge anzutreffen.

Dies ist einmal mehr ein typisches Beispiel, wie Bergwerksbetreiber ohne jegliche geologische Grundlage sinnlose und teure Arbeiten ausführen liessen. In der Geschichte des Schweizer Bergbaus wurde immer wieder ohne sachliche Grundlage und ohne kompetentes Fachwissen planlos und auf gut Glück eine oftmals sehr kostspielige «Schatzgräberei» betrieben (Stäbler 1981).

Folgende Doppelseite:
Ein mit Wasser gefülltes Gesenk im Stollen Cantina.

FÜHRUNGEN

Heute sind geführte Besichtigungen zu den Abbaustellen möglich. Die Teilnehmer werden durch die Exkursionsführer von der alten Schmelzi in Ausserferrera aus über den ehemaligen Knappenweg hinauf zu den Stollen geführt. Gemeinsam werden diese unter der kundigen Leitung der Führer befahren. Mit etwas Glück kann der Besucher auf den Halden noch ein Stück Kupfererz finden.

Durchführung: Juli bis August, auf Anfrage.

Ausrüstung: Gute Wanderschuhe, Windjacke und Kleidung, die schmutzig werden darf. Lunch und Getränke.

Kontakt
Telefon: +41 (0)81 650 90 30
Mail: info@viamala.ch
Webseite: www.viamala.ch

CALANDA
KANTON GRAUBÜNDEN

DER ZUFALL STAND PATE BEI DER ENTDECKUNG IM JAHR 1803. IN EINEM FELSBLOCK, DER FÜR ARBEITEN AM RHEINLAUF GESPRENGT WURDE, WAR GOLD ENTDECKT WORDEN. AB DANN WURDE MEHR SCHLECHT ALS RECHT VERSUCHT, GOLD ABZUBAUEN: EINMAL WURDE AM GOLD VORBEIGEGRABEN, EIN ANDERMAL LANDETE ES AUF DER HALDE, PENDELVERSUCHE SCHLUGEN FEHL – EINE GESCHICHTE WIE BEI DEN SCHILDBÜRGERN. AUCH EIN LETZTER «SERIÖSER» BERGBAUVERSUCH 1899 FÜHRTE NICHT ZUM ERHOFFTEN ERFOLG.

GOLD-BERGWERK CALANDA

BESICHTIGUNG: DIE STOLLEN SIND HEUTE NUR NOCH SCHWER ZUGÄNGLICH UND ES WIRD DEM LAIEN DRINGEND VON EINER BEFAHRUNG ABGERATEN.

ABGEBAUTE ROHSTOFFE: GOLD
ELEMENTE (LAGERSTÄTTE): GOLD, SILBER, KUPFER, EISEN, SCHWEFEL, ARSEN, WOLFRAM
MINERALIEN (LAGERSTÄTTE): GOLD, SCHEELIT, PYRIT, CHALKOPYRIT, ARSENOPYRIT
GANGMINERALIEN: QUARZ, KALZIT, FLUORIT

Unten: Felsblock mit Schriftzeichen bei der «Mittleren Gruob».
Rechte Seite: Eingang zur «Mittleren Groub».
Folgende Doppelseite: Abbaukaverne in der «Oberen Groub» Fliden. Hier wurden einige goldhaltige Gänge abgebaut.

Linke Seite: Der Autor beim Befahren eines mit Wasser gefüllten Seitenstollens der «Oberen Gruob».

Oben: Arsenopyrit im dunklen Schiefer des Doggers («Mittlere Gruob»).
Unten: Beim Eingang der «Mittleren Groub» wachsen Pilze auf der alten Verzimmerung.

GOLD BERGWERK CALANDA

Skizze des Pochwerks mit Wasserrad gleich rechts neben dem Mundloch zur «Mittleren Gruob» (1890).

GOLD ODER EISEN

Erste urkundliche Überlieferungen zu einem Bergbau am Calanda sind von Ende des 16. bzw. Beginn des 17. Jahrhunderts bekannt. Gemäss dem Tagebuch des Davoser Bergrichters Christian Gadmer (1588–1618) waren damals die Konzessionen für mindestens sechs Bergwerke vergeben worden. Auf welche Erze geschürft wurde, ist leider nicht mehr überliefert. Aber der Name einer damals vergebenen Konzession «Bim Rotenstein» und der noch erhaltene Flurname «Chupfergrüebli» können uns einen Hinweis dazu geben, welche Erze abgebaut wurden. Im Gebiet des «Rotasteinerböda» verläuft der Dogger mit seinen eisenhaltigen Sedimentgesteinen (Eisenoolith und pyritführender Opalinuston). Im Bergsturzgebiet von Bonaduz wurde 1868/69 sogar der Versuch unternommen, diese Eisenoolithe bergmännisch abzubauen. Ob damals schon das edle Gold abgebaut wurde, ist ungewiss. Wenngleich davon auszugehen ist, dass ein allfälliger Abbau in der Literatur überliefert worden wäre, hält man ihn in Fachkreisen dennoch nicht für unwahrscheinlich.

DER ZUFALL STAND PATE

Gemäss dem Bericht des Steigers Mathies Oberföll aus der Bergbauperiode von 1856 bis 1861 soll die Entdeckung des Goldes im Jahre 1803 ein blosser Zufall gewesen sein. Vinzes Schneller, ein Schlosser und Bürger aus Felsberg, soll in einem Felsblock gediegenes Gold entdeckt haben (Oberföll 1889). Der Felsblock lag etwa zwei Kilometer oberhalb des Dorfes Felsberg und war am Calanda für Wuhrarbeiten am Rheinlauf gesprengt worden (Bosshard 1890). Schneller machte den Fund aber erst, als die Trümmer des Felsblocks bereits zum grössten Teil im Rheinwur versenkt worden waren (Oberföll 1889). Daraufhin wurde die gefundene Goldstufe dem Churer Apotheker G.W. Capeller zur Analyse übergeben und von ihm als gediegenes Gold bestätigt. Der Finder soll für die Stufe 70 Gulden Bündner Währung bekommen haben (Bosshard 1890, Oberföll 1889).

Der sichere Nachweis des anstehenden Goldes am Calanda gelang erst etwas später dem St. Galler Bergbauingenieur Heinrich Schopfer. An der Stelle des heutigen Bergwerks «Fliden» fand er Gold, welches er ebenfalls nach Chur verkaufte. Schopfer soll dafür die Berechtigung auf «weiteres Nachsuchen», einen Acker im Grünenberg bei Chur und einen Geldbetrag in unbekannter Höhe erhalten haben (Oberföll 1889).

Danach erhielt im Jahr 1809 ein Johann Ulrich Tschalär von Pfäfers eine Schürfkonzession für das Gebiet von «Tschengels», etwa 100 m tiefer als Fliden gelegen. Vermutlich war Tschalär mit seinen Arbeiten nicht erfolgreich gewesen, denn noch im selben Jahr, am 20. September 1809, wurden der neu gegründeten «Gewerchschaft der Goldenen Sonne zu Feldsperg» die Schürf- und Abbaurechte für die nähere Umgebung des Bergwerks «Fliden» erteilt. Der tiefer gelegene Stollen «Tschengels» soll vorwiegend Pyrit (Schwefelkies) und etwas Fahlerz (Kupfererz), aber kein Gold geliefert haben.

NEUER VERSUCH – ALTES GLÜCK

Gründer dieser neuen Gewerkschaft war der Apotheker Cappeler aus Chur, welcher den ersten Goldfund analysiert hatte. Die Gewerkschaft erstattete der Gemeinde Felsberg für die Konzession am Calanda jährlich 300 Gulden. Nach Bosshard wurden sechs Arbeiter im Bergwerk

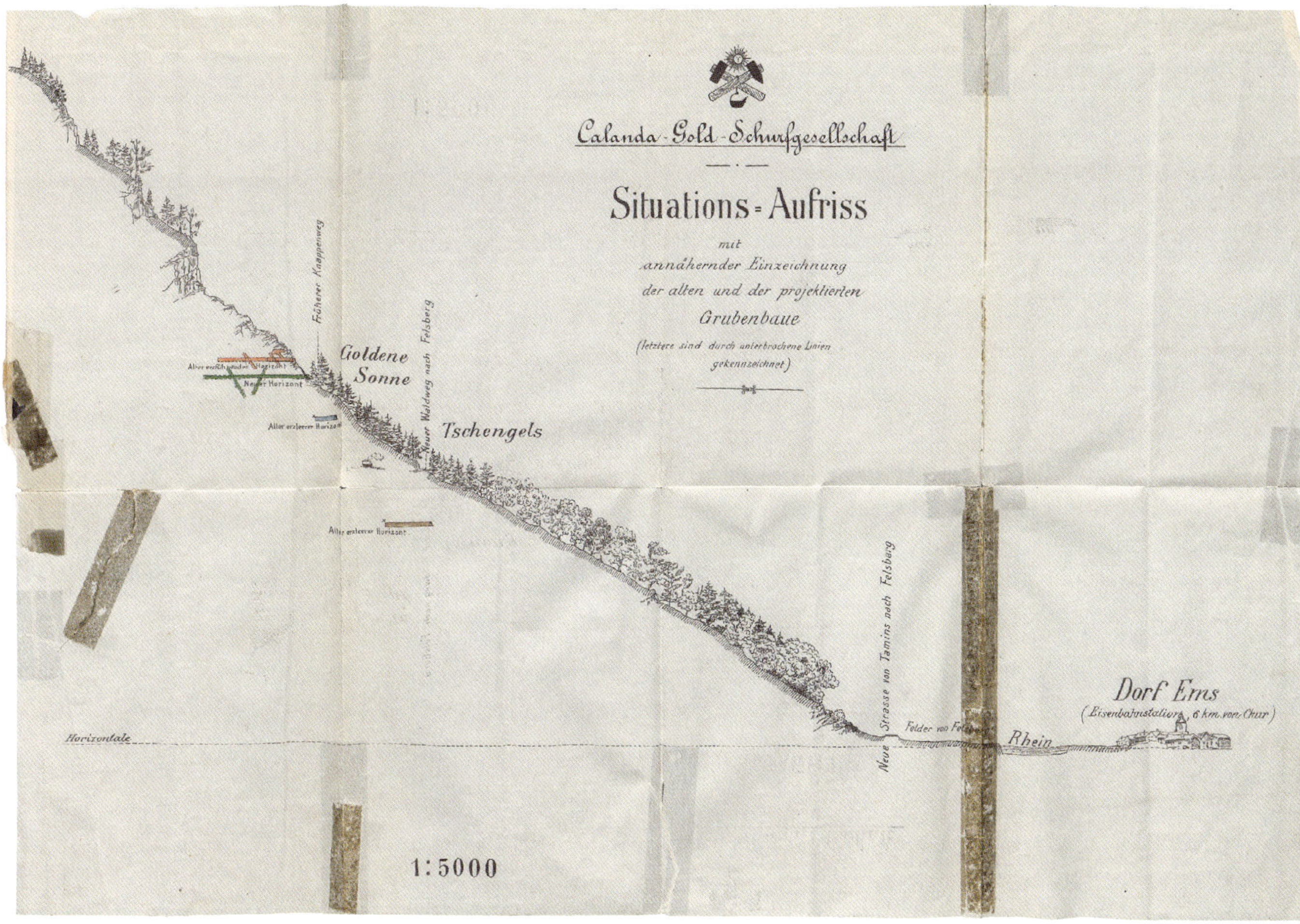

Pläne für neue Arbeiten aus der Broschüre von J.B. Rocco. Geplant war eine Erweiterung der «Oberen Gruob» (rot) durch das Anfahren eines «neuen» Erzhorizonts (grün).

angestellt (Bosshard 1889). Westlich von der Grube, gegen das Taminser Gemeindegebiet, soll ein stattliches Haus für die Arbeiter und ein Pochwerk mit Wasserkraftbetrieb errichtet worden sein. Dem Autor ist aber nicht klar, woher das Wasser für einen solchen Antrieb hätte stammen sollen, da weit und breit kein Bach vorhanden ist. Von diesen «Bauten» (wenn überhaupt einmal vorhanden gewesen), müssen zur Zeit von Bosshard nur noch Spuren sichtbar gewesen sein (Bosshard 1890). Ein «Knappenweg» hinauf zum Bergwerk musste angelegt werden. Dieser führte von Felsberg in etwa 1½ Stunden zur «Goldenen Sonne» (Oberföll 1889).

DAS GOLD AUF DIE SCHUTTHALDE GEWORFEN

Der «Bergrath» Selb von Wolfach, der in den Jahren 1810 und 1811 die Grube als Experte besuchte, bezeichnete den Abbau als rentabel, wenn dieser unter fachmännischer Leitung ausgeführt würde. Eine fachmännisch kompetente Leitung schien aber nicht vorhanden gewesen zu sein. Denn die sechs angestellten Arbeiter waren nicht dazu in der Lage, im gebrochenen Gestein das Gold zu erkennen, so dass sie das goldhaltige Gestein zusammen mit dem tauben Gestein über die Halde warfen. Zum Glück wurde der «Karren Förderbursche» Hannes Georg Kieni aus Felsberg in der Schutthalde auf etwas Glänzendes aufmerksam. Er stieg die steile Schutthalde hinunter und suchte mit seinem Fund den in Tamins wohnenden Steiger (Vorarbeiter) auf, welcher in dem gezeigten Fundstück sofort das Gold erkannte (Oberföll 1889). Die Arbeiten in den Stollen des Bergwerks Fliden wurden augenblicklich eingestellt, um das goldhaltige Gestein aus der Schutthalde zu klauben.

Nach dieser bergwirtschaftlichen Katastrophe wurde der vorgetriebene Querschlag (Stollen) einer gründlichen Inspektion unterzogen. Bereits 8 m vom Mundloch entfernt, wurde nun im Stollen der erste Goldfund konstatiert. Das Gold soll laut Angaben von «Bergrath» Selb in goldgelben Blättchen und zackigen Blechen aufgetreten sein (Selb 1812).

Links: Gediegenes Gold auf Kalzit. Anhand solcher Spuren wurde die Lagerstätte am Calanda entdeckt.

Oben: 16-Franken-Duplone von 1813, geprägt aus dem Gold des Calanda.

Das Gold wurde in einem durch den Stollen angefahrenen Gang wie auch am Ausbiss «vor Tage» gefunden. Später wurde ca. 27 m weiter ein zweiter, goldführender Gang angefahren, die grösste abgebaute Goldstufe soll 125 g gewogen haben (Oberföll 1889). Die Angaben zur gewonnenen Goldmenge sind sehr widersprüchlich. Sicher kann davon ausgegangen werden, dass vom abgebauten Gold einige Bündner Dukaten (16 alte Schweizer Franken) geprägt worden sind.

Um den schlechten Resultaten des Bergwerks entgegenzuwirken, empfahl «Bergrath» Selb, die beiden mit dem Stollen durchfahrenen goldhaltigen Gänge mittels eines tiefer gelegenen Stollens neu zu erschliessen und selbige vom bestehenden Stollen aus mit einem streichenden Stollen weiter zu verfolgen.

AM GOLD VORBEIGEGRABEN

Mangels fachkundiger Führung wurde dieser Empfehlung aber nicht Folge geleistet. Die Führung war vermutlich der Meinung, dass mit einem weiteren Eindringen in den Berg auch das Gold zunehmen müsste. So wurde – ohne darauf zu achten, dass die goldführenden Gänge ja bereit durchstossen waren – munter im tauben Gestein weitergearbeitet. Den Arbeitern soll es eine Freude gewesen sein, wurden diese doch nach den geförderten Kubaturen bezahlt, und der taube Kalkschiefer war merklich weicher und leichter abzubauen, als die goldhaltigen Quarz- und Kalzitgänge. Versuche, das Gold durch zwei streichende Seitenstollen und einen kleinen Schacht wieder anzufahren, blieben ohne Erfolg (Bosshard 1890).

WIE DIE SCHILDBÜRGER

Es wurde immer weniger Gold gefunden und der finanzielle Aufwand immer grösser. Aber anstatt kompetente Hilfe von Fachleuten, wie beispielsweise dem «Bergrath» Selb, für einen wirtschaftlichen Bergbau heranzuziehen, setzte man auf den dubiosen Rat einer «Somnambule» (Schlafwandlerin/Hellseherin) aus Strassburg (Bosshard 1889). Die Somnambule bezeichnete etwa 300 m tiefer auf dem «Tschengelserboden» eine Stelle und gab an, 4 Lachter (1 Lachter = 1,8 m) tief unter ihren Füssen befände sich Gold. Sofort wurde ein Schacht abgeteuft. Als aber bei 14 Lachter Tiefe noch immer kein Gold angetroffen worden war, wurde beschlossen, die Somnambule nochmals zu befragen. Diese war aber in weiser Voraussicht mit ihrem Lohn nach Strassburg verschwunden und war nicht mehr aufzufinden (Bosshard 1889). Auch jetzt kam es der Leitung der Bergwerksgesellschaft nicht in den Sinn, Hilfe bei einem Fachmann einzuholen.

BETRUG UND EIN TODESFALL

Nun übernahm sogar die Frau des Bergverwalters Hitz das Amt einer Hellseherin. Diese gab bei einem theatralischen Auftritt eine noch tiefer gelegene Stelle an, wo nun ein etwa 100 m langer Querschlag im tauben Gestein vorgetrieben wurde. In dessen Mitte teuften sie zusätzlich einen 27 m tiefen Schacht ab. Während dieser Arbeit erstickte ein Mann, weil der Schacht unzureichend bewettert war und die Arbeiter sich in 27 m Tiefe gegenseitig den Sauerstoff wegatmeten.

Übersichtsplan der Gruben am Calanda aus der Broschüre von J.B Rocco. Rot eingezeichnet die «Obere Gruob» mit dem «alten» Erzhorizont; grün der geplante Abbau auf einen «neuen» Erzhorizont.

Dieser Querschlag ist der unterste der damals vorhandenen Bergbauten und soll während dieser ersten Abbauperiode der grösste Stollen gewesen sein. Dieser hat am Mundloch eine Höhe von fast 2 m (Bosshard 1890).

Die Gesellschaft, deren Personalbestand mehrfach gewechselt zu haben scheint, löste sich mit grossen Verlusten Ende der 1820er-Jahre auf. Vereinzelte Sondierungen sollen bis etwa um das Jahr 1830 fortgesetzt worden sein. Eine Schätzung über die Höhe des Ertrages ist schwierig, er dürfte eher klein ausgefallen sein. Professor Deicke aus St. Gallen, der 1859 das Bergwerk besichtigte, schätzt die Gesamtauslagen für den Bergbau der ersten Abbauperiode auf etwa eine Million Gulden (Bosshard 1890).

DIE HOFFNUNG STIRBT ZULETZT

Im Jahr 1856 unternahm der Sattelmeister Sprecher aus Chur einen erneuten Versuch, Gold im Bergwerk Fliden zu finden. Dank den Hinweisen aus alten Berichten konnte Sprecher den erzführenden Gang wieder finden und es gelang ihm tatsächlich, ein paar Stufen gediegenen Goldes zu finden. Die schönste Stufe wurde 1857 an der Industrieausstellung in Bern ausgestellt (Bächtiger 1968). Der Wert dieser Stufen wurde auf etwa 500 Schweizer Franken geschätzt, was gerade mal die Unkosten deckte.

Ermutigt durch diesen Erfolg, soll neben dem Mundloch des Stollens «Neuen Grube» gleich unterhalb der Grube Fliden ein Scheidehaus mit Wohnraum für die Bergleute, ein

GOLD AUS DER TIEFE

Durch Wasser entstehen neue Gesteine

Die grosse Vielfalt an Gesteinen, aus der sich unsere Alpen zusammensetzen, hat ihren Ursprung der Anwesenheit von Wasser auf unserem Planeten zu verdanken. Wasser kommt nicht nur in Form von Flüssen, Seen und Meeren oder als Niederschlag wie Regen und Schnee vor; ein grosser Teil davon ist innerhalb der Erdkruste und des Erdmantels in den Gesteinen und Magmen gebunden. Obwohl Wasser in der Erdkruste mengenmässig untergeordnet vertreten ist, spielt es dennoch eine wesentliche Rolle – sei es gebunden in zahlreichen Mineralien, in den Zwischenräumen der einzelnen Kristalle, den Porenräumen der Gesteine, oder gelöst in Magmen. (Marks & Warneck 2017) Wasser kann von der Oberfläche aus in die Erdkruste eindringen, auf seinem Weg durch die Gesteine Minerale auflösen und schlussendlich als Fluid feinste Risse und Klüfte in den Gesteinen durchströmen. Jedes Gestein enthält zu irgendeinem Zeitpunkt Wasser, weshalb es bei der Metamorphose der Gesteine eine wichtige Rolle spielt:

- Wasser kann das Phasengleichgewicht beeinflussen (fest, flüssig, gasförmig)
- Wasser kann in einem Gestein Mineralien lösen oder ausfällen und so ein Gestein verändern
- Wasser transportiert Wärme und wärmt Gestein relativ schnell auf oder kühlt dieses ab

Wird nun ein Gestein bei der Kollision von zwei Kontinentalplatten subduziert (in der Tiefe versenkt), dann führt der enorme Druck dazu, dass die Porenräume im Gestein wie bei einem Schwamm zusammengepresst werden. Das Gestein setzt das in die Tiefe mitgeführte Wasser frei und dieses fliesst als Fluid nach oben ab.

Fluid, das Blut der Erde

Ein Fluid ist in den häufigsten Fällen ein Gemisch aus H2O-Gasen und darin gelösten Salzen. Unter dem enormen Druck und den Temperaturen, die in der Tiefe herrschen (bis 100 km), wird ein Fluid zu einer «aggressiven» Flüssigkeit, die auf ihrem Weg durch die Gesteine Mineralien aus denselben zu lösen vermag.

Ein Massiv verschwindet in der Tiefe

Die Vererzungen und Kluftfüllungen am Calanda stehen nach Meinung von Andreas Audétat (1995) im Zusammenhang mit einem solchen Fluid. Vor etwa 23 Millionen Jahren wurde das Tavetscher Zwischenmassiv subduziert. Dabei ist Wasser freigesetzt worden, das seinen Weg durch den tektonischen Kontakt zwischen dem Aarmassiv und dem Gotthardmassiv nach oben fand. Dieses Fluid wurde in der Antiklinale (Falte) des Calanda gesammelt und durchströmte auf seinem Weg nach oben die Vulkanite des Perms, die Sedimente der Trias, Dogger und des Malms.

AufsteigendesFluid hinterlässt seine Spuren

Nach einer Annahme von Audéta sammelte sich das Fluid im Scheitel der Antiklinale und begann seinen Aufstieg mit der fortschreitenden Deformierung der Falte im Zuge der Hebung der Alpen. Die immer stärker werdende Deformation führte dazu, dass die anfangs noch duktilen (elastisch) Gesteine spröd wurden und sich feinste Risse und Klüfte bildeten. Dies führte zu zwei Vorgängen:

Das Fluid konnte nun ungehindert im Scheitel der Antiklinale und somit örtlich begrenzt aufsteigen.

Die Bildung eines Bruchsystems, in welchem das Fluid nach oben aufsteigen konnte, führte zu einem starken Druckabfall im Fluid und einer Abkühlung beim Aufstieg in höher gelegene Gesteine.

Beim Aufstieg wurden im Kontakt zum Fluid die Vulkanite des Perms alteriert (örtlich begrenzte Umwandlung von Mineralen), es bildeten sich Epidot und Albit. In der Trias konnte Audéta keine Spuren einer Alterierung durch das aufsteigende Fluid erkennen. Im Dogger führten die vorhandenen Kohlespuren zu einer Reduktion des Schwefelsulfats und der Bildung von Pyrit und Arsenopyrit. Im darüberliegenden Malm kam es zu einer Dolomitisierung und Silifizierung (Verkieselung).

Die letzte Phase, das Gold

Die Regionalmetamorphose des Calanda erreichte die Grünschieferfazies. Nach dem Aufbrechen der Antiklinalen und dem damit einhergehenden Druckabfall kühlte das Fluid ab. Untersuchungen von Audéta ergaben, dass sich sämtliche Mineralisationen am Calanda bei 210–350 °C und einem Druck von 1–3 kbar ausgebildet hatten.

Das Gold begann sich erst in einer letzten Phase auszubilden, nachdem sich das Fluid durch den Temperaturabfall stark entmischt hatte. Das Gold ist im Dogger an Gänge aus Kalzit, Ankerit und Quarz gebunden und tritt oft in Form filigraner Kristalle im Kalzit, oder als frei gewachsene «Bleche» und Kristalle in Hohlräumen auf. Pyrit und Arsenopyrit scheinen als Keimling zur späteren Goldausfällung gedient zu haben (Audéta 1995).

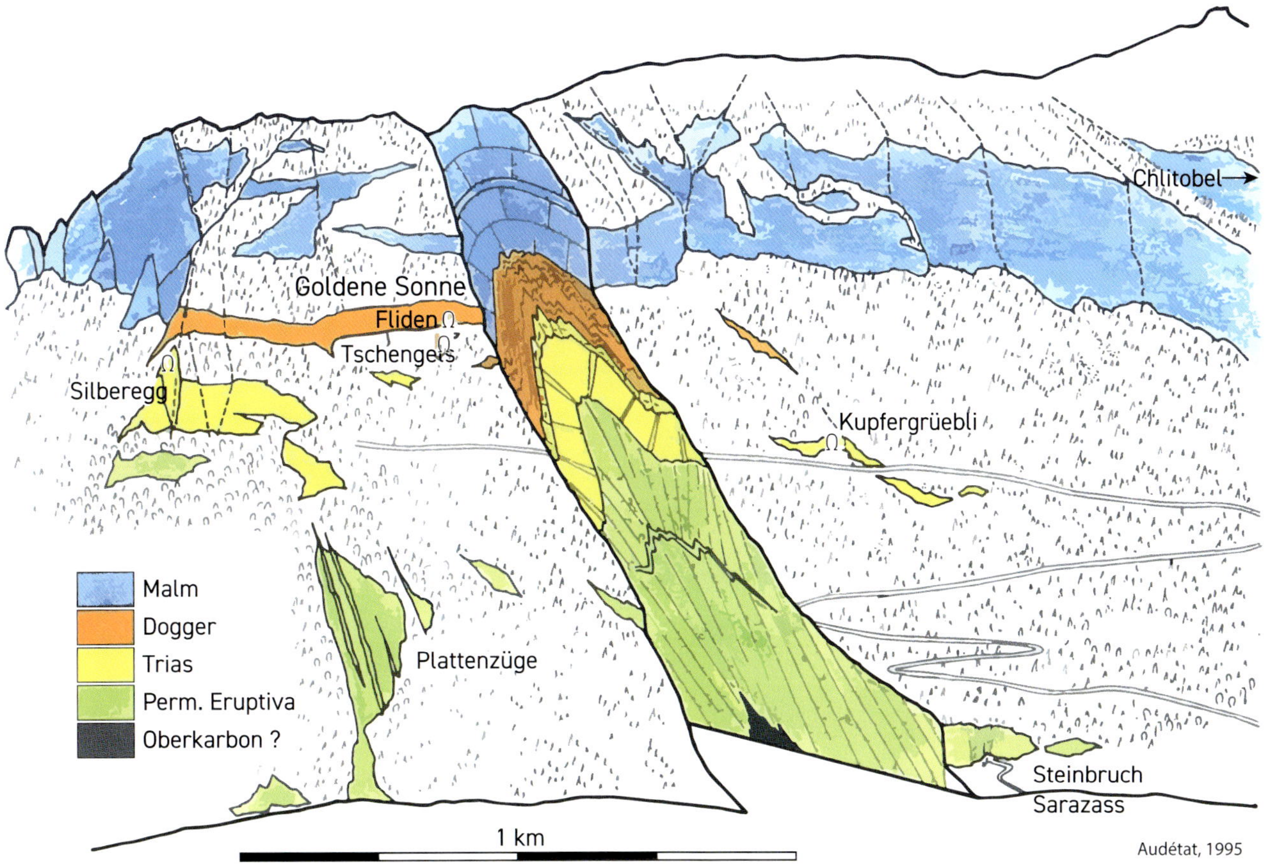

Schnitt durch die Antiklinale des Calanda mit dem Bergbaurevier Goldene Sonne. Perm: vulkanische Tuffe und Tuffite, sowie Spilite und Keratophyren. Trias: Rötidolomit und Schiefer. Dogger: Schiefer, Sandsteine, Brekzien und eisenhaltige Oolithe. Malm: Hochgebirgskalk und etwas mergelige Schiefer.

durch ein oberschlächtiges Wasserrad angetriebenes, kleines Pochwerk und ein Röst- und Schmelzofen mit Blasebalg erstellt worden sein (Zeichnung von Bosshard 1890).

ES WURDE NUR VERARBEITET, WAS DAS AUGE SAH

Während dieser Bergbauperiode arbeiteten fünf Männer und drei Frauen – teilweise auch nur zwei Männer. Das Gestein wurde in Säcken zum Scheideplatz bei der Hütte getragen, wo das erzhaltige Gestein durch die drei Frauen mittels eines 500g schweren Scheidehammers zerkleinert wurde. Der goldhaltige Quarz und Kalkspat wurden dabei aussortiert und im Pochwerk weiter zerkleinert. Das restliche Gestein wurde über die Halde geworfen. Wie viel Gold dabei auf der Halde landete, ist schwer abzuschätzen, aber es wurde bei diesem Verfahren nur das Gold erfasst, welches die drei Frauen mit blossem Auge erkennen konnten. Jeweils am Samstag wurde dann das gepochte Golderz nach Chur zum Konzessionär Sprecher geliefert.

Auch in dieser Bergbauperiode war das Glück nur von kurzer Dauer, und als sich die Ausgaben ohne nennenswerte Erträge auf etwa 24 000 Franken beliefen, musste der Betrieb eingestellt werden (Oberföll 1889).

NEUE VERSUCHE OHNE ERFOLG

In den folgenden Jahren wurden immer wieder kleinere Funde verzeichnet und es versuchten einzelne Glücksritter den Bergbau am Calanda wieder ins Leben zu rufen, leider alle ohne Erfolg.

Der eidgenössische Bergwerksinspektor J.B. Rocco versuchte selbst mit einer gedruckten Broschüre unter dem Titel «Die bergbaulichen Untersuchungen auf Gold am Calanda (Graubünden). Einladung zur Gründung einer Gesellschaft zum Zweck des Abschlusses jener Untersuchungen» neue Investoren für seine geplanten Vorhaben anzulocken. Trotz einiger interessanter Funde kam es nicht zur erhofften Gründung (Rocco 1899).

SARGANS
KANTON ST. GALLEN

EISEN-BERGWERK GONZEN

DER GONZEN HAT EINE LANGE BERGBAUTRADITION. AUS RUND 90 KM STOLLEN WURDE DAS ERZ MIT DEN UNTERSCHIEDLICHSTEN ABBAUVERFAHREN HERAUSGEBROCHEN, VOM FEUERSETZEN BIS ZU DEN MODERNSTEN MASCHINEN.
DIE FÜHRUNGEN GEWÄHREN HEUTE DEN INTERESSIERTEN EINEN EINDRÜCKLICHEN BLICK IN DIE FASZINIERENDE WELT UNTER TAGE UND LASSEN DIE ERSCHÖPFTEN BESUCHER AM ABEND NACH DER FÜHRUNG DIE MÜHEN DES DAMALIGEN BERGBAUS ERAHNEN.

BESICHTIGUNG: GEFÜHRTE BESICHTIGUNGEN MÖGLICH:
- STOLLEN
- ABBAUFELDER
- STOLLENBAHN
- BAHNHOF
- RESTAURANT
- WEINGUT

ABGEBAUTE ROHSTOFFE: EISEN/MANGAN
ELEMENTE (LAGERSTÄTTE): EISEN, MANGAN, KUPFER, ZINK, KOBALT, ARSEN, SCHWEFEL
MINERALIEN (LAGERSTÄTTE): HÄMATIT, MAGNETIT, HAUSMANNIT, RHODOCHROSIT, MANGANOSIT, PYRIT, CHALKOPYRIT, SPHALERIT, SKUTTERUDIT
SEKUNDÄRMINERALE: ERYTHRIN, LIMONIT
GANGMINERALIEN: KALZIT, QUARZ, BARYT

Oben: Die ehemalige Aufbereitungsanlage und Seilbahnstation Malerva mit dem majestätischen Gonzen im Hintergrund.

Rechte Seite: Blick durch die ehemalige Seilbahnstation in der Aufbereitungsanlage Malerva. Nach der Inbetriebnahme des Basisstollens im Jahr 1949 wurde die Seilbahn hinauf zur Bergbausiedlung Naus rückgebaut. Nach der Einstellung des Bergwerksbetriebs im Jahr 1966 wurde die Aufbereitungsanlage zur Kiesaufbereitung umgenutzt.

Linke Seite: Fördertonne im Nauswand-Gesenke.

Oben: Altes Lorengestell aus Holz, das noch zum Transport von Druckrohren verwendet wurde.
Unten: Mit diesen mächtigen Windenantrieben wurden die gefüllten Fördertonnen in den Gesenken bewegt.

EISEN BERGWERK GONZEN

Oben: Erzschlittler am Gonzen, ein Holzstich nach einer Zeichnung von Emil Rittmeyer.
Unten: Hüttenwerk bei Plons (1846). Gerade wird mit einem vierspännigen Fuhrwerk eine frische Ladung Erz angeliefert. Links im Bild ist das Hüttenwerk mit dem Ofen zu erkennen und rechts davon das noch heute bestehende Herrenhaus.

WAREN DIE RÖMER DIE ERSTEN?

Das Eisen am Gonzen oberhalb von Sargans wurde schon sehr früh abgebaut. Es liegt auf der Hand, dass das Eisenerz schon den Römern bekannt war, die ja am Fusse des Gonzen auch ihre berühmten «Römerstrassen» zum Transport von Gütern und dem Verschieben ihrer Truppen angelegt hatten.

Erste schriftliche Belege für einen Bergbau am Gonzen sind aus dem Spätmittelalter bekannt. Das heisst aber nicht, dass früher kein Bergbau stattgefunden hatte. Oftmals sind in solchen historischen Urkunden nicht die Bergwerke selber aufgeführt, sondern die dazugehörigen Verarbeitungsbetriebe wie Schmelzofen, Schmiede und Werkstatt. Aus dieser Zeit sind Öfen in Flums, Plons und Mels bekannt (Bugg 2010).

GEFÄHRLICHE SCHLITTENFAHRT

Die ersten Stollen befanden sich noch auf über 1000 m Höhe. Die Stollen wurde noch mühsam von Hand und durch Feuersetzen in den Felsen vorgetrieben. Das Erz musste auf steilen Pfaden ins Tal transportiert werden. Später wurden für den abenteuerlichen Transport auch Schlitten eingesetzt. Trotz dieses Handikaps führte die nahe Lage zu den grossen Städten dazu, dass das Erz schon sehr bald gefragt war. Es folgten Zeiten des aktiven Bergbaus und solche mit längeren Pausen, Streitigkeiten und finanziellen Nöten der Betreiber.

EIN NEUANFANG IM 19. JAHRHUNDERT

Johann Georg Neher, ein Industrieller aus Württemberg, lebte seit 1810 in Schaffhausen und hatte dort die Eisen- und Schmelzwerke in Laufen am Rheinfall SH übernommen. So war der Kauf des Bergwerks Gonzen nur ein logischer Schritt, um die Versorgung seiner Werke mit einheimischem Eisen zu sichern. Unter Neher wurde das Hüttenwerk in Plons modernisiert und in den Stollen kam Schwarzpulver zum Einsatz. Aber was in anderen, weniger rentablen Bergwerken schon früher eintrat, geschah nun 1878 auch am Gonzen. Bedingt durch den Bau der Eisenbahn konnten grössere Mengen an Rohstoffen und somit auch billiger aus dem Ausland importiert werden. Der Betrieb des Bergwerks Gonzen war nicht mehr länger rentabel und wurde eingestellt (Bugg 2010).

UND EWIG LOCKT DER BERG

Der Sohn von Johann Georg Neher, Oscar Neher, war enorm fasziniert vom ehemaligen Bergwerk Gonzen und es war ihm ein grosses Bedürfnis, dessen Betrieb wieder aufzunehmen. Im Jahr 1919 ging sein Traum mit der Gründung der Eisenbergwerk Gonzen AG in Erfüllung. Die Stollenbauten wurden immer ausgedehnter. Auf 992 m Höhe wurde bei Naus ein neuer Stollen aufgefahren und eine komplette Berg-

Rechts: Ausfahrt eines Erzzuges mit einer Akku-Lok aus dem Naus (Eisenbergwerk Gonzen).
Folgende Doppelseite: Verladestelle im Nauswand-Gesenk.

bausiedlung erstellt. Von hier aus wurde das abgebaute Erz mit einer Seilbahn ins Tal hinunterbefördert. Bei der Talstation befand sich die Aufbereitungsanlage Malerva, die noch heute zu sehen ist.

DAS ENDE NAHT

Die Konkurrenz aus dem Ausland wurde immer grösser. Um beim bestehenden Preiskampf mithalten zu können, wurde versucht, durch Modernisierung und Rationalisierung des Bergwerkbetriebs preisgünstiger produzieren zu können. Doch alle Investitionen und Einschränkungen halfen nichts. Am 2. Mai 1966 wurde beschlossen, den Betrieb auf Ende Mai 1966 einzustellen.

HEUTE

Die Eisenbergwerk Gonzen AG besitzt weiterhin die Abbaukonzession, welche bis zum Jahr 2083 verlängert wurde. Die Aufbereitungsanlage Malerva steht noch immer und sieht einer ungewissen Zukunft entgegen. Es bestehen Projekte, das Gebäude zu schützen und durch Umnutzung weiterhin zu erhalten. Aber die sehr schlanke Form des Gebäudes macht es den jeweiligen Projektplanern nicht einfach.

Das Bergwerk ist mit viel Manpower, Schweiss und Herzblut in eines der spektakulärsten Besucherbergwerke der Schweiz umgenutzt worden.

FÜHRUNGEN

Auf der Webseite des Bergwerks Gonzen sind alle Informationen zu den angebotenen Führungen ersichtlich.

Kontakt
Bergwerk Gonzen
Vild 18, 7320 Sargans
Telefon: +41 (0)817231217
E-Mail: info@bergwerk-gonzen.ch
Webseite: www.bergwerk-gonzen.ch

MURGTAL
KANTON GLARUS

KUPFER-BERGWERK MÜRTSCHENALP

EIN GEREGELTER BERGBAU SETZTE ERST MITTE DES 19. JAHRHUNDERTS BEIM «ERZBETT», DER «HAUPTGRUBE» UND DEM «GROSSEN CHALTTAL» EIN. DIE AUSBEUTE WAR ABER DERMASSEN BESCHEIDEN, DASS DER ABBAU BEREITS 1861 EINGESTELLT WURDE. 1916–1918 LIESS GUSTAV WEINMANN SONDIERUNGSARBEITEN AUSFÜHREN, WOBEI EINIGE KURZE STOLLEN UND EIN 180 M LANGER QUERSCHLAG VORGETRIEBEN WURDEN. SPÄTER WAREN DIE URANVERERZUNGEN VON GROSSEM INTERESSE. LEIDER IST DAS URAN FÜR EINEN WIRTSCHAFTLICHEN ABBAU ZU GROSSFLÄCHIG VERTEILT.

BESICHTIGUNG: DIE STOLLEN SIND HEUTE NUR NOCH SCHWER ZUGÄNGLICH UND ES WIRD DEM LAIEN DRINGEND VON EINER BEFAHRUNG ABGERATEN. ABER AUF DER HALDE KANN NOCH HEUTE ERZ GEFUNDEN WERDEN.

ABGEBAUTE ROHSTOFFE: KUPFER/SILBER
ELEMENTE (LAGERSTÄTTE): KUPFER, URAN, BLEI, ZINK, MOLYBDÄN, ARSEN, SILBER, WISMUT, NICKEL, KOBALT
MINERALIEN (LAGERSTÄTTE): BORNIT, CHALKOPYRIT, CHALCOSIN, TETRAEDRIT, PYRIT, MOLYBDÄNIT, SILBER, GALENIT, BETEKHTINIT, WITTICHENIT, BISMUTHINIT, STOMEYERIT, URANINIT, BRANNERIT, SPHALERIT, ARSENOPYRIT, MILLERIT, LINNAEIT, BRAVOIT
SEKUNDÄRMINERALE: AZURIT, MALACHIT, COVELLIN, METATORBERNIT
GANGMINERALIEN: DOLOMIT, KALZIT, QUARZ

Vorangehende Doppelseite: Schutthalde beim Erzbett. Hier können ohne Gefahr und mit etwas Glück noch Erzstücke gefunden werden.
Linke Seite oben: Unten im Murgtal sind in der Ruine der Talstation noch immer die Reste der alten Seilbahn aus der Weinmann-Periode zu finden.
Linke Seite unten: Auf der Mürtschenalp ist beim Feldriet noch die Ruine des Pochwerks zu finden. Darin befindet sich noch das massive Wiederlager des Pochwerks. Ausserhalb der Mauern ist noch der Kanal des Unterschlächtigen Wasserrads zu erkennen.
Oben: Mundloch der Hauptgrube in der «Erz Riese».

Oben: Querschlag nach Tschermannen mit Blick vor Tag.
Rechte Seite oben: Gut sichtbar der Dolomitgang mit der Vererzung in der Tagstrecke.
Rechte Seite unten: Mit Wasser gefülltes Gesenk (Abteufen) im Querschlag nach Tschermannen.

KUPFER BERGWERK MÜRTSCHENALP

Das Kupferbergwerk nach einer originalen Zeichnung des damaligen Direktors Heinrich Tröger (1860). Links im Hintergrund das Knappenhaus und rechts im Bild das Pochwerk mit dem Wasserrad.

WER WAR ZUERST DA …?

Archäologisch ist ein prähistorischer Bergbau nicht belegt, aber Forschungen auf der Basis von Flurnamen könnten Hinweise liefern, dass schon vor den Kelten und Römern rätisch sprechende Bergleute in dieser Region ihre Spuren hinterlassen haben. Ein Bergeisen, von Kurt Bächtiger auf der Halde der Hauptgrube gefunden, könnte aus der Römerzeit stammen.

Mit grosser Wahrscheinlichkeit kann aber davon ausgegangen werden, dass die ältesten Abbauversuche in den weicheren Rötidololiten, Sandsteinen und Schiefern stattgefunden hatten, da zur damaligen Zeit noch mühsam von Hand abgebaut wurde.

In der Region des Murgtales sind in diesen weicheren Gesteinen zahlreiche kleine Stollen, sogar mit Schächten, bekannt, mit welchen vornehmlich die kleinen, nestartig auftretenden Kupfervererzungen abgebaut wurden (Bächtiger 1989).

DAS FINSTERE MITTELALTER

Laut Emil Stöhr (1865) wurde im Mittelalter der Bergbau von Baslern betrieben. Der Bergbau soll erst mit dem Auftreten des «Schwarzen Todes», der Pestepidemie um die Mitte des 14. Jahrhunderts, eingestellt worden sein. Einige Schürflöcher, in denen keine Spuren für einen Vortrieb mit Pulver zu finden waren, müssen nach Meinung von Stöhr auf einen sehr alten Bergbau hinweisen (Stöhr 1865). Diese Vermutung eines frühen Bergbaus wird zusätzlich von der Tatsache gestützt, dass in der Kirche bei Obstalden eine spätgotische Wandmalerei (ca. 1475) zu finden ist, welche die Heilige Barbara, die Schutzpatronin der Bergleute, darstellt.

ERSTE SCHRIFTLICHE ÜBERLIEFERUNGEN

Nach Recherchen von Kurt Bächtiger (1989) stammt eine erste schriftliche Überlieferung aus dem Glarner Ratsprotokoll vom Jahre 1608. Damals wurde das Eisenbergwerk beim Klöntalersee zusammen mit einigen Konzessionen für «Silbergruben» auf der Mürtschenalp verkauft. Der Käufer, ein aus dem Elsässischen stammender Freiherr Joachim von Mörsberg, war früher in zahlreiche Prozesse und Streitigkeiten verwickelt und zeitweise sogar zur Verhaftung ausgeschrieben. So war sein erklärtes Ziel, mit dem Bergwerk schnell wieder zu Geld zu kommen. Durch Alchemie sollten die abgebauten Erze in Silber und Gold umgewandelt werden.

Der Bergbau in der Mürtschenalp soll in dieser Zeit allerdings nicht sehr intensiv betrieben worden sein, der aktuelle Besitzer zeigte kein ernsthaftes Interesse am Bergbau, zahlte den Knappen die Löhne nicht aus und blieb dem Land Glarus die Abgaben schuldig. Im Jahr 1610 war es mit der Geduld des hohen Rates vorbei und der Besitzer wurde kurzerhand enteignet (von Arx 1992).

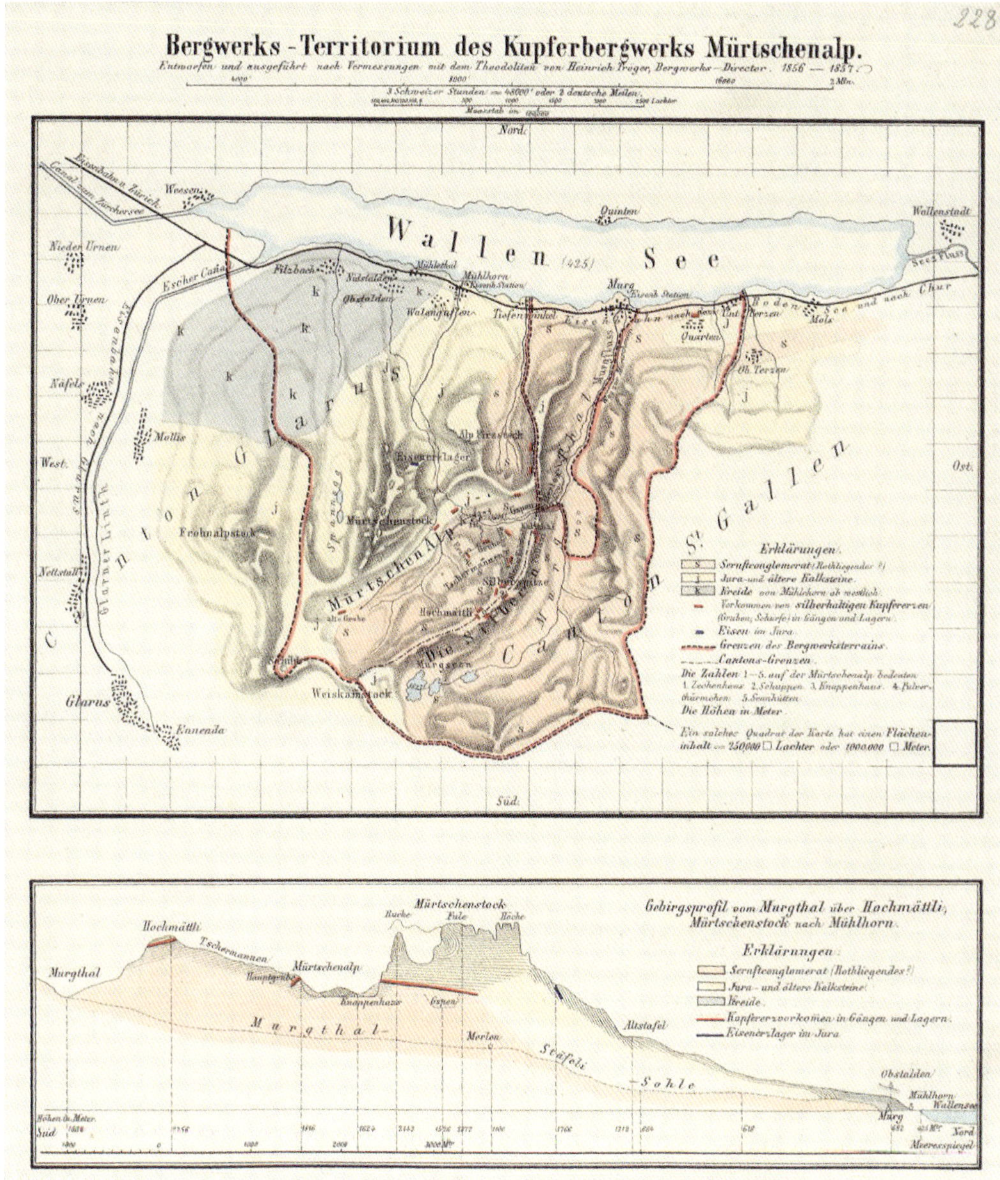

Geologische Karte mit den damals bekannten Erzlagerstätten im Gebiet Mürtschen. Entworfen und ausgeführt nach Vermessungen mit dem Theodolithen von Heinrich Tröger.

Es blieben Unstimmigkeiten bei der Rechnung eines Holzlieferanten und 1615 zerstritten sich dann auch noch die ehemaligen «Besitzer». Danach folgte eine längere Zeit mit Streitigkeiten und Konzessionshandel; neue Konzessionäre kamen und gingen. Dem Bergbau kommt im 17. Jahrhundert keine grosse wirtschaftliche Bedeutung zu, aber dennoch muss während der ganzen Periode immer wieder Bergbau betrieben worden sein (von Arx 1992).

BERGBAU MIT «ÄCHT GLARNERISCHER ZÄHIGKEIT»

Erst im Jahr 1849 begannen Peter Kamm und Jost Durscher aus dem nahen Obstalden am Kerenzerberg auf der Mürtschenalp zu schürfen und beantragten 1850 eine Konzession für das Gebiet der Mürtschenalp. Sie stellten sich mit «ächt glarnerischer Zähigkeit» allen Widrigkeiten entgegen und es gelang ihnen sogar, das Interesse von Tiroler Bergleuten zu erregen. Es wurden in den Tschermannen mehrere Stollen vorgetrieben und ein kleines Pochwerk mit Stossherd zur Konzentration des Erzes erstellt. Nach Simon (1857) soll der Herd aber falsch montiert gewesen sein. In einem Gutachten von Rudolf Marty aus dem Jahr 1852 wird diese Aussage bestätigt: «Vermittelst der eingerichteten Stampfe sowie einem Schwemmapperat sei versucht worden, das reine Kupfererz vom tauben Gestein zu trennen, was aber nicht gelungen sein soll.» Es sei viel «Wesens» aus der Sache gemacht worden und mit grosser Geheimnistuerei davon gesprochen worden, als ob das Bergwerk erstaunlich gewinnbringend gewesen sein sollte. Die Betreiber wiesen auf den reichen Gehalt des Erzes an Gold und Silber hin, aber

Links: Porträt von Dr. Heinrich Simon Bresslau, welcher beim Schwimmen im Walensee tödlich verunglückte.

Rechts: Das Modell eines Rittinger Stossherds, wie er auch im Pochwerk auf der Mürtschenalp eingesetzt wurde. Durch die Stossbewegung und die Schwerkraft wurde das schwerere Erz vom tauben Gestein getrennt.

das Kupfer wurde nur beiläufig erwähnt. Trotz der ausländischen Beratung kamen die beiden Obstaldner durch Mangel an eigenen bergmännischen Kenntnissen und eingeschränkten Mitteln schon bald in finanzielle Bedrängnis (Stöhr 1865).

ERSTMALS GEREGELTER BERGBAU

Im Jahr 1853 hörte der in Zürich wohnhafte Dr. Heinrich Simon aus Breslau während einer Kutschenfahrt entlang dem Walensee von der finanziellen Notlage der beiden Obstaldner. Er beauftragte den deutschen Geologen Emil Stöhr von Lindau am Walensee mit der Untersuchung der Erzlagerstätte auf der Mürtschenalp. Bei diesen Prospektionen zeigte sich, dass auf einer nicht zu verachtenden Länge silberhaltige Kupfererze ausbissen (zu Tage traten). Die bereits früher auf diesen Ausbissen gemachten Arbeiten hatten sehr reichhaltiges Erz angefahren.

Die Region um den Walensee war zur damaligen Zeit industriell noch nicht gross erschlossen. Bestärkt durch das positive Ergebnis des geologischen Gutachtens und der in Aussicht stehenden Eisenbahnlinie nahm Simons Plan, die Industrie in dieser Region zu stärken, Form an.

Simon übernahm 1854 für den Preis von 18 000 Gulden das Bergwerk von den Obstaldnern und begann den Bergbau auf der Mürtschenalp im grossen Stil aufzubauen.

HALSBRECHERISCHER AUFSTIEG

Da man nur über einen halsbrecherischen Pfad hinauf zum Bergwerk gelangte, war die dringendste Aufgabe, einen passablen Knappenweg (Saumweg) hinunter ins Murgtal zu erstellen. Das in der Mürtschenalp von früheren Abbauversuchen noch vorhandene Häuschen wurde notdürftig als Wohnung für die Bergleute eingerichtet (Knappenhaus). Zur gleichen Zeit wurden erste Prospektionsarbeiten über und unter Tage durchgeführt.

EIN WINTER WIE IN DER ARKTIS

Der Winter von 1854 auf 1855 war sehr streng, und es bedurfte aller Anstrengung und der ständigen Anwesenheit von Simon und Stöhr, um die meist aus der Ferne angereisten Bergleute zum Bleiben zu bewegen. Als dann der erste Schneefall einsetzte, der in einem Tage beinahe einen Meter Neuschnee brachte, war ein bestimmtes Auftreten der Bergwerksleitung nötig, damit die Leute nicht mutlos davonliefen. Dieser erste harte Winter (der Schnee lag zuletzt bis zu 3,6 m hoch) hatte den Beweis geliefert, dass der Bergwerksbetrieb auch im Winter fortgesetzt werden konnte – was dann später auch regelmässig der Fall war. Im Jahr 1855 trat Emil Stöhr von der technischen Leitung zurück, um in Bengalen einen Bergbaubetrieb einzurichten. Als im Frühsommer 1855 die ungeheuren Schneemassen zu schmelzen begannen, führte der Berg so viel Wasser, dass die wenigen unterirdischen Bauten innert kürzester Zeit geflutet waren.

NACH DEM SCHNEE FOLGT DIE FLUT

Die eingebauten Pumpen waren nicht in der Lage, das eindringende Wasser zu bewältigen. Da sich in der Nähe der Stollen durch die angefallenen Wassermassen ein Wasserfall gebildet hatte, versuchte der neue technische Leiter, Heinrich Tröger, dem Wasser in den Stollen mit einer Vakuumpumpe Herr zu werden. Dazu wurde das Wasser beim Wasserfall in einen Kanal geleitet. Das in diesem Kanal nach

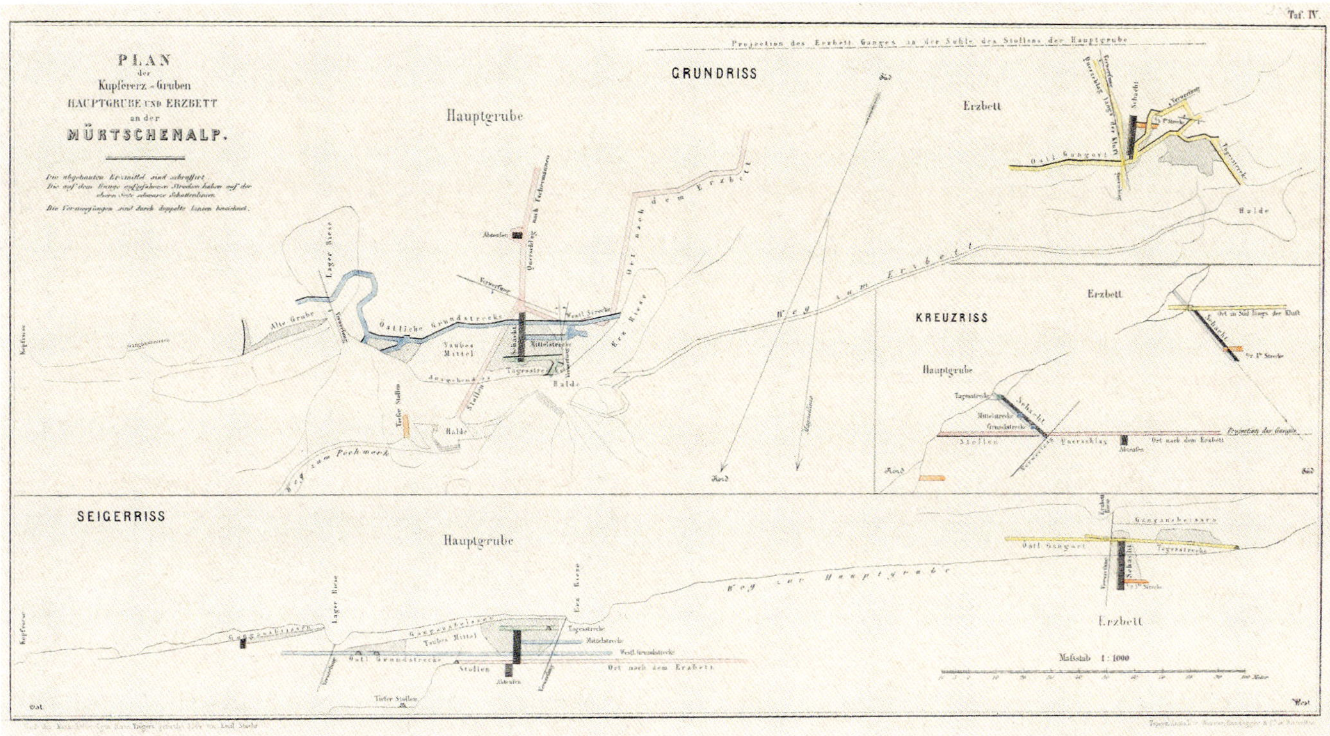

Grundriss und Saigerriss der Hauptgrube und des Erzbetts, gezeichnet von Emil Stöhr nach Vermessungen von Heinrich Tröger.

unten stürzende Wasser erzeugte ein Vakuum, dass nun dazu genutzt wurde, mittels eines grossen Blechhebers das Wasser aus den gefluteten Stollen abzusaugen. Nach einigen vergeblichen Versuchen, bei denen sich im obersten Teil des Hebers hinderliche Luft angesammelt hatte, setzte Tröger an jener Stelle ein Ventil ein. Mit dieser technischen Verbesserung konnte die störende Luft aus dem System entfernt werden, um damit das Wasser so weit abzusaugen, dass das übrige Wasser durch die Pumpen bewältigt werden konnte (Stöhr 1865).

ES MUSS EXPANDIERT WERDEN

Die immer ausgedehnter werdenden Arbeiten verlangten schon bald nach weiterem Personal. Auch das kleine Häuschen genügte nicht mehr zu dessen Unterbringung. So wurde 1857 ein grösseres Gebäude erstellt, mit Wohnungen für zwei Vorarbeiter sowie Schlaf- und Aufenthaltsräumen für fünfzig Mann. Das alte Haus sollte nur mehr als Schmiede und vorläufiges Lokal für die Aufbereitung dienen. Später wurde darin ein kleines Pochwerk mit einem Stossheerd zur Anreicherung des Erzes installiert.

In der Umgebung war es damals schwer, Bergleute, geschweige denn einfache Arbeiter zu finden. Durch den Bau der neuen Eisenbahn entlang des Walensees und die hohen Löhne, welche von der Bahngesellschaft bezahlt wurden, konnten nur wenig Leute für die harte Arbeit im Bergwerk begeistert werden. So wurden aus der Not deutsche Bergleute mit einem Steiger engagiert und die Belegschaft auf 30, später auf 48 Mann angehoben.

Mittlerweile waren an drei Orten Arbeiten im Gange: Erzbett, Hauptgrube und Kaltthal. An letzterem Ort, im äussersten Osten, waren es nur Untersuchungsarbeiten. In der Hauptgrube dagegen und im westlich gelegenen Erzbett waren bereits einige schöne Erzgänge zum Abbau vorgerichtet und teilweise schon abgebaut worden.

Diese Aufschlüsse zeigten, dass es sich auf der ganzen Länge um den gleichen Gang handeln musste. Leider war der Gang mehrfach von Verwerfungen gestört, so dass er stellenweise taub war (Stöhr 1865).

DAS BERGWERK WÄCHST DEN BETREIBERN ÜBER DEN KOPF

Der Bergbaubetrieb hatte rasch eine Grösse angenommen, für die die bestehenden Mittel nicht mehr genügten. Um weiterhin einen rationellen Bergbaubetrieb aufrechtzuerhalten, gründete Simon eine neue Aktiengesellschaft mit einem nominalen Kapital von einer Million Franken (Stöhr 1865).

Porträt des Industriellen Gustav Weinmann. Weinmann betrieb zur Zeit der Versorgungskrise während des Ersten Weltkriegs zahlreiche Bergwerke in der ganzen Schweiz.

ERSTE WELTWEITE WIRTSCHAFTSKRISE VON 1857

Kurz darauf begann am 24. August 1857 die grosse Wirtschaftskrise, die bis ins Jahr 1859 anhielt und die Entwicklung des Unternehmens stark behinderte.

Das führte dazu, dass zu wenig Geld zur Verfügung stand, um den wachsenden Bergbaubetrieb rationell am Laufen zu halten. Um diesen nicht einstellen zu müssen, wurde beschlossen, den Betrieb zu «temporisieren» und nur noch eingeschränkt aufrechtzuerhalten. Damit wurden aber nur die knappen Geldmittel aufgebraucht, ohne mit dem Bergbau grosse Fortschritte zu erzielen, die aber dringend nötig gewesen wären, um die anfallenden Betriebskosten zu decken.

EIN SCHRECKLICHER TODESFALL

Im August 1860 verunglückte Simon beim Schwimmen im Walensee tödlich; seine Leiche wurde nie gefunden. Emil Stöhr, gerade von seinem Aufenthalt in Bengalen zurückgekehrt, wurde an seiner Stelle in die Direktion gewählt. Stöhr vertrat die Auffassung, der Bergbaubetrieb müsse wieder angekurbelt werden, denn bis dahin hatte in den Stollen noch kein Abbau stattgefunden. Bereits von Hand geschiedenes Erz wurde an die Hüttenwerke zu Brixlegg in Tirol verkauft, um wenigstens einen kleinen Teil der anfallenden Betriebskosten decken zu können.

Die schon seit langem vorgerichteten (zum Abbau vorbereiten) Erzgänge wurden endlich abgebaut und in der Aufbereitungsanlage auf der Mürtschenalp aufbereitet.

DAS ERZ WIRD IMMER SCHLECHTER

Es zeigte sich leider schon bald, dass sich die anfänglich hohe Konzentration der ausbeissenden Erzgänge verschlechterte, je weiter man in den Berg vordrang. Die guten Ergebnisse aus dem Jahr 1853 waren nur in den ausbeissenden Erzgängen angetroffen worden. Tiefer in den Berg hinein verschlechterte sich die Situation zunehmend, so dass sich ein Abbau der aufgeschlossenen Erzgänge gar nicht gelohnt hätte. Der Bergbau konnte erst wieder rentieren, wenn weitere Erzgänge mit einer Konzentration wie zu Beginn gefunden wurden. Dazu waren aber umfangreiche Prospektionsarbeiten nötig, wozu schlichtweg das Geld nicht mehr vorhanden war.

Schon bevor sich diese negative Entwicklung abzeichnete, versuchte Stöhr zusammen mit Alfred Escher von der Linth, welcher ebenfalls einen Sitz in der Direktion hatte, bei den wichtigsten Aktionären in England Geld zu beschaffen. Unstimmigkeiten unter den Aktionären führten dazu, dass keine weiteren Geldmittel beschafft werden konnten. Als dann die negativen Betriebsergebnisse vorlagen, wurde Ende 1861 beschlossen, den Betrieb einzustellen.

NEUE ERSCHLIESSUNGSARBEITEN

Im August 1916 begann die Firma Gustav Weinmann mit neuen Prospektions- und Erschliessungsarbeiten, um festzustellen, ob in den alten Stollen noch abbauwürdige Erze vorhanden seien. Diese Prospektionsarbeiten beschränkten sich auf die «Hauptgrube» und das «Erzbett», während der Stollen im «Grosse Chalttal» nicht wieder aufgewältigt wurde, da

Oben: Bergleute im Jahr 1916 bei der Arbeit am ersten Sondierungsstollen («Weinmann Angriffstollen») im Feldriet. Wie es scheint, wurde zum damaligen Zeitpunkt nur von Hand gearbeitet. Die Kompressoranlage war noch nicht installiert.

Rechts oben: Bergstation der Weinmann-Seilbahn. Mangels elektrischer Energie wurde diese mit einem Benzinmotor betrieben.
Rechts unten: Mühsamer Transport eines Druckkessels hinauf ins Murgtal für die Firma Weinmann (1916/1917). Das schwere Fuhrwerk wurde von fünf Zugpferden gezogen.

dieser, obwohl früher von dort die reichsten Erze kamen, eine grosse Zahl von Verwerfungen aufwies und die Vererzung dementsprechend auch «gestört» war. In der «Hauptgrube» beschränkten sich die Arbeiten auf das Ausräumen der alten Stollen, da der am Ausbiss «mächtige» Gang nur bis zur Tiefe von einigen Metern abbauwürdige Erze enthielt. Zusätzlich wurde der Hauptstollen um 35,5 m verlängert.

Beim Erzbett wurde der alte tonnlägige (schräge) Schacht entwässert. Er besass eine Tiefe von 27 m und erschloss das Erz in ca. 10 m Tiefe, wo dieses als Bornit in kleinen Gängen von höchstens 5 cm Mächtigkeit auftrat. Etwa 37 m tiefer als die alte Sohle wurde ein Querschlag vorgetrieben, der bei 142 m ab dem Stollenmundloch die Erzgänge hätte anfahren sollen. Trotz einer Verlängerung auf 181 m konnten die gesuchten Erzgänge nicht angefahren werden.

Zu erwähnen sind noch die vier neuen Stollen, welche bei «Unter Mürtschen» beim «Feldried», ca. 200 m unterhalb der «Hauptgrube» angelegt wurden.

WENIG SILBER, DAFÜR EINE MENGE URAN

Ein gewaltiger Graben tut sich auf

Gegen Ende des Karbons bildet sich zwischen dem Aar- und dem Gotthardmassiv ein etwa 50 km breiter Grabenbruch. An den Rändern steigt entlang der Brüche Magma aus der Tiefe auf und bildet an der Oberfläche mächtige Vulkane. Im wachsenden Grabenbruch lagern sich bis zu 1600 m mächtige Laven und rote, aride Sedimente der Verrucano-Gruppe ab. (Feldmann 2023)

Vulkane in der Schweiz

Ein Relikt dieser vulkanischen Tätigkeit ist der Kleinkärpf bei Schwanden GL. Dieser besteht noch vollständig aus vulkanischen Quarzporphyren und Tuffiten, hingegen besteht der Grosskärpf bereits aus dem Verwitterungsmaterial dieser vulkanischen Gesteine, einer grobklastischen Brekzie, dem so genannten Verrucano. Dieser Verrucano entsteht unter aridem wüstenartigem Klima mit wenig Niederschlag. Am Fusse der Berge sammelt sich das verwitterte Gestein. Vereinzelt auftretende, heftige Niederschläge spülen den angesammelten Schutt in einer breiigen Schlammlawine ins Tal, wo das Geschiebe ohne grossen Weitertransport abgelagert und sedimentiert wird. Die Sedimente bestehen hauptsächlich aus einer Grundmasse von Ton, Feinsand und Geröllen von einigen Millimetern bis Zentimetern Grösse. Es entstehen die typisch roten Gesteine der Veruccano-Gruppe wie der Schönbühlschiefer, der Rotbergsandstein und der Verrucano (Sernifit, Typlokalität Sernftal).

Radioaktives Gestein

Vulkanite enthalten oft Uran und Kupfer. Noch heute sind Spuren solcher Mineralisationen im Kärpfgebiet zu finden. Ein möglicher prähistorischer Bergbau auf Kupfer könnte unterhalb der Alphütte Matzlen stattgefunden haben (Bächtiger 1989). Somit ist in den erodierten Tuffiten und Quarzporphyren die Herkunft des Kupfers und der Uranvererzung zu finden.

Das Kupfer und Uran wird aus diesen Gesteinen gelöst und infiltriert Poren und Hohlräume im Verrucano. Die zirkulierenden Fluide sind dabei nur schwach gesättigt, was einer effizienten «Filterung» bedarf. Dies kann durch «geochemische Barrieren» wie Karbonate, Phosphate, Arsenate im Nebengestein, starke Reduktion sowie Sorption durch Kolloide von Fe-Hydroxyden, Kieselsäuren und organischen Substanzen (Kohle) bewirkt werden. Oft stehen Uranvererzungen in solchen Sedimentgesteinen auch in engem Zusammenhang mit sedimentierten Flussläufen (Pohl 2005).

Spätere tektonische Ereignisse und hydrothermale Aktivitäten führen örtlich zu Umlagerungen und Neubildungen entlang von jüngeren Strukturen wie Brüchen und Gängen.

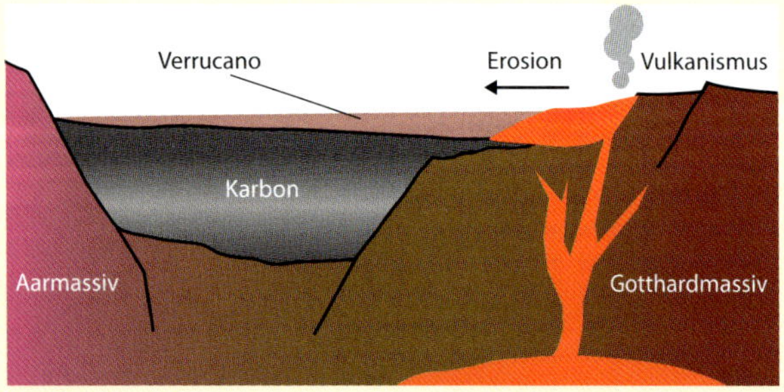

Grabenbruch im Perm mit Vulkanismus entlang der Schwächezonen. Lava und nachträglich durch Erosion entstandene Sedimente bilden die bis zu 1600 m mächtigen Füllungen im Graben. Der Transportweg des erodierten Schutts ist kurz und ein Transport findet nur während der selten auftretenden Niederschläge statt. Dies ist auch der Grund, weshalb das Geröll nicht abgerundet wird, sondern eckig bleibt (brekziös). Uran und Kupfer gehen in Lösung und infiltrieren den porösen Verrucano, bis es durch geochemische Barrieren zur Kristallisation kommt. Tektonische Ereignisse wie die alpine Gebirgsbildung beeinflussen diese Vorgänge und führen zu Neubildungen.

Linke Seite oben: Schönbühlschiefer mit Hinweis auf eine Oxidations-/Reduktionszone mit dem typischen Farbumschlag (rot/grau). In permeablen Gesteinen wie den Gesteinen der Verrucano-Gruppe wirken solche Zonen wie eine Barriere für das im oxidischen Milieu gelöste Uran. Entlang solcher Reduktionszonen können sich in Sedimenten Uranvererzungen ausbilden.
Linke Seite unten: «Graues Gebirge» (Verrucano) mit kleinen Rauchquarzen. Durch die Radioaktivität im umgebenden Gestein bilden sich beim Quarzkristall Fehler im Kristallgitter, was dazu führt, dass er dunkel wird.
Oben: Das alte und verstürzte Mundloch im «Grosse Chalttal».
Unten links: Dolomit aus der Hauptgrube mit silberhaltigem Bornit.
Unten rechts: Bornit mit Sekundärbildung von Malachit aus der Halde vor der Hauptgrube.
Folgende Doppelseite: Türstock und Holzeinbauten hinter dem verstürzten Mundloch im «Grosse Chalttal».

Ebenfalls auf «Unter Mürtschen» wurde eine Kompressoranlage, bestehend aus einem Benzinmotor mit Kompressor und einem fuhrwerksgrossen Drucktank, für die Druckluft installiert. Der Drucktank musste mühsam mit einem sechsspännigen Pferdefuhrwerk von Murg hinauf nach «Unter Mürtschen» transportiert werden. Für die Druckluftversorgung der Bohrhämmer in den Stollen des Bergwerkes war von der Kompressoranlage bis hinauf zur Hauptgrube und dem Erzbett eine Druckleitung verlegt worden.

Um die steile und gefährliche Strecke von Merlen hinauf nach Gspon zu überwinden, erstellten die Bergleute eine Seilbahn, welche mangels elektrischer Energie ebenfalls mit einem Benzinmotor betrieben wurde.

Mangels neuer Aufschlüsse wurden im Herbst 1918 die Prospektionsarbeiten eingestellt und die vorhandenen Installationen abgebrochen (Fehlmann 1919).

DAS ATOMZEITALTER BEGINNT

Die von Stöhr beschriebenen Funde von Uranglimmer im «Grossen Chalttal» führten dazu, dass während der Jahren von 1924 bis 1956 immer wieder nach Uran prospektiert wurde. Mit dem Aufkommen der Atomenergie sollte abgeklärt werden, ob sich die Schweiz selber hätte versorgen können. Es gibt Uran in der Region der Mürtschenalp, ist aber mit zu geringer Konzentration über eine zu grosse Fläche verteilt, als dass sich ein Abbau gelohnt hätte. Die Uran-Reserven der 74 bekannten Erzlinsen wird auf 80 Tonnen Uran bei einem mittleren Gehalt von 0,17 % geschätzt (RIS).

HEUTE

Die Stollen sind mehrheitlich verstürzt oder nur noch schwer zugänglich. Nichtsdestotrotz ist ein Ausflug hinauf zur Halde vor dem ehemaligen Bergwerk beim Erzbett, oberhalb der Mürtschenalp auf 1717 m, ein einmaliges Erlebnis. Mit etwas Glück und Geduld ist es noch immer möglich, ein kleines Handstück Bornit und Malachit auf der alten Halde zu finden. Ausrüstung: Gute Wanderschuhe, Wanderkleidung, Hammer, Meissel und Lupe.

ENGI
KANTON GLARUS

SCHIEFERBERGWERK

LANDES-PLATTENBERG

JAHRHUNDERTELANG WAR DER SCHIEFERABBAU IN ENGI UND MATT EIN WICHTIGER «NEBENERWERB». DIE EINWOHNER DES SCHLECHT ERSCHLOSSENEN SERNFTALS ERWIRTSCHAFTETEN IHR EINKOMMEN HAUPTSÄCHLICH DURCH FORST- UND LANDWIRTSCHAFT. DIESE BOT DER WACHSENDEN BEVÖLKERUNG ABER SCHON BALD NICHT MEHR DIE NÖTIGE LEBENSGRUNDLAGE. SO WAR DIE ARBEIT IM LANDESPLATTENBERG EIN WILLKOMMENER NEBENERWERB FÜR DIE EINWOHNER DES ABGESCHIEDENEN TALES.

BESICHTIGUNG: GEFÜHRTE BESICHTIGUNGEN ZU DEN ABBAUSTELLEN MÖGLICH:

- UNTERES STOLLENSYSTEM
- MITTLERES STOLLENSYSTEM
- SCHIEFERFABRIK

ABGEBAUTE ROHSTOFFE: ENGI-DACHSCHIEFER (SCHIEFRIGER SILTIGER TONSTEIN)

Oben: Im gemütlichen «Plattenhüttli» können sich die Besucher vor oder nach der Führung verpflegen. Rechts im Bild der Eingang zum Bergwerk.
Unten: Historische Maschinen in der alten Schiefertafelfabrik in Elm.

Rechte Seite: Blick vom Konzertsaal auf der mittleren Sohle zurück durch einen der Stollen im Kreideloch.
Folgende Doppelseite: Blick vom «Martinsloch» durch den grössten Stollen im Kreideloch.

Martinsloch

SCHIEFERBERGWERK LANDESPLATTENBERG

SCHIEFERTAFELN FÜR RUSSLAND

Urkundlich wird der «Plattenberg» erstmals 1556 im Ratsprotokoll erwähnt. Das Gestein (Dachschiefer) wurde zur Herstellung von Schieferplatten zur Dachabdeckung, von Schiefertafeln und Platten aller Art verwendet und ging zeitweise fast ausschliesslich ins Ausland. So war neben den Nachbarländern wie Deutschland und Österreich auch Russland Abnehmer des Glarner Dachschiefers. Zu diesen Exportschlagern gehörten unter anderem die in Hartholz gefassten Schiefertische oder in Tannenholz eingefasste Schreibtafeln (Baumgartner 1997).

Zunächst im Tagbau betrieben, ging man 1850 daran, den Dachschiefer bergmännisch abzubauen. Im Jahr 1909 wurden Maschinen zum Sägen und Schleifen grösserer Platten angeschafft. Somit konnte nicht nur ein vielfältigeres Produkte-Angebot, sondern auch ein erheblich grösserer Absatz erzielt werden.

Durch den bergmännischen Abbau entstanden am Landesplattenberg zahlreiche in den Berg «streichende» Abbaukavernen (Kammern). Der Kammerbau ist ein spezielles Abbauverfahren, welches oft zum Abbau von mächtigen Lagerstätten wie bei Kalkstein, Gips und Dachschiefer angewendet wurde.

Im Landesplattenberg wurde ein Richtstollen in den Berg vorgetrieben und von diesem aus, von oben nach unten, in strossartiger Bauweise abgebaut. Das Gegenteil wäre der Firstenbau von unten nach oben. Um die dabei entstandenen Hohlräume wurden massive Stützpfeiler stehengelassen, so dass einzelne Abbaukavernen entstanden. Damit die stehengelassenen Pfeiler dem Bergdruck standhalten konnten, wurden sie im rechten Winkel zur Schieferung angelegt. So entstanden die heute einmaligen «kathedralartigen» Gewölbe mit ihren schräg stehenden Pfeilern.

FÜHRUNGEN

Infos zu den Führungen im Bergwerk und zur Fabrik-Tour im Tal sind auf der Webseite zu finden.

Kontakt
Landesplattenberg Engi
Sernftalstrasse 109, 8765 Engi
Telefon: +41 (0)55 642 55 55
Mail: info@landesplattenberg.ch
Webseite: www.landesplattenberg.ch

Linke Seite: Historisches Foto aus der Zeit des Abbaus. Gut zu erkennen die Schrämhauen, mit denen die Bergmänner die Schiefertafeln von Hand abgebaut haben
Oben: Pendelseilbahn mit Bremse. Die beladene Gondel zog die leere bei der Talfahrt hinauf. Die Seilbahn musste von Hand an der richtigen Position gebremst werden.
Unten: Die Bergmänner posieren für ein Gruppenfoto.

GOTTSCHALKERBERG
KANTON ZUG

KOHLEN-BERGWERK HÖHRONE

EIN DURCH DIE EROSION FREIGELEGTES KOHLENFLÖZ FÜHRTE ZUR ENTDECKUNG DURCH DEN THEOLOGEN UND PRIVATLEHRER KASPAR JOSEF STAUB IM JAHR 1835. SCHON EIN JAHR SPÄTER WURDE EIN KONZESSIONSGESUCH GESTELLT UND DER BERGMÄNNISCHE ABBAU DER KOHLE AUFGENOMMEN. FEHLENDES FACHWISSEN, MISSWIRTSCHAFT UND STREITEREIEN FÜHRTEN ABER SCHNELL DAZU, DASS DIE GESELLSCHAFT IN FINANZIELLE NOTLAGE GERIET. DER BETRIEB MUSSTE NACH LANGEN STREITEREIEN EINGESTELLT WERDEN. IMMER WIEDER VERSUCHTEN UNBELEHRBARE «GLÜCKSRITTER» MIT DER KOHLE DER HÖHRONEN REICH ZU WERDEN. ZAHLREICHE SCHUTTHALDEN SIND NOCH HEUTE ZEUGEN DIESER VERGEBLICHEN BEMÜHUNGEN.

BESICHTIGUNG: DIE STOLLEN SIND HEUTE NUR NOCH SCHWER ZUGÄNGLICH UND ES WIRD DEM LAIEN DRINGEND VON EINER BEFAHRUNG ABGERATEN.

ABGEBAUTE ROHSTOFFE: BRAUNKOHLE (SCHIEFERKOHLENLAGEN IM MOLASSEMERGEL)

Oben: Teilweise verstürztes Mundloch des Stollen I beim Bergwerk Sparrenweid.
Rechte Seite: Der Stollen III verläuft hier im tauben Gestein. Das Kohlenflöz wurde erst etwas tiefer im Berg erschlossen.

Linke Seite: Gesenk durch das Abbaufeld zwischen dem Stollen I und Stollen II im Bergwerk Mühlebach. Rechts im Bild ist ein schöner Bergversatz zu erkennen, links das anstehende Kohlenflöz.
Unten: Ueli Wenger ist unten im Stollen I angekommen. Die mächtigen Hölzer der Türstöcke sind vermodert und umgefallen.

KOHLEN BERGWERK HÖHRONE

Da waren keine jugendlichen Sprayer am Werk, hier haben sich Bergmänner mit den russenden Flammen ihrer Karbidlampen an der Decke verewigt.

WAR ES NUR EIN ZUFALL ...?

Die Erosion hatte südöstlich des Dörfchens Finstersee im Tobel des Mühlebach das anstehende Kohlenflöz freigelegt und so wurden die schwarzen Kohlen, die sich farblich gut vom restlichen Gestein unterschieden, durch Zufall vom Theologen und Privatlehrer aus Rapperswil, Kaspar Josef Staub, im Jahr 1835 entdeckt. Im Wald, zwischen dem Gottschalkenberg und dem Hof Greit, fand er die auffallend schwarze Kohle.

Natürlich kann davon ausgegangen werden, dass das, was der Einwohnerrat von Menzingen etwas später in einem Brief an Professor Albert Heim geschrieben hatte, absolut unzutreffend war: «Dass im Greit und Umgebung Steinkohlen liegen müssen, dafür liegt der Beweis auch in der Thatsache, dass im Mühlebach keine Fische fortkommen, wegen dem Beigeschmack von Steinkohle, den das Wasser hat». (Landtwing 1997)

EIN ERSTES KONZESSIONSGESUCH

Bereits am 9. Dezember 1836 wurde ein erstes Gesuch für eine Bergbaukonzession eingereicht: «Hr. Kaspar Jos. Staub in Verbindung mit Hrn. Landrath u. Schlosser Hegglin stellen das Ansuchen das der Gemeinde erofnet werden möchte, eine Steinkohlengrube alldort eröffnen zu dörfen, wofür sie nebst Landentschädigung der Gemeinde für 6 Jahre für jedes 10 bis 12 Kethlen (Ketten) zahlen wollen ... weiter sei beabsichtigt, eine Oefnung zu machen 32 Schu lang – breit 8 Schu und Tiefe so tief er will».

1837 wurde im Kursschiff «Minerva» der Zürcher Schifffahrtsgesellschaft erstmals der Dampfkessel mit Kohlen vom Gottschalkenberg anstelle von Holz beheizt.

Alles sah gut aus, die Kohle war vorzüglich und bei den steigenden Holzpreisen sollten die Bergwerke bei Finstersee zu einer wahren Goldgrube werden.

Aber das Vorkommen fand zu wenig Anklang bei potenten Investoren. Erst mit dem Kaufmann Heinrich Wolfensberger kamen auch die erhofften Geldbeträge, um den Bergbau in grösserem Stil zu betreiben. Es wurden Zufahrtswege zu den Abbaugebieten angelegt, es wurden Werkzeuge und Verbrauchsmaterial angeschafft und Bergleute eingestellt.

Zeitweise arbeiteten 20 bis 60 Bergleute im Schichtbetrieb in den Stollen. Im kleinen Dörfchen Finstersee ging es plötzlich hoch zu und her. Die meisten Bergleute fanden dort ihr Quartier und verprassten ihren schwer verdienten Lohn wieder in den drei Wirtshäusern im Dorf.

Die Stimmung glich jener während des Goldrauschs in Kanada. Aber die Wirklichkeit zeigte sich von ihrer ernüchternden Seite: Tatsächlich vorhanden waren lediglich ein Wohnhaus im Greit, eine Stallung auf der Dieselmatt, eine Kohlenhütte am untersten Stollen und am Mühlibach ein nicht fertiggestelltes Kohlenmagazin. (Landtwing 1997)

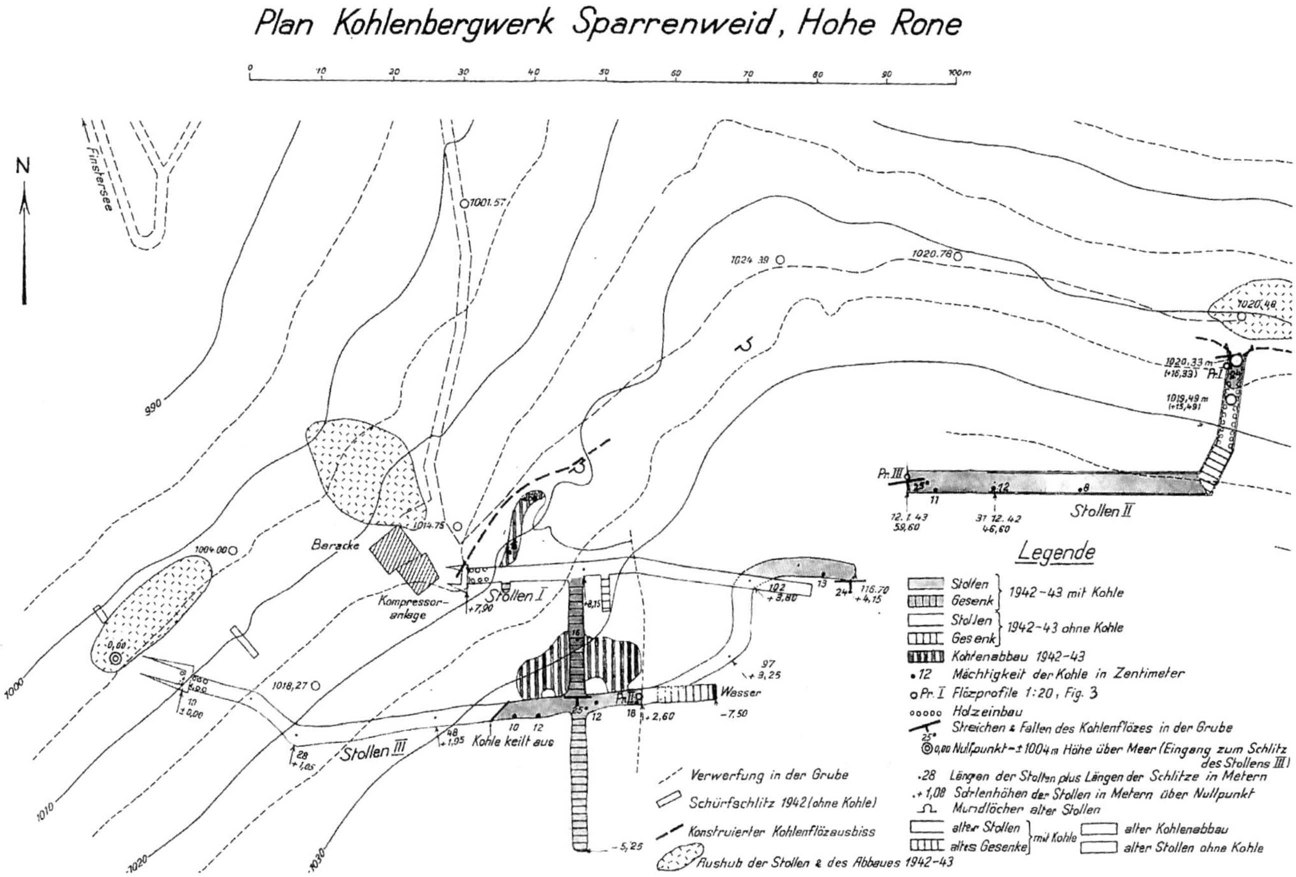

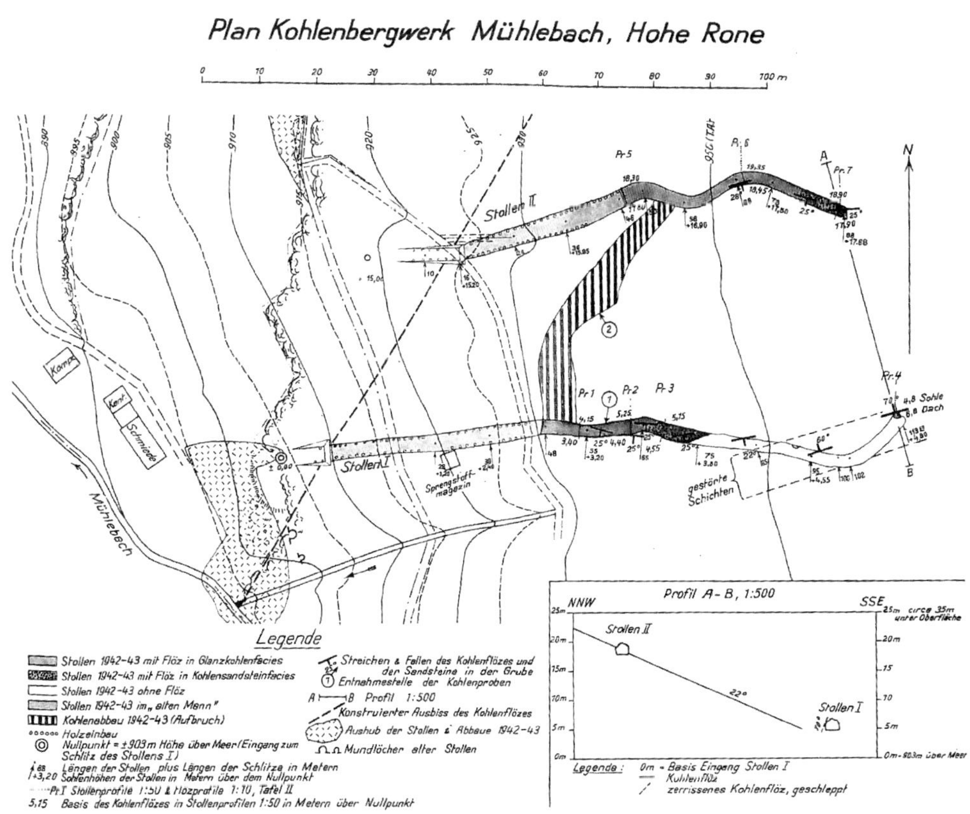

Stollenpläne der Bergwerke Sparrenweid und Mühlebach aus der Bergbauperiode des Zweiten Weltkriegs.

HARTE ARBEIT UND WENIG ERTRAG

Die Arbeit in den dunklen und engen Stollen war hart und schmutzig und der Ertrag stand immer seltener im Verhältnis zum Aufwand. Die Gründe dafür lagen auf der Hand: Die unregelmässige Mächtigkeit des Kohlenflözes, welches stellenweise oft bis auf dünne Lamellen verdrückt war oder gar vollständig auskeilte, erschwerte einen rentablen Abbau enorm.

Vor Ort im Abbau musste der Hauer zuerst mit seiner Haue die schwarzen Mergel im Liegenden des Kohlenflözes entfernen (schrämen). Diese Arbeit musste oftmals stundenlang auf der Seite liegend ausgeführt werden. Je nachdem, auf welcher Seite die Arbeit dem Hauer leichter von der Hand ging, wurde von einem Links- oder Rechtshauer gesprochen. Danach konnte die Kohle durch Schrämen oder mit der Hilfe von Eisenkeilen vom Hangenden gelöst werden. Dort, wo die Kohle fest mit dem Sandstein verwachsen war, musste diese mit Hammer und Meissel gelöst werden.

Dadurch entstand zwischen den Förderstollen ein Abbaufeld mit einer Höhe von 50 bis 130 cm Höhe. Dank dem standhaften Sandstein musste die Decke selten abgestützt werden, aber die entstandenen Hohlräume wurden, der Sicherheit halber und um Zeit zu sparen, wieder mit Berge (taubem Gestein) versetzt. Die abgebauten und oft wieder versetzten Stollen werden in der Bergmannssprache auch als «alter Mann» bezeichnet.

Die Kohle und die restlichen Berge wurden je nach Ort mit der Schubkarre oder einem Hunt zu Tage gefördert werden.

Draussen begann das Klauben von Hand. Die Kohle musste vom tauben Gestein getrennt, gereinigt, nach Grösse sortiert und in Holzfässer für den Handel abgefüllt werden.

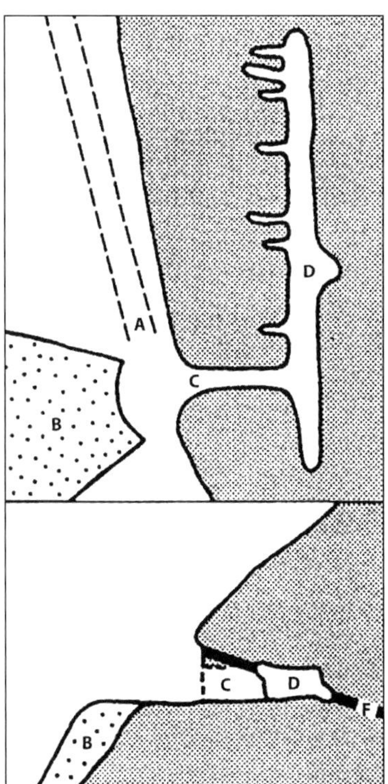

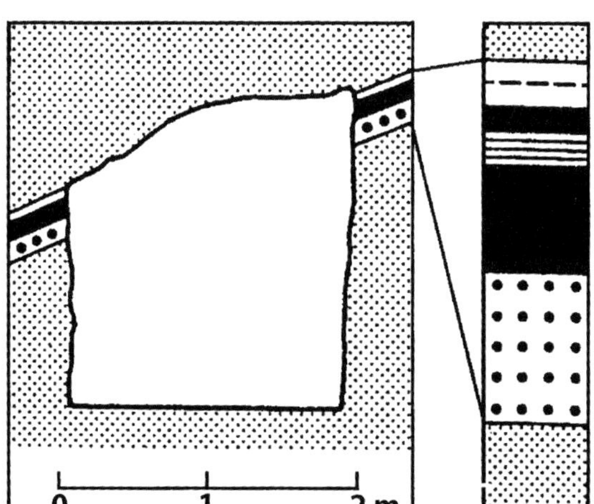

Links: Vereinfachtes Profil und Grundriss durch das Bergwerk Greit. A) Weg, B) Halde, C) Querschlag, D) Streichender Abbaustollen, F) Kohlenflöz
Rechts: Bergwerk Mühlebach, Querschnitt durch den Stollen II. Von oben nach unten: Sandstein, 4 cm Mergel, 2 cm Glanzkohle, 3 cm Kohlenschiefer, 9 cm Glanzkohle, 13 cm Kohlensandstein, Sandstein.

Zwei Hauer im Bergwerk Riedhof beim Abbau des Kohlenflözes. Der vordere Hauer arbeitet mit einer Schrämhaue, während der hintere mit Hammer und Meissel das Gestein lockert. Auf die gleiche Art und Weise wurde auch in den engen Stollen der Höhrone die Kohle abgebaut.

Auch das fehlende Wegnetz, welches für den Transport im grossen Stil von Nöten gewesen wäre, verteuerte die Kohle zusätzlich. So verwunderte es kaum, wenn es den Bergwerksbetreibern schwerfiel, ihre Kohle neben der preiswerten ausländischen Kohle im Schweizer Handel abzusetzen.

Zusätzlich wirkte sich noch erschwerend aus, dass die beiden Bergwerksbetreiber – Staub war Lehrer und Wolfensberger Kaufmann – keine bergmännische Erfahrung besassen (Landtwing 1997).

BEGINNENDE STREITEREIEN

Staub soll als Oberaufseher seine Pflichten stark vernachlässigt haben. Er soll die Bergleute nicht beaufsichtigt haben, führte ein «grosses Haus», ritt immer auf «stolzem Rosse» daher und verbrauchte viel Geld.

Natürlich stand es so schon bald schlecht um die Finanzen der Bergbaugesellschaft. Die Rechnungen der Lieferanten und Handwerker konnten nicht mehr bezahlt werden und schrittweise wurden Hausrat, Fuhrwerke und Kohlen verpfändet, um die Kosten noch decken zu können. Die Frau von Oberaufseher Staub musste sogar ihr Klavier als Sicherheit einsetzen. Für «bezogene Waren» wurden verpfändet: «1 Tisch und 1 Nachttischli, 1 doppelter Wandschrank von Nussbaum und ein Kanape».

Den Bergleuten konnten die Löhne nicht mehr bezahlt werden, sodass ihnen «sämmtliche im Creith unverpfändt vorfindliche Steinkohlen» abgetreten werden musste (Landtwing 1997).

ES KAM, WIE ES KOMMEN MUSSTE …

Was so wie immer in der Geschichte des Schweizer Bergbaus mit viel Euphorie begann, endete mit dem Konkurs von Staub. Um nicht sein ganzes Vermögen zu verlieren, entschloss sich sein Partner Wolfensberger, das Bergwerk auf eigene Kosten weiterzuführen. Dazu benötigte er aber neue finanzielle Mittel und fand mit Heinrich Frei einen künftigen Geldgeber. Am 31. März 1841 wurde der Vertrag zwischen den beiden Parteien abgeschlossen (Landtwing 1997).

BERGBAU ODER STREITBAU …?

Wolfensberger konnte seinen neuen Partner von seinen Plänen und den möglichen Gewinnen überzeugen, sodass dieser eine beträchtliche Summe in den Bergwerksbetrieb zu stecken begann.

Oben links: Ein Ahornblatt im blaugrauen Mergel der Unteren Süsswassermolasse (USM), gefunden auf der Halde des Bergwerks Greit. Dieser Mergel war berühmt für seine zahlreichen fossilen Blätter, die stellenweise ganz angehäuft waren.

Oben rechts: Schiefriger Kohlenmergel mit zahlreichen kleinen Planorbidaeen (OSM). Haldenfund beim Bergwerk Sellenbüren ZH.

Unten: Süsswasserkalk aus dem Bergwerk Riedhof mit einer versteinerten Planorbidae (Süsswasserschnecke) der Oberen Süsswassermolasse (OSM).

Leider erfüllte Wolfensberger seinen Teil der Abmachungen nicht und verwendete Teile des Geldes, um andere Schulden zu begleichen, anstatt es ins Bergwerk zu investieren. Als Frei dann erfuhr, dass der Ertrag des Bergwerksbetriebs kaum die Löhne der Bergleute zu decken vermochte, da begann eine unschöne Zeit der Streitereien vor Gericht.

Ein Auszug aus einem Brief von Wolfensberger an seinen Partner und Schuldner lässt die angespannte Stimmung zwischen den beiden erahnen: «Ich muss also auf eine krasse Weise bei ihm angeschwerzt worden sein, so dass er in alles, was ich ihm sagte, Zweifel zu sezen müssen glaubte. [...] Das ist grässlich! Ich weiss nicht, wo mir der Kopf steht; ein solches Leben ist eine wahre Hölle! Keine Nacht vergeht, ohne dass ich fast im Schweisse vergienge. [...] Ich spreche Ihnen hiemit den Wunsch aus, dass Sie mir die Freundschaft erweisen möchten, hieher [Zürich] zu kommen, um mit mir zu sprechen; denn in meiner jezigen verfluchten, verdammten Lage, kann ich unmöglich länger bleiben.»

NEUE VERSUCHE – GLEICHES RESULTAT

Das Bergwerk an der Höhronen warf während dieser ganzen Bergbauperiode, welche von 1836 bis 1844 anhielt, nie Gewinn ab. Wer es betrieb, trieb sich selber in den Ruin.

Dennoch versuchten in den darauffolgenden Jahren immer wieder unbelehrbare «Glücksritter», mit der Kohle am Höhronen reich zu werden. Die zahlreichen Schutthalden auf den unterschiedlichsten Niveaus zeugen noch heute vom blinden Eifer, mit dem der Berg bei der Suche nach dem «schwarzen Gold» durchlöchert wurde.

DIE BEIDEN WELTKRIEGE

Während des Ersten Weltkrieges fand auf die Kohle der Höhronen kein Abbau statt. Im Zweiten Weltkrieg wurde vom September 1942 bis Februar 1943 durch die Maschinenfabrik Sulzer und Georg Fischer AG eine Abbauwürdigkeit der alten Abbauorte Mühlebach und Sparrenweid geprüft. Es wurden einige Meter Stollen vorgetrieben und total 500 Tonnen Kohle vorgerichtet. Aber die Gesamtmächtigkeit der Flöze war für einen lohnenden Abbau zu gering, und so wurde auch auf die Förderung der vorgerichteten Kohle verzichtet (Fehlmann 1947).

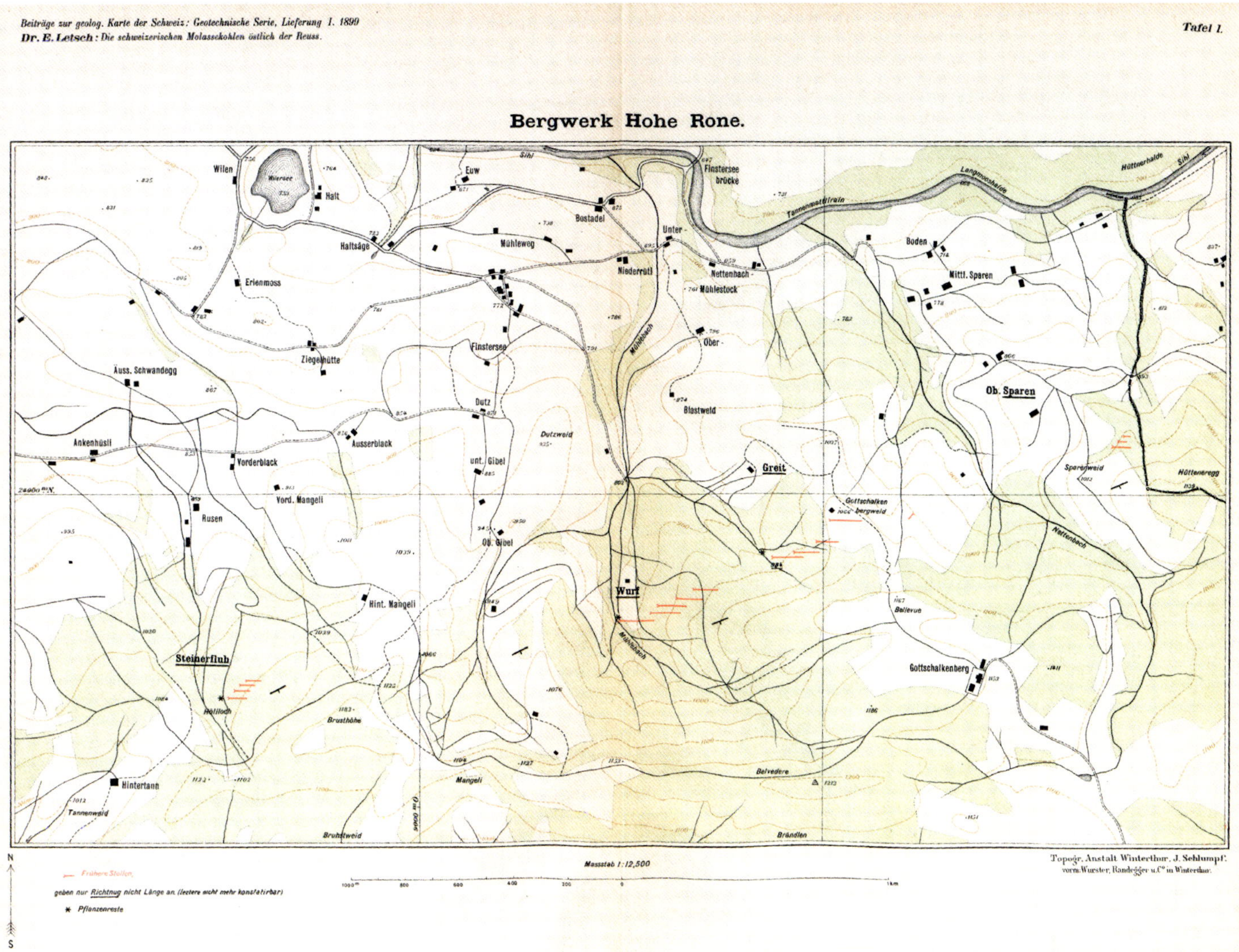

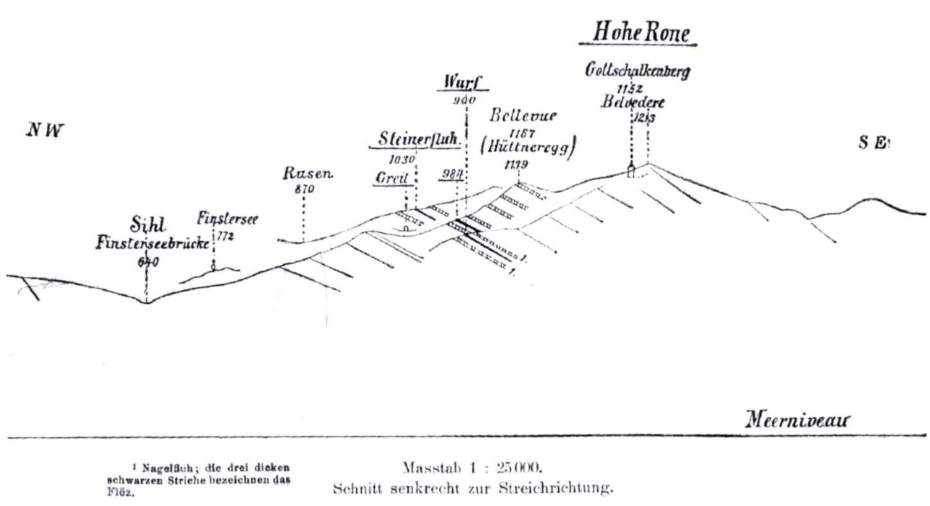

Oben: Karte der Höhrone mit den alten Stollen in der Steinerfluh, Wurf, Greit und Sparen.
Unten: Profil durch die Höhrone mit ihren Nagelfluhbänken; dazwischen eingezeichnet die Kohle.
Folgende Doppelseite: Blick durchs Gesenk hinunter zum Stollen III des Bergwerks Sparenweid.

HORGEN
KANTON ZÜRICH

KOHLEN-BERGWERK KÄPFNACH

DIE KOHLE AM ZÜRICHSEE WURDE BEREITS 1548 SCHRIFTLICH ERWÄHNT, GERIET DANN ABER FÜR EINE LÄNGERE ZEIT IN VERGESSENHEIT. RUND 150 JAHRE SPÄTER STIESS EIN ANSÄSSIGER ZIEGLER WIEDER AUF DIE KOHLE. CA. 1700 FAND DANN ERSTMALS EIN GEZIELTER UNTERTAGE-ABBAU DES LOKALEN KOHLEFLÖZES BEI KÄPFNACH STATT. VON 1784 BIS 1910 IST DER ABBAU DEM STAAT UNTERSTELLT. WÄHREND DER BEIDEN WELTKRIEGE WURDE JEWEILS AUF INITIATIVE VON MAX ZSCHOKKE BERGBAU BETRIEBEN, BIS DER BETRIEB DANN IM JAHR 1947 ENDGÜLTIG EINGESTELLT WURDE.

BESICHTIGUNG: GEFÜHRTE BESICHTIGUNGEN MÖGLICH:
- BESUCHERSTOLLEN MIT ABBAUSCHLITZ
- STOLLENBAHN
- BERGBAUMUSEUM

ABGEBAUTE ROHSTOFFE: BRAUNKOHLE (MOLASSEKOHLE)

Oben: Blick vom Bergwerk hinüber zum Gebäude der ehemaligen Zementbrennerei mit den zwei markanten Kaminen.
Rechte Seite: Mysteriöses Stollenmundloch beim Schiessplatz im Mühlebachtal (unteres Aabachtobel). Ist das verwachsene Mundloch gar ein Relikt aus den Ursprüngen des Bergbaus?

Oben: Führerstand einer alten Brown-Boveri-Lokomotive aus der Sammlung des Bergwerkvereins.

Rechte Seite, oben: Einsam steht die alte Lore im verschlossenen Mundloch des Gwandlenstollens II. Dieser Stollen wurde während drei Bergbauperioden benutzt: erstmals 1831, dann 1870 und zuletzt während des Zweiten Weltkriegs ab 1943.

Rechte Seite, unten: Blick auf den Fuhrpark des Bergwerkvereins. Diese und die oben erwähnte Lok sind Teil einer kleinen «Loksammlung», waren aber beide nie im Bergwerk Käpfnach im Einsatz gewesen.

KOHLEN BERGWERK KÄPFNACH

Rechte Seite: Bergmänner beim Transport einer Weiche mit einem Flachwagen.

EINES DER ÄLTESTEN BERGWERKE

Das Kohlenbergwerk von Käpfnach ist eines der ältesten Bergwerke auf Molassekohle (Braunkohle). Eine erste schriftliche Überlieferung findet man in Stumpfs Chronik aus dem Jahr 1548. Er zieht im Band II den Vergleich zwischen dem Walliser Anthrazit und der Zürcher Braunkohle: «Diser Steinkolen habend sich unserertagen auch etliche erzeigt bey dem Zürychsee umb die herrschafft Wädenswyl und Horgen etc., aber nit so reychlich; desshalb man deren wenig acht hat.» (Letsch 1899). Die Kohlen vom Zürichsee müssen aber wieder in Vergessenheit geraten sein. So wird in einer Notiz aus dem Jahr 1663 davon berichtet, dass in der «Herrschaft Wädenschweil» und der «Vogtey Horgen» in der Nähe des Zürichsees Kohle gefunden wurde: «... so ist ihnen beiden überlassen mit 10 Personen 8 Tage lang eine Probe zu machen und suchen zu lassen und das Befinden wiederum zu hinterbringen» (Letsch 1899).

BILLIGES HOLZ

Der Bergbau wurde aber nicht allzu ernst genommen, denn 1692 schreibt Erhard Escher: «Man hat auch vor etlichen Jahren der Enden sehr viele Steinkohlen gegraben, weilen aber jetzunder das Holz wohlfeiler zu bekommen ist, ist das Graben unterlassen worden. Diese Kohlen sind im Fall der Not ein guter Vorrat und geben eine grössere Hitz von sich als andere Kohlen, danahen die Schmiede und Schlosser in dem Schweissen gut Sorge haben müssen; sie werden auch anstatt des Holzes zum Kochen und Einheizen gebraucht, weilen sie aber wegen des Schwefels einen grossen Gestank verursachen, sind viele Leut, die solche anfänglich, bis sie derselbigen gewohnt, nicht wohl erdulden mögen.» (Letsch 1899).

Mein Grossvater konnte sich noch gut an den Gestank der Horgner Kohle erinnern, die während des Zweiten Weltkrieges in den Heizkesseln verbrannt wurde. Auch optisch ist der hohe Schwefelgehalt beim Horgner Kohlenflöz gut zu erkennen; die gelbe Farbe sticht einem geradewegs ins Auge.

GUTES HOLZ WIRD MANGELWARE

Um einem drohenden Holzmangel entgegenzuwirken, wurde 1708 in Zürich eine Kommission (Steinkohlenkommission) zur Erforschung des Torfes und der Braunkohle gegründet. Diese bekam den Auftrag, über einen Zeitraum von 20 Jahren die Kohle von Horgen bergmännisch abzubauen. Nach Ablauf dieser Zeit geriet das Bergwerk von Käpfnach wieder in Vergessenheit, weil billiges Holz wieder genügend auf dem Markt verfügbar war.

RAUBBAU UND UNVERSTÄNDNIS

20 Jahre später beklagten sich Handwerker darüber, dass gute Brennstoffe Mangelware seien, und der «Hohe Rat» erinnerte sich wieder an die Kohle von Käpfnach. Aber in der Zwischenzeit waren die alten Arbeiten der Steinkohlenkommission durch raubbaumässigen Abbau von der Horgner Bevölkerung mit viel «Unverstand und Confusion» weitgehend zerstört worden. In der darauffolgenden Zeit wurde der Bergbau mehr schlecht als recht geführt. Dem damaligen Steiger (Vorarbeiter) mangelte es schlichtweg an bergmännischer Erfahrung (Bericht vom Bergmann Köhler aus dem Jahr 1750).

KÄPFNACHER KOHLE WAR LANGE ZEIT NUR EIN «NOTBEHELF»

Obwohl die Schmiede schnell herausfanden, dass die Käpfnacher Kohle eine höhere Hitze abgab als gewöhnliche Holzkohle, vermochte die Käpfnacher Kohle diese lange Zeit nicht zu verdrängen. Es war ein Wechselspiel von Angebot und Nachfrage. Wurde das Holz für die Holzkohle zu

teuer, stellten die Abnehmer auf Käpfnacher Kohle um. Aber sobald der Holzpreis wegen der erhöhten Nachfrage nach Kohle wieder zu sinken begann, stellten die Abnehmer um auf die beliebtere Holzkohle. Die Käpfnacher Kohle galt lange Zeit eher als «Notbehelf». Der Grund lag nach wie vor beim hohen Schwefelgehalt der Kohle und dem dadurch bei der Verbrennung entstehenden starken und unangenehmen Geruch. Zudem wurde das Schmiedeeisen vom Schwefel angegriffen, es bildete sich mehr Schlacke in der Esse, der Blasbalg verstopfte, das Feuer erkaltete und somit musste die Esse gereinigt werden, was viel Zeit raubte (Letsch 1899).

ABBAU IMMER WIEDER MEHR SCHLECHT ALS RECHT

Das Aabachtobel durchschneidet das Kohlenflöz zwischen Horgen und Au und trennt dieses quasi in zwei Teile. An den steilen Flanken im Tobel war das Flöz an mehreren Stellen freigelegt worden. So lag es auf der Hand, dass hier die ersten Stollen ansetzten. 1776 waren die meisten Stollen verfallen oder zugewachsen und erfolgten im Raubbau, das heisst ohne spezifische Bergbau-Kenntnisse. Spuren dieser längst verlassenen Landis-, Medis- und Dachstollen sind noch heute am Hang-Weg neben dem Schiessstand im Aabachtobel zu sehen.

1784 übernahmen auf Geheiss der Steinkohlenkommission drei Bergleute aus dem Bergwerk Elgg den Abbau. Es wurde ein neuer Stollen im Aabachtobel und einer vom Zürichsee her aufgefahren. Ein gesetzlich geregelter Betrieb hielt nun unter der Leitung von Obersteiger Friedrich Albert Ginsberg Einzug. Vom See her wurden weitere Stollen aufgefahren, die dann zur Förderung der Kohle dienten (Letsch 1899).

GRUBENUNGLÜCK

Im Jahr 1878 forderte das Bergwerk seine ersten zwei Todesopfer. Bei einem Deckenbruch im Flöz wurden ein ausländischer und ein einheimischer Hauer verschüttet. Bevor sie gerettet werden konnten, erstickten sie kläglich unter dem heruntergestürzten Schutt. Die eingeleitete Untersuchung ergab eine «Lettenkluft», wodurch genau an dieser Stelle das tragende Gewölbe «kurzbrüchig» gewesen war und es trotz korrekter Verzimmerung zu diesem Unglück kommen konnte. Die beiden Todesfälle hatten zur Folge, dass die einheimischen Bergleute dem Bergwerk für einige Jahre fernblieben.

Oben: Freilegung eines zwischenzeitlich aufgegebenen Förder-Stollens für die erneute Nutzung.
Unten: Schutt-Zug beim «Bahnhof» (zweigleisige Zug-Kreuzungsstelle).

Rechte Seite, oben: Hauer bei der Kohlenförderung in einem Abbauschlitz.
Rechte Seite, unten: «Kondukteur» auf dem hintersten Wagen eines Zuges beim Bremsen mittels Stange.

T 315

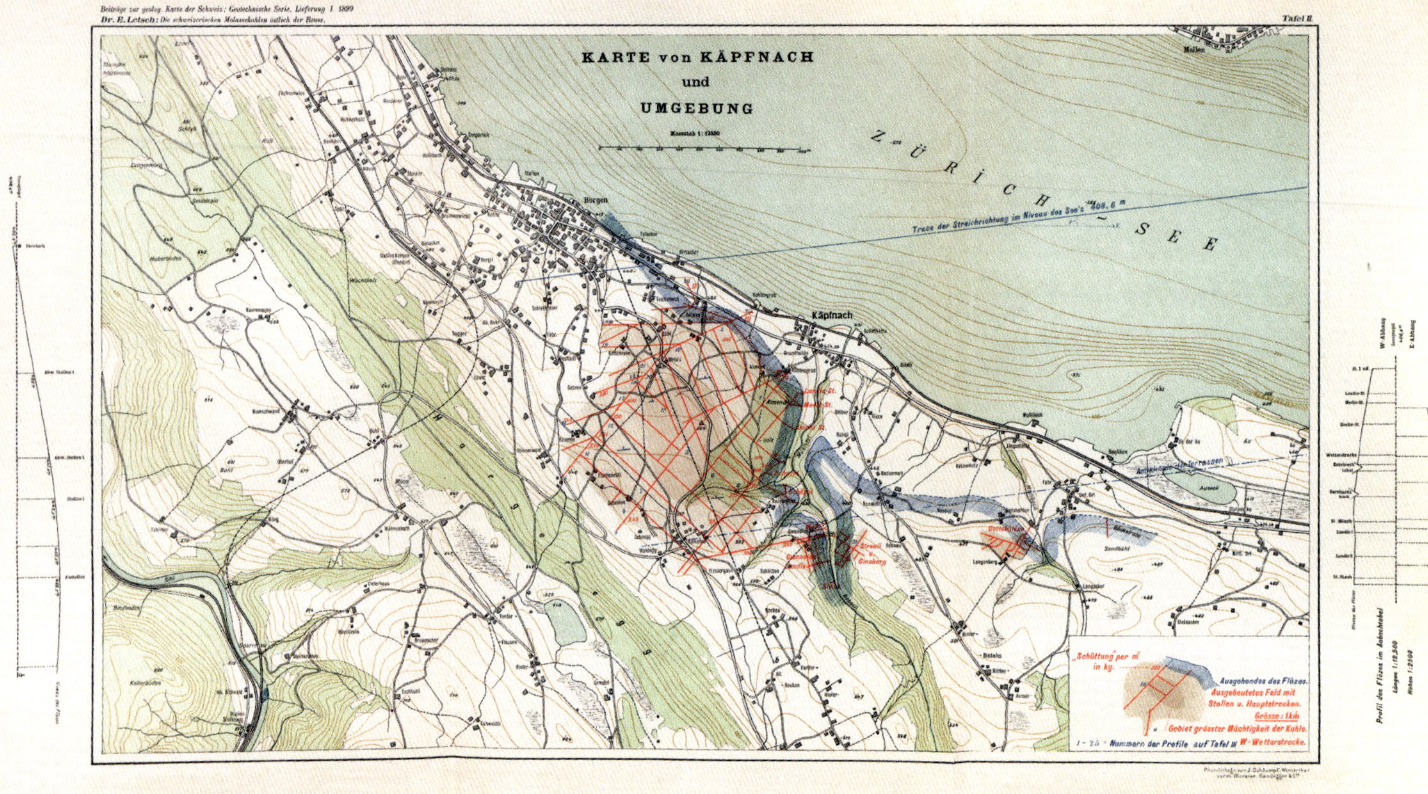

Beiträge zur geolog. Karte der Schweiz; Geotechnische Serie, Lieferung 1. 1899
Dr. E. Letsch: Die schweizerischen Molassekohlen östlich der Reuss.
Tafel II.
KARTE von KÄPFNACH
und
UMGEBUNG
ZÜRICH-SEE
Horgen
Käpfnach

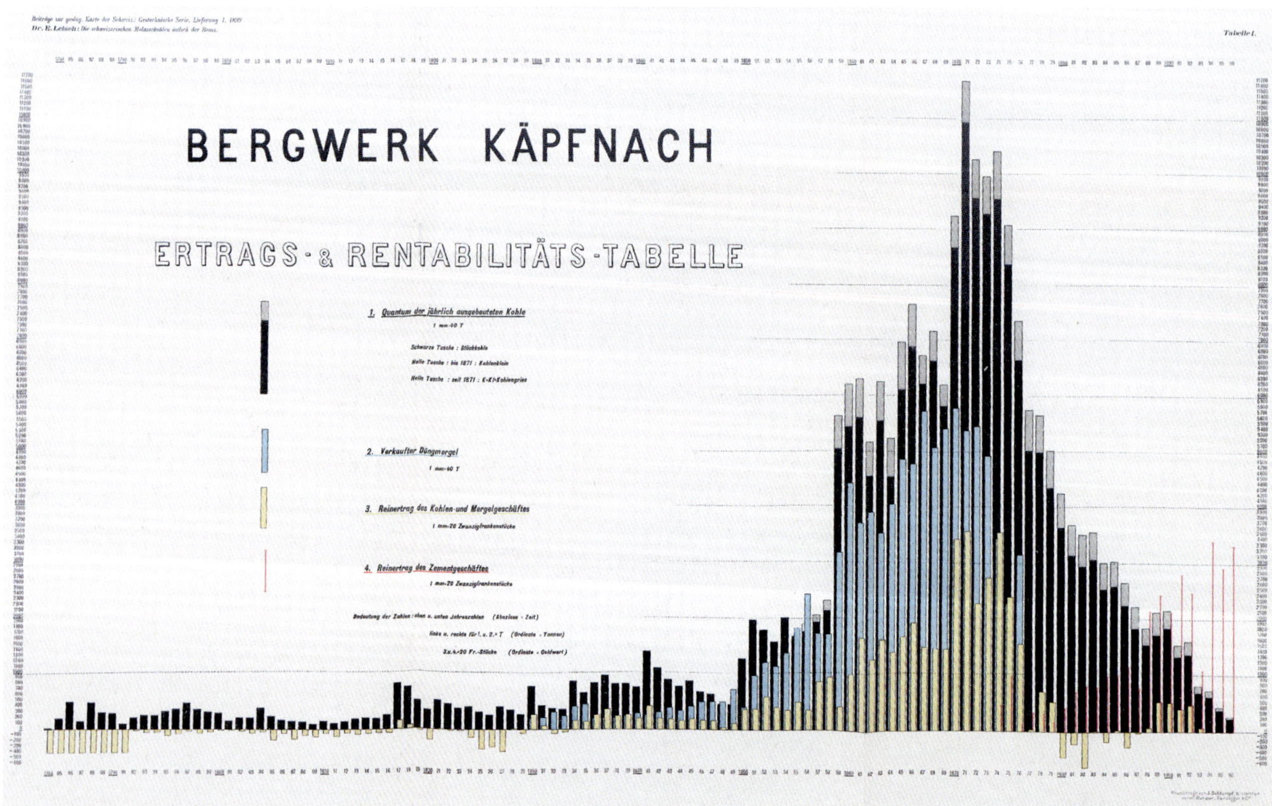

Tabelle I.
BERGWERK KÄPFNACH
ERTRAGS- & RENTABILITÄTS-TABELLE
1. Quantum der jährlich ausgebeuteten Kohle
1 mm=40 T
Schwarze Tusche : Stückkohle
Helle Tusche : bis 1871 : Kohlenklein
Helle Tusche : seit 1871 : K-Kl-Kohlengries
2. Verkaufter Düngmergel
1 mm=40 T
3. Reinertrag des Kohlen- und Mergelgeschäftes
1 mm=20 Zwanzigfrankenstücke
4. Reinertrag des Zementgeschäftes
1 mm=20 Zwanzigfrankenstücke
Bedeutung der Zahlen: oben u. unten Jahreszahlen (Abszisse = Zeit)
links u. rechts für 1. u. 2. = T (Ordinate = Tonnen)
3. u. 4. = 20 Fr.-Stücke (Ordinate = Goldwert)

Linke Seite, oben: Karte von Käpfnach und der näheren Umgebung mit den darin eingezeichneten Abbaugebieten der einzelnen Konzessionäre.
Linke Seite, unten: Ertrags- und Rentabilitäts-Tabelle aus dem Jahr 1899. Darin berücksichtigt sind der Verkauf von Kohle, Mergel sowie die Zementproduktion.
Rechts: Plan vom Bergwerk Gottshalden, Stand Mai 1919.
Folgende Doppelseite: Kipplore auf einem Gleisabschnitt, der zur ehemaligen Deponie im Aabachtobel führte.

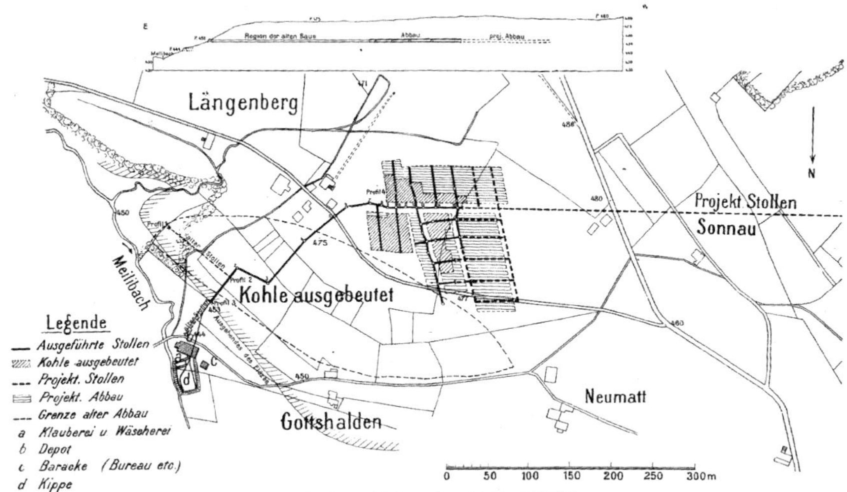

Fig. 71. Braunkohlenbergwerk Gottshalden (Mai 1919).

ZEMENTWERK

Bis ins Jahr 1865 fand der Transport in den Stollen mittels Hunt auf hölzernen Schienen statt. Danach wurde der Betrieb auf Eisenschienen mit Kipploren umgestellt. Im Jahr 1873 wird dem Bergwerk Käpfnach ein Zementwerk angegliedert. In diesem wurde bis ins Jahr 1935 ein Teil des Nebengesteins, der sogenannte Zementstein, zusammen mit Kalkmergel zu Zement und Zementprodukten verarbeitet (Letsch 1899).

DAS BERGWERK GOTTSHALDEN

Natürlich versuchten neben dem staatlichen Betrieb im Bergwerk Käpfnach auch einige Private ihr Glück im Aabachtobel. Der berühmteste unter ihnen war Ginsberg, der einige kurze Stollen in Richtung See betrieb.

1861 wurde durch Jakob Sidler weiter östlich bei Gottshalden Kohle in einem Stollen gefunden, den er ohne Erlaubnis vorgetrieben hatte. Er erhielt dann 1872 die Erlaubnis und begann 1873, wie bereits in Käpfnach üblich, die Kohle zusammen mit dem Zementstein zu gewinnen. In einer eigens dafür erstellten Fabrik wurde Zement hergestellt, aber deren Betrieb war zu kostspielig und wurde 1884 wieder eingestellt. Kohle wurde noch bis 1891 abgebaut (Letsch 1899). Das Bergwerk Käpfnach wurde sogar bis ins Jahr 1912 weiter betrieben und war somit das ertragreichste Braunkohlenbergwerk der Schweiz (Fehlmann 1947).

Im Jahr 1917 unternahm die Gemeinde Horgen einen neuen Abbauversuch mit fünf bis sechs Bergleuten im Bergwerk Gottshalden. Aber bereits 1918 ging die Konzession weiter an den Ingenieur Max Zschokke, welcher das Bergwerk als «Kommanditgesellschaft» zusammen mit der Gemeinde Horgen, der Färberei Weidmann und der Wanner AG bis ins Jahr 1919 betrieb (Fehlmann 1919).

BERGBAU IM AABACHTOBEL

Als Folge des 2. Weltkrieges und seiner Versorgungskrise wurden im März 1941 die alten Stollen vom Bergwerk Gottshalden wieder aufgewältigt. Daraus entwickelte sich die intensivste Abbauphase der jahrhundertealten Bergbautätigkeit im Raum Horgen. Zuerst wurde das verbliebene, abbauwürdige Flöz zwischen Gottshalden und dem Aabachtobel vorgerichtet und bis August 1943 komplett abgebaut. Daraufhin nahm man vom Bergwerk Gottshalden aus den Abbau westlich vom Aabachtobel in den alten Stollen beim Gwandlen wieder auf. Dabei wurde bis 1947 in wenigen Jahren eine Fläche von ca. 700 mal 350 Metern ausgebeutet.

Aus dieser Zeit sind im Aabachtobel heute noch viele Spuren im Gelände sichtbar. Es handelt sich vor allem um Stolleneingänge, Entwässerungs-Röhren, aber auch Schuttdeponien und Trassees der damaligen Feldbahn.

FÜHRUNGEN

Infos zu den Führungen im Bergwerk sind auf der Webseite zu finden.

Kontakt
Bergwerkverein Käpfnach
Postfach 27, 8810 Horgen
Telefon +41 (0) 44 725 39 35
Mail: sekretariat@bergwerk-kaepfnach.ch
Webseite: www.bergwerk-kaepfnach.ch

AEUGSTERTAL
KANTON ZÜRICH

KOHLEN-BERGWERK RIEDHOF

ENTDECKT WURDE DIE KOHLE IM JAHR 1789 BEIM AUSBESSERN DER STRASSE HINAUF NACH MÜLIBERG. WÄHREND EINER ZWEITEN ABBAUPERIODE VON 1917–1921 WURDE MIT EINEM CHAOTISCHEN STOLLENSYSTEM ABBAU BETRIEBEN (RAUBBAU). IN DER DRITTEN UND LETZTEN ABBAUPERIODE WÄHREND DES ZWEITEN WELTKRIEGES WURDE MIT EINEM ETWA 7 KM LANGEN, SYSTEMATISCH ANGELEGTEN STOLLEN-SYSTEM ABGEBAUT.

BESICHTIGUNG: GEFÜHRTE BESICHTIGUNGEN ZU DEN ABBAUSTELLEN MÖGLICH:
- MUSEUM
- STOLLEN
- STOLLENBEIZLI

ABGEBAUTE ROHSTOFFE: BRAUNKOHLE (MOLASSEKOHLE EINGELAGERT ZWISCHEN MERGEL UND SANDSTEIN)

Oben: Die Brun-Lok beim Auftanken, 1946. Diese kleine Lok war ideal für die engen Nebenstrecken im Berg geeignet. Im Hintergrund ist die Klauberei zu sehen.

Unten: Der Saurer-Lastwagen der Firma Gautschi Holzbau, Affoltern. Sehr viel Material musste 1942 für die neuen Installationsarbeiten zugeführt werden. Hier wartet eine ganze Baracke mit Inventar auf das Abladen.

Rechte Seite, oben: Holzkonstruktionen der Aussenanlage, ca. 1942. Bildmitte: Schuttumladesilo für den Bahntransport zur Deponie II.
Rechte Seite, unten: Fotografie der Belegschaft vor dem Bergwerk Riedhof aus dem Jahr 1917.

Oben: In den Abbaukavernen herrschten enge Platzverhältnisse. Die Raumhöhe war selten über 1 Meter.
Rechte Seite: Der Transport geschah in den verschiedenen Auf- und Abhauen durch elektrische Winden.

Oben: Hoher Besuch, oder schon wieder eine Inspektion? Ganz links steht Ingenieur Flips, Gonzen; der Herr daneben mit Gehstock ist vermutlich ein Vertreter der Georg Fischer AG. Gemäss Xaver Hubli ist der Major in der Mitte der junge Ing. Eugster, der Herr in Schale ein Delegierter der Sulzer AG und der Mann ganz rechts, an seiner Kleidung erkennbar, Armin von Moos, Geologe. Anonyme Fotografie, 1946.

Rechte Seite, oben: Baracke auf der Deponie 2, bevor sie bei einem Unfall explodierte.
Rechte Seite, unten: Xaver Hubli aus der Habersaat (zweiter von links) mit den letzten seiner Bergkumpel bei der Räumung des Werkplatz vor dem «Gottert»-Stollen, 1946.

Feuer Losch
Gerate

KOHLEN BERGWERK RIEDHOF

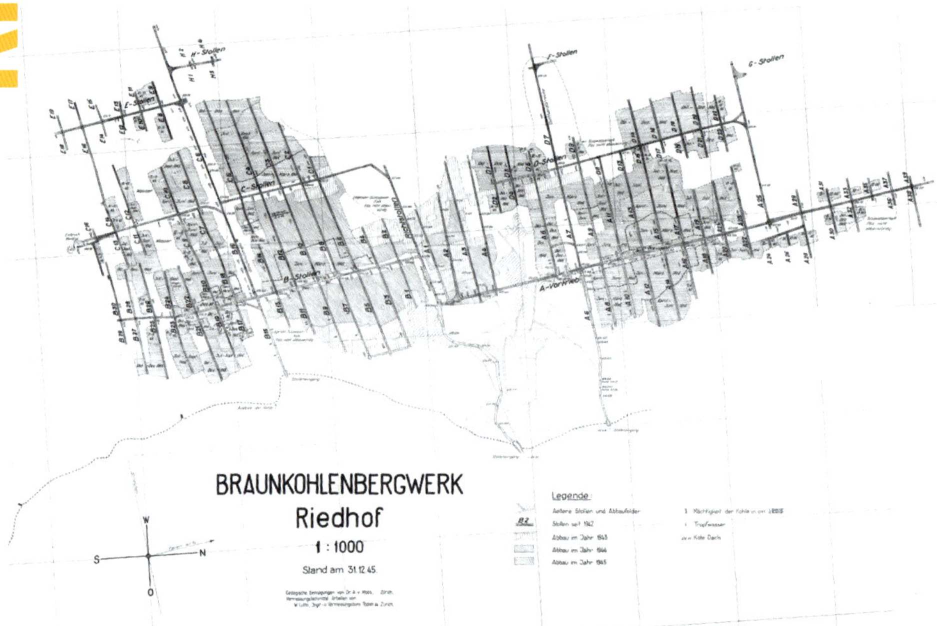

HISTORISCH

1786 wurde das Kohlenvorkommen zufällig bei Strassenarbeiten entdeckt. Unter staatliche Kontrolle gestellt, kam es schon bald zu einer ersten Abbauphase durch den Kanton Zürich. Mangels genügender Verkehrserschliessung wurde der Abbau aber bereits 1814 wieder eingestellt.

Die zweite Abbauphase begann 1917 während des Ersten Weltkrieges. 1919 nahm nach anfänglich mehreren Besitzerwechseln eine Zürcher Bauunternehmung den Abbau an die Hand. Stollen wurden raubbaumässig kreuz und quer vorgetrieben und der Betrieb war schon bald unrentabel. Die Unternehmung geriet in hohe Schulden. 1921 wurden die Stollen geschlossen. Zeitweilig waren jedoch in dieser Periode bis zu 30 Arbeiter im Bergwerk beschäftigt. Insgesamt wurden aber nur etwa 1200 Tonnen Kohle gefördert.

In einer dritten Abbauphase 1942 erteilte der Kanton Zürich der Gebrüder Sulzer AG und der Georg Fischer AG eine Konzession zur Ausbeutung der Kohle. Mit Hilfe von Fachleuten aus dem Bergwerk Gonzen entstand in kurzer Zeit ein veritables Bergwerk mit einem ausgedehnten und systematisch angelegten, 7 Kilometer langen Stollensystem. Gegen Ende des Zweiten Weltkrieges erlangte das Bergwerk eine gewisse wirtschaftliche Bedeutung; zeitweilig, im Jahre 1946, überstieg die Produktion sogar diejenige vom Kohlenbergwerk Käpfnach bei Horgen.

In den 60er-Jahren wurde vom Arbeitsausschuss für Atombrennstoffe eine Untersuchung bezüglich Uran als Energierohstoff gemacht. Neben anderen Molassekohlen (Blapach, Emmental) wurden in den zürcherischen Molassekohlen in Käpfnach und im Riedhof erhebliche Urangehalte bestimmt mit mehr als 50 g Uran pro Tonne Kohle!

FÜHRUNGEN

Infos zu den Führungen im Bergwerk sind auf der Webseite zu finden.

Kontakt

Bergwerk Riedhof
Riedstrasse 16, 8914 Aeugst am Albis
Webseite: www.bergwerk-riedhof.ch

Linke Seite: Abschliessender Stollenplan des Bergwerks Riedhof.
Oben: Verzweigung im «Gottert»-Stollen: links führt der Stollen zum «Radonstübli»; geradeaus geht es zum «See».
Unten: Die originale Brun-Lok ist wieder zum Bergwerk zurückgekehrt. Frisch revidiert steht sie nun vor dem Eingang zum Museum.
Folgende Doppelseite: Abenteuerliche Schlauchbootfahrt auf dem See im «Gottert»-Stollen.

FURTTAL
KANTON ZÜRICH

QUARZSAND-BERGWERK BUCHS

DAS QUARZSAND-BERGWERK WAR SCHON WÄHREND ES NOCH IN BETRIEB WAR EIN AUSFLUGSZIEL FÜR DIE GANZE FAMILIE. DER BESITZER JOHANES SPÜHLER ERKANNTE SCHON FRÜH, DASS DIE FIGUREN, WELCHE ER UND SEINE ANGESTELLTEN AUS DEM WEICHEN QUARZSAND HERAUSGEARBEITET HATTEN, GUT FÜRS GESCHÄFT WAREN. KURZERHAND FUNKTIONIERTE SPÜHLER SEINE DOPPELSTUBE ZUM WIRTSZIMMER UM. ALS DIESES AUS ALLEN NÄHTEN ZU PLATZEN DROHTE, WURDE UM- UND ANGEBAUT. ALS DER BETRIEB IM JAHR 1920 EINGESTELLT WURDE, BLIEB DAS BERGWERK ALS BESUCHERBERGWERK FÜR DIE ÖFFENTLICHKEIT ZUGÄNGLICH.

BESICHTIGUNG: GEFÜHRTE BESICHTIGUNGEN ZU DEN ABBAUSTELLEN MÖGLICH:
- STOLLEN
- RESTAURANT
- GARTENWIRTSCHAFT/GEWÖLBE

ABGEBAUTE ROHSTOFFE: GLIMMERSANDSTEIN

Oben: Trassee der ehemaligen Schipkapass-Bahn. Mit dieser Bahn wurde der abgebaute Quarzsand zur Glasi in Bülach transportiert. Noch heute sind Spuren der alten Eisenbahn im Gelände zu finden.
Rechte Seite: Wundervoll gestalteter Baum mit Eichhörnchen – oder ist es eher ein «Fuchshörnchen»?

Links oben: Adam und Eva, leider nicht mehr mit den originalen Köpfen. Diese wurden ihnen von einem entlassenen Bergmann abgeschlagen. In den 1970er-Jahren rekonstruierte ein Zürcher Künstler die Köpfe mehr schlecht als recht.

Links unten: Rotkäppchen und der böse Wolf vom Zürcher Künstler Hans Hippele. Leider befindet sich das Bild im hinteren Teil der Stollen, die geflutet und für Besucher nicht mehr zugänglich sind.

Rechts: Ein Ausschnitt aus «Schneewittchen und die sieben Zwerge», ebenfalls von Hippele. **Rechte Seite**: Eines der «Highlights» im Bergwerk: das mit viel Liebe zum Detail modellierte Pferd mit Reiter in Lebensgrösse.

QUARZSAND BERGWERK BUCHS

Eine Postkarte mit der ältesten Aufnahme der «Wirtschaft zum Bergwerk». Die später angebaute «Sommerwirtschaft» ist hier noch nicht zu erkennen. Wie die Karte zeigt, wurde den Gästen auch schon mal Speis und Trank im Bergwerk serviert. Ebenfalls ist noch das Geleise zu erkennen, welches leider im Zweiten Weltkrieg von der Schweizer Armee entfernt wurde.

ALLES NUR ZUFALL

Das Quarzsand-Vorkommen in Buchs verdankte seine Entdeckung dem puren Zufall. Ursprünglich sollte hinter dem Haus von Johannes Spühler Platz für einen Treibstofftank geschaffen werden. Der dabei ausgehobene Sand fiel einem Mitarbeiter der Glashütte Bülach auf, welcher zufällig anwesend war. Schnell erkannte dieser, dass sich der Quarzsand gut zur Herstellung von Glas eignen würde.

So begann Spühler im Jahr 1898 zusammen mit seinem Sohn, Knechten und Tagelöhnern, den begehrten Quarzsand hinter seinem Haus abzubauen. So entstand in harter Knochenarbeit ein verwinkeltes Labyrinth aus Stollen und Kammern unter dem damaligen Rebberg hinter dem Haus von Spühler. Der Sand wurde mit Karren zur Bahnstation von Buchs transportiert, auf Eisenbahnwagen verladen und über die ehemalige Bahnlinie Buchs–Dällikon nach Bülach zur Glasi transportiert.

Die Bergleute verbrachten viele Stunden ihrer Freizeit in den Stollen und schufen an den Wänden Reliefs und Skulpturen, indem sie diese aus dem weichen Sandstein herausarbeiteten. Viele dieser Kunstwerke wurden zusätzlich mit Wasserfarben verschönert.

Mit dem Einstellen der Bahnlinie wurde auch immer weniger Sand geliefert. Zusätzlich hatte die Glashütte ihr Produktionsverfahren umgestellt und war somit nicht mehr auf Spühlers Sand angewiesen. 1920 verliess dann die letzte Lieferung das Bergwerk.

BESUCHERBERGWERK MIT WIRTSCHAFT

Bereits 1906 eröffnete Spühler neben dem Bergwerksbetrieb auf seinem Anwesen eine Sommerwirtschaft. Schnell erkannte er, dass die Gäste Gefallen an den künstlerisch verzierten Stollen fanden und liess Postkarten zu Werbezwecken anfertigen. Das Quarzsand-Bergwerk Buchs wird seit seiner Schliessung im Jahr 1920 als Besucherbergwerk geführt. Noch heute werden die Gäste im Restaurant «Bergwerk» mit Wähen nach altem überliefertem Rezept von früher verwöhnt. Die Familie Wetzel, Besitzer des Bergwerkes, bietet auf Voranmeldung ganzjährig Führungen für Gruppen von 4 bis 10 Personen an. Auf jeden Fall ein einmaliges Erlebnis, denn ein solches Bergwerk gibt es in der Schweiz kein zweites Mal.

FÜHRUNGEN

Infos zu den Führungen im Bergwerk oder einem feinen Essen im Restaurant sind auf den Webseiten zu finden.

Kontakt
Quarzsand-Bergwerk Buchs ZH
Krähstelstrasse 29, 8107 Buchs
Telefon: +41 (0) 43 411 83 62
Mail: beatricekathriner@bluewin.ch
Webseite: www.quarzsand-bergwerk.ch

Restaurant Bergwerk
Krähstelstrasse 29, 8107 Buchs
Telefon: +41 (0) 44 844 17 50
Mail: info@restaurant-bergwerk.ch
Webseite: www.restaurant-bergwerk.ch

Postkarte vor 1920 mit der «Wirtschaft zum Bergwerk» sowie der östlich am Haus angebauten «Sommerwirtschaft». Die «Sommerwirtschaft» ist noch im Zustand, wie sie vor dem Umbau zur «Trinkhalle» ausgesehen hatte.

Links: Die Wetzels beim Heuen. Oben auf dem Wagen steht Walter Emil Wetzel, die Zügel schon bereitgelegt, um vom geladenen Wagen aus die Pferde zu lenken.
Unten links: Lebend-Bild mit einem nachgestellten Überfall einer Zigeunerbande auf ahnungslose Gäste des Bergwerks.
Unten rechts: Im festlich geschmückten und mit Tischen und Stühlen ausgestatteten Bergwerk wartet Spühler auf seine Gäste, um sie in den Tiefen des Bergwerks persönlich bewirten zu können.
Folgende Doppelseite: Gefluteter Bereich im hinteren Teil des Bergwerks.

SCHLEITHEIM
KANTON SCHAFFHAUSEN

GIPS-BERGWERK SCHLEITHEIM

VERMUTLICH HABEN BEREITS DIE RÖMER DEN GIPS VON SCHLEITHEIM ABGEBAUT UND VERARBEITET. ERSTE SCHRIFTLICHE ÜBERLIEFERUNGEN SIND ALLERDINGS ERST AUS DEM JAHR 1709 ERHALTEN. WÄHREND DER HOCHBLÜTE WAREN CA. 120 BIS 150 PERSONEN MIT DER VERARBEITUNG VON GIPS BESCHÄFTIGT. ABER AUCH DAS RESTLICHE GEWERBE PROFITIERTE VOM GIPSABBAU. BEIM BERGWERK WURDE EINE FABRIKATIONSANLAGE MIT MÜHLE, BRENNEREI UND GIPSSTEINFABRIKATION ERSTELLT. 1904 WURDE DIE GIPSFABRIK SAMT BERGWERK AN DIE GIPSUNION VERKAUFT, WORAUF EINE ZEIT MIT VIELEN BETRIEBSUNTERBRÜCHEN BEGANN, BIS DER BETRIEB 1944 ENDGÜLTIG EINGESTELLT WURDE.

BESICHTIGUNG: GEFÜHRTE BESICHTIGUNGEN ZU DEN ABBAUSTELLEN MÖGLICH:
- STOLLEN
- STOLLENBAHN IM BAU
- TONHALLE MIT APERITIF
- MUSEUM
- WORKSHOP

ABGEBAUTE ROHSTOFFE: GIPS

Linke Seite: Rekonstruiertes Stollenmundloch neben dem Gipsmuseum. So etwa mögen die alten Mundlöcher des Gipsbergwerks ausgesehen haben.
Oben: Abbaukaverne im Besucherbergwerk.

Oben: Teilweise eingestürzter Seitenstollen mit einem kleinen See, dem «Frauebad».
Unten: Schöne Makro-Aufnahme von einem «Schimmelpilz» mit Wassertropfen.

Rechte Seite: Bei der hohen Luftfeuchtigkeit, die in den Stollen herrscht, gedeihen manche (Schimmel-)Pilze geradezu hervorragend. Deshalb wurden früher oftmals aufgelassene Bergwerksstollen zur Zucht von Champignons benutzt.

GIPSBERGWERK SCHLEITHEIM

Bergmänner bei der Arbeit im Gipsbergwerk

BEREITS DEN RÖMERN BEKANNT

Der Gipsabbau in Schleitheim SH hat eine lange Tradition. Erste schriftliche Belege zu einem Abbau sind aus dem Jahr 1709 überliefert. Damals wurde Schleitheimer Gips zum Bau und zur Ausstattung der Klosterkirche Rheinau ZH verwendet. Es wird aber vermutet, dass bereits zur Römerzeit ein Abbau in Schleitheim stattgefunden hatte.

In Zeiten mit Lebensmittelknappheit und im 19. Jahrhundert, als der Kartoffelanbau aufkam, wurde Gips zur Düngung der Felder eingesetzt. Der Bedarf nach «Ackergips» war gross und wurde schon bald zum Exportschlager. Gipsmehl aus Schleitheim wurde in die Ostschweiz, nach Schwaben und Bayern exportiert. Das führte zu Arbeit und gutem Verdienst in Schleitheim – bis der Kunstdünger aufkam und den «Ackergips» ablöste.

Um dem schleichenden Absatzrückgang entgegenzuhalten, schlossen sich zahlreiche Gipsfabriken in der Schweiz zur Gipsunion zusammen. Dabei schieden bei einem Triageverfahren viele kleinere Unternehmen aus, die ihren Betrieb daraufhin einstellen mussten. Das Gipsbergwerk Schleitheim gehörte ebenfalls dazu; 1904 wurde der Betrieb eingestellt und die dazugehörende Gipsfabrik geschlossen.

Ein Versorgungsengpass führte 1927 dazu, dass das alte Bergwerk aufgewältigt und der Abbau in einem der Stollen wieder reaktiviert wurde. 1936 hatte man sogar einen neuen, letzten Stollen vorgetrieben, um der herrschenden Krisenzeit zu begegnen. Doch 1944 wurde der Gipsabbau im Bergwerk endgültig eingestellt.

EIN MUSEUM MIT LANGER TRADITION

Zur Erinnerung an dieses arbeitsintensive Gewerbe, das zum Wohlstand in der Gemeinde führte, wurde 1938 von der letzten Bergwerksbetreiberfamilie das Gipsmuseum eingerichtet und eröffnet. 1962 wurde das Gipsmuseum als Schenkung der Gemeinde übergeben, die es später in eine Stiftung überführte.

Links: Besucher im Förderstollen, welcher vom Bergwerksmuseum direkt in die Tiefe des Berges führt.
Rechts oben: Nachgestellte Szene: Bergmänner beim Beladen einer Lore.
Rechts unten: Die Stollenbahn befindet sich noch im Aufbaustadium. Mit ihr sollen später einmal die Besucher ins Bergwerk einfahren.

Ein geschäftsführender Ausschuss betreibt das Museum zusammen mit freiwilligen Helfern und sorgt mit Erfolg für den Unterhalt und Erhalt des Museums und der historischen Gipsstollen. Das Museum ist in der Regel jeden ersten Sonntag in den Monaten April bis Oktober für Einzelbesucher von 14 bis 16 Uhr geöffnet. Gruppen können während des ganzen Jahres jederzeit eine Führung buchen, und wenn gewünscht, auch einen Aperitif in der sogenannten «Tonhalle» geniessen. Das Museum ist geeignet als Ziel einer Schulexkursion und es werden auch Workshops für Kinder angeboten.

FÜHRUNGEN

Infos zu den Führungen im Bergwerk sind auf der Webseite zu finden.

Kontakt
Gipsbergwerk
Flüelistrasse 25
8226 Schleitheim-Oberwiesen
Telefon: +41 (0) 52 632 40 10
Mail: erleben@schaffhauserland.ch
Webseite: www.museum-schleitheim.ch

PLANPLATTEN
KANTON BERN / KANTON OBWALDEN

EISENBERGWERK PLANPLATTEN-ERZEGG

OBWOHL HEUTE VON DEN ZAHLREICHEN ABBAUSTELLEN NUR NOCH WENIG ZU SEHEN IST, MUSS DER BERGBAU SCHON RECHT FRÜH BEGONNEN HABEN. ERSTMALS WIRD SCHRIFTLICH EIN BERGBAU AUS DEM 14. JAHRHUNDERT ERWÄHNT, DANACH WURDE BERGBAU MIT ZAHLREICHEN UNTERBRÜCHEN BETRIEBEN. DEN EINHEIMISCHEN GEFIEL DIES NICHT UND SIE LEISTETEN WIDERSTAND, WO SIE NUR KONNTEN. DIES GING SO WEIT, DASS SOGAR EINES NACHTS DAS HÜTTENWERK ABGEFACKELT WURDE. 1807 WURDE DER BETRIEB DEFINITIV EINGESTELLT UND AUCH IN DEN KRISENZEITEN WÄHREND DER BEIDEN WELTKRIEGE NICHT MEHR AUFGENOMMEN.

BESICHTIGUNG: DIE ABBAUSTELLEN BEFINDEN SICH ENTLANG DES WANDERWEGS VON DER BERGSTATION PLANPLATTEN HINÜBER ZUM BALMEREGGHORN UND KÖNNEN GUT BEI EINER WANDERUNG BESICHTIGT WERDEN:
- ABBAUSTELLEN
- STOLLEN

ABGEBAUTE ROHSTOFFE: EISEN
ELEMENTE (LAGERSTÄTTE): EISEN, MAGNESIUM, ALUMINIUM, SCHWEFEL
MINERALIEN (LAGERSTÄTTE): HÄMATIT, MAGNETIT, SIDERIT, CHAMOSIT
SEKUNDÄRMINERALE: LIMONIT, PYRIT, ANKERIT, STILPNOMELAN

Oben: Etwa ein Kilometer von der Bergstation Planplatten entfernt; noch gut sichtbarer Tagbau bei den «Erzgrueben».

Rechte Seite, oben: Blick hinunter zum Schweiffi mit dem einzigen noch sichtbaren Stollen und der Erzegg. Rechts im Hintergrund ist noch der Jochpass nach Engelberg zu sehen.
Rechte Seite, unten: Der kleine Erzstollen beim Schweiffi.

EISENBERGWERK PLANPLATTEN ERZEGG

Oben: Stark verwittertes Erz von der Erzgrueben.
Rechte Seite: Gut sichtbare Falte südwestlich des Balmeregghoren.

EIN VERSCHWUNDENES DORF

Ein erstes Dokument zum Bergbau ist aus dem Jahr 1357 bekannt. Die damals abgebauten Eisenerze sollen laut Zahn (2001) im heute verschwundenen Dorf Bürglen, nordwestlich von Meiringen gelegen, verhüttet worden sein. Noch heute besteht in dieser Gegend ein Weiler mit dem Namen Birglen. Dieser ist bekannt als archäologische Fundstelle von Siedlungsresten und Anlagen aus dem Mittelalter. Später wurde das Hüttenwerk nach Unterwasser beim Zusammenfluss von Aare und dem Gadmerwasser verlegt.

KANONENKUGELN ANSTELLE VON ZINSZAHLUNGEN

Wann genau das Hüttenwerk von Unterwasser hinauf ins Mühletal verlegt wurde, ist nicht überliefert. Aber laut Zahn (2001) findet sich in Akten aus dem Jahr 1728 ein Gesuch, das Hüttenwerk vom Mühletal nach Unterurbach zu verlegen. Das Hüttenwerk im Mühletal und die dazugehörenden Bergwerke auf der Planplatten/Erzegg waren neben den jahreszeitlich bedingten Pausen auch längere Zeit, oft über mehrere Jahre ausser Betrieb. Der Kanton Bern war sehr daran interessiert, den Bergbau aufrechtzuerhalten, um bei der Beschaffung von Kanonenkugeln nicht vom Ausland abhängig zu sein. Oft bestanden die Lehenszinsen nur aus einer Lieferung Kanonenkugeln ans Zeughaus (Wenger 2016).

DER WIDERSTAND WÄCHST BIS ZUR KATASTROPHE AN

Die Berner Bergherren entstammten meist Patriziergeschlechtern, welchen die Bevölkerung des Oberhasli nicht gut gesinnt waren und den Bergbau ablehnten. Sie hatten Angst vor den möglichen Auswirkungen auf ihr Tal, was sich später durch schlimme Hochwasser, bedingt durch die extreme Abholzung der lebenswichtigen Wälder, auch bewahrheiten sollte.

So kam es dann im Jahr 1628 während einer Nacht- und Nebelaktion zu einem Anschlag auf das Hüttenwerk im Mühletal. Eine Gruppe wütender und vermummter Einheimischer setzte die Gebäude des Hüttenwerks in Brand (Kaufmann 2006).

DER FORTSCHRITT LÄSST SICH NICHT AUFHALTEN

Der Abbau der Erze auf der Planplatten/Erzegg fand grösstenteils im Tagbau statt. Es gibt aber noch Spuren wie auch Überlieferungen, die Zeugnisse eines untertägigen Bergbaus sind.

Zwischen Erzegg und Balmeregghorn wurde im Schweiffli das Erz untertägig in einem etwa 5 m tiefen Stollen abgebaut. Anton Küchler schreibt 1886 in seiner Chronik von Kerns gar von einem tragischen Unfall, bei dem im Jahr 1656 ein Bergmann bei einem Stollenversturz von herunterstürzenden Steinen verschüttet wurde.

WIDERSTAND, MISSWIRTSCHAFT, HOHE GESTEHUNGSKOSTEN UND SCHLECHTES EISEN

Die schlechte Qualität des Eisens, das Problem war auch in Herznach bekannt, wo ebenfalls Eisenoolith abgebaut wurde und die hohen Gestehungskosten (Lage, Transportweg, saisonal bedingte Unterbrüche, Misswirtschaft und Probleme mit der einheimischen Bevölkerung) führten dazu, dass sich die Berner Regierung gezwungen sah, den Bergwerksbetrieb einzustellen.

So kam es dann auch, dass nach zahlreichen längeren Unterbrüchen, nach denen das Hüttenwerk im Mühlital immer wieder beinahe komplett aufgebaut werden musste, am 6. Dezember 1807 die letzte Schmelze erfolgte (Zahn 2001).

In den darauffolgenden zwei Weltkriegen kam es neben mehreren geologischen Untersuchungen und Gutachten zu keinen weiteren Abbauversuchen, weder auf der Berner, wie auch auf der Obwaldner Seite.

WANDER TIPP

Rechte Seite, links: Blick von der Planplatten in Richtung der Erzgrueben.
Rechte Seite, rechts: Das Hotel Engstlenalp in der Abendstimmung lädt mit seinem nostalgischen Ambiente zum Verweilen ein.

WANDERUNG PLANPLATTE – ERZEGG – ENGSTLENALP

Gestartet wird in Hasliberg BE bei der Talstation der Gondelbahn Hasliberg Reuti. Hasliberg ist gut mit den öffentlichen Verkehrsmitteln erschlossen, bietet aber auch dem Individualverkehr genügend Parkplätze. Mit der Gondelbahn gelangen wir zügig hinauf zur Bergstation Planplatten, von wo aus die Wanderung beginnt.

Der Weg ist gut beschildert und führt entlang des Balmeregghorns über die Erzegg nach Tannalp und von dort hinunter zur Engstlenalp. Aber bereits 60 m nach der ersten Weggabelung bei Pkt. 2189 stossen wir auf Spuren des ehemaligen Bergbaus. Ganz unscheinbar befindet sich rechts vom Wegrand ein ehemaliges Erzdepot (Pkt. 1). Unauffällig liegen die rostbraunen Erzbrocken im grünen Gras und es scheint, als lägen hier bloss ein paar Steine – ausser wir nehmen einen Magneten zur Hand und testen damit diese unscheinbaren «Steine», denn die Steine sind teilweise stark magnetisch!

Der Transport erfolgte von hier aus auf halsbrecherische Art und Weise mit Schlitten – und das ganz ohne Schnee. Die Abhänge sind hier so steil, dass die Schlittler Mühe hatten, die mit Erzbrocken schwerbeladenen Schlitten unter Kontrolle zu halten. Es soll auch zu zahlreichen schweren Unfällen gekommen sein.

Etwa 550 m weiter kommt bereits die Abbaustelle Erzgrueben (Pkt. 2). Hier ist am nördlichen Wegrand erstmals das Eisenerz, der sogenannte «Planplatte-Eisenoolith» der Erzegg-Formation aufgeschlossen. Mit etwas Glück haftet der mitgenommene Magnet an einzelnen Stellen. Besondere chemische Verhältnisse im Boden haben bei der Genese (Entstehung der Gesteine) dazu geführt, dass sich das Mineral Magnetit bilden konnte. Der Chemismus und die Farbe des Eisenooliths verändert sich im Laufe der Wanderung, was sich an der sich ändernden Mineralogie im Gestein zeigt. Nach den Abbaustellen am Balmeregghorn beginnt das Erz seinen Magnetismus zu verlieren und die Farbe wechselt von

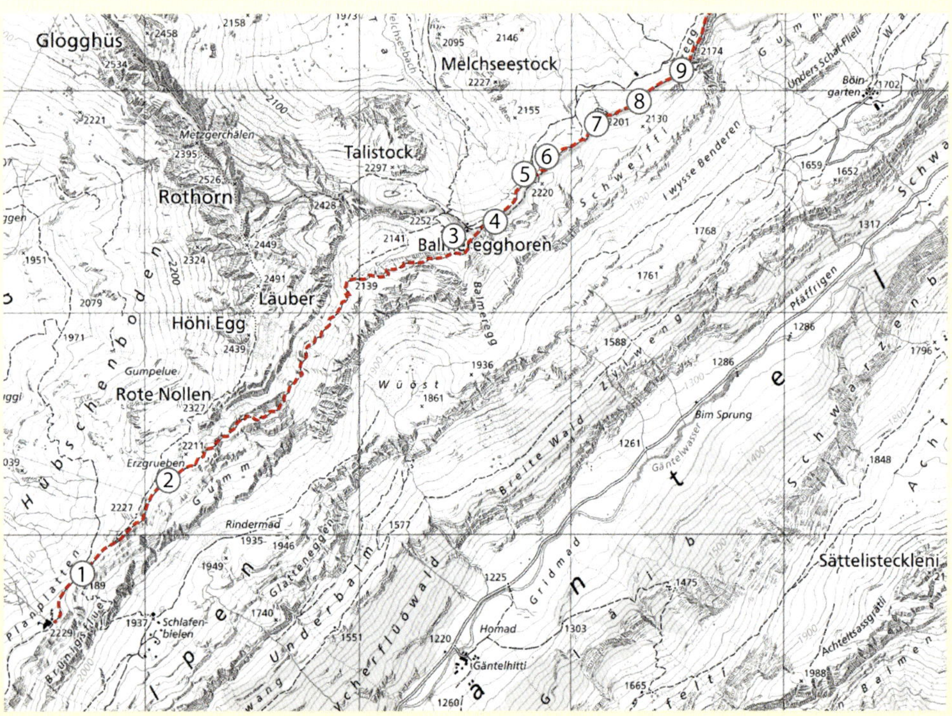

Karte mit den wichtigsten Stationen der Wanderung.

rostig-braun ins Grüne. Der ältere Magnetit wird durch einen Eisen-reichen Chlorit – den sogenannten Chamosit – ersetzt.

Zwischen der Abbaustelle Planplatten und der nächsten Abbaustelle am Balmeregghorn führt der Weg nun über schwarze schiefrige Mergel und Tonstein. Hier empfiehlt es sich, die Augen offenzuhalten, denn es könnte sein, dass diese Bemühungen mit dem Fund eines Ammoniten belohnt werden.

Angekommen beim Balmeregghorn empfiehlt sich ein Blick zurück. Erst dann erkennt man die geologische Falte, entlang welcher uns der Weg geführt hat. Auch hier deuten rostiges Gestein und kleine Kügelchen darin auf Eisenerz, das hier in der Vergangenheit abgebaut wurde. Mit dem Magneten findet man schnell unterhalb des Weges neben der Skiliftstation Erz (Pkt. 3). Auch von hier aus wurde das Erz mit dem Schlitten hinunter ins Gental transportiert.

Östlich vom Balmeregghorn führt der Weg bereits nach 90 m an einer weiteren Abbaustelle vorbei (Pkt. 4). Im Bereich um das Balmeregghorn gibt es zahlreiche Abbaustellen. Etwa 55 m weiter zweigt ein schmaler Fussweg rechts vom Fahrweg ab. Wir folgen aber weiter dem Fahrweg und gelangen so nach weiteren 250 m zu einer Fossilienfundstelle. Dem aufmerksamen Beobachter fallen sicher die zahlreichen «Knubbel» im schwarzen Tonschiefer auf und wenn die vorsichtig aufgeschlagen werden, entpuppt sich mancher davon als kleiner Ammonit. Für Kinder sicher eine freudige Überraschung (Pkt. 5).

Weiter geht es über den Grat hinunter in Richtung Schweiffi zur einzigen noch ersichtlichen Abbaustelle mit Stollen (Pkt. 6). Der Stollen ist nicht tief und wer sich einmal in die Lage eines Bergmannes aus der damaligen Zeit versetzen will, kann gefahrlos hineinkriechen.

Beim Anstieg hinauf zum Pkt. 2201 führt der Weg an einem weiteren Tagbau vorbei (Pkt. 7). Zwischen Pkt. 2201 und der Erzegg wurde an zahlreichen Stellen Erz im Tagbau abgebaut (Pkt. 8–9). Mit dem Erreichen der Erzegg verlassen wir auch die Eisen-führenden «Planplatte-Eisenoolith». Wir folgen dem Weg weiter hinüber zur Tannalp wo die Möglichkeit zur Einkehr besteht. Von Tannalp führt ein eher etwas ausgesetzter Weg hinunter zur Engstlenalp mit dem Hotel Engstlenalp. Eine gute Möglichkeit, sich bei einer feinen Glace etwas zu entspannen, bevor die Rückfahrt mit dem ÖV nach Meiringen angetreten wird. Das Hotel eignet sich auch gut zum Übernachten, für den Fall, dass eine Weiterreise über den Jochpass nach Engelberg geplant ist. Angekommen in Meiringen, sind es zu Fuss etwa 10 Minuten bis hinauf zur Talstation der Meiringen Hasliberg Gondelbahn.

Durchführung: Juni bis Oktober

Unbedingt zu beachten: Die Post hat die Verbindung Engstenalp–Meiringen eingestellt. Die Verbindung wird aber weiterhin von einem privaten Unternehmen gewährleistet. Unbedingt vorher abklären, ob und wie der Bus fährt, vor allem auch, wann der letzte Bus fährt! www.engstlenalp-bus.ch

Voraussetzung: Die Teilnehmer sollten trittsicher und schwindelfrei sein. Wegstrecke 10,7 km, Wegdauer ca. 3 ½ Std, aufsteigende Höhenmeter 310, absteigende Höhenmeter 705.

Ausrüstung: Gute Wanderschuhe, gute Kleidung und Windjacke, Lunch und Getränke und für den Forscher Hammer, Meissel, Lupe und wichtig, ein Magnet, um das magnetische Erz zu lokalisieren.

Verpflegungsmöglichkeiten:
Panoramarestaurant Alpen tower (Planplatten)
Berggasthaus Tannalp (Übernachtung möglich)
Hotel Engstlenalp (Übernachtung möglich)

VAL DE TRAVERS
KANTON NEUENBURG

URSPRÜNGLICH ALS HEILMITTEL GEDACHT, WURDE DER ASPHALT MIT DEN JAHREN IN DIE GANZE WELT EXPORTIERT. ZAHLEICHE TROTTOIRS, PLÄTZE UND STRASSEN WURDEN MIT DEM ASPHALT AUS LA PRESTA VERSEHEN, DAZU GEHÖRTE AUCH DIE AVENUE DES CHAMPS-ÉLYSÉES IN PARIS. DIE BEWOHNER DER STÄDTE, ZUERST KRITISCH GEGENÜBER DEM NEUARTIGEN STRASSENBELAG EINGESTELLT, SCHÄTZTEN SCHON BALD DIE STAUBFREIEN STRASSEN UND DIE RUHIGE FAHRT IN DER KUTSCHE.

ASPHALTMINE LA PRESTA

BESICHTIGUNG: GEFÜHRTE BESICHTIGUNGEN ZU DEN ABBAUSTELLEN MÖGLICH:

- STOLLEN
- MUSEUM
- SHOP
- SCHINKEN IM ASPHALT

ABGEBAUTE ROHSTOFFE: ASPHALT

Oben: Einzelne Lore neben einer Drehscheibe bei einer kleinen Abbaustelle. Fehlte der Platz für den Einbau einer Weiche, dann wurden gerne solche Drehscheiben eingesetzt.

Rechte Seite, oben: Einer der im Bergwerk eingesetzten Untertage-Fahrlader.
Rechte Seite, unten: Blick ins «Cockpit» des Untertage-Fahrladers. Mit der Übernahme des Bergwerks durch das englische Strassenbauunternehmen TAMRAC wurden diese bulligen Schaufellader mit Dieselantrieb eingesetzt.

ASPHALTMINE LA PRESTA

Heck des Untertage-Fahrladers, auch liebevoll «Minentrax» genannt.

ASPHALT MIT THERAPEUTISCHER WIRKUNG

Um 1709 wurde «Eriny d'Eriny de Rutzin en Bessarabie, professeur de grec et docteur en médicine» erstmals in Paudex VD aktenkundig, wo er eine Konzession zum Abbau von Kohlen beantragte. Aber lange hielt das Interesse am Kohlenbergbau nicht an, und so besuchte er im Jahr 1711 das Val de Travers auf der Suche nach neuen Rohstoffen, die er abbauen könnte. Anstelle von Kohle fand er bei Couvet bituminösen Kalkstein. Diese erste Fundstelle lag auf der Nordseite des Tals bei Combe-Bayon. Bis er vom Staat die Konzession zum Abbau erhielt, experimentierte Eriny drei Jahre lang mit selber hergestelltem «Asphaltezement». Als er dann die Konzession erhielt, begann er das bituminöse Gestein im Tagbau zu gewinnen. Zum einen produzierte er seinen «Asphaltzement». Fasziniert von der therapeutischen Wirkung des Asphalts, entwickelte er zum anderen heilkräftige, desinfizierende und schädlingsbekämpfende Öle daraus. Die erste Abbaustelle wurde bis 1812 ausgebeutet. Etwa ab dem Jahr 1830 fand der Abbau an einer zweiten Fundstätte bei La Presta, auf der Südseite des Tals, statt. Diese zweite Lagerstätte wurde aber schon bald im Untertagebau betrieben und war weitaus ergiebiger. Das Bergwerk wechselte mehrmals den Besitzer, ehe es 1873 in den Besitz eines englischen Unternehmens, der Neuchâtel Asphalte Company Ltd. (NACO) überging (Spycher 1994).

In London, Paris und zahlreichen französischen Orten wurde begonnen, die Trottoirs, Fahrbahnen und Brücken mit Asphalt zu versehen. Die ersten Versuche waren noch etwas unglücklich, viele Passanten und Anwohner beklagten sich über die stinkenden Asphaltkocher. Doch es wurde auch die ungewohnte Staubfreiheit und die ruhige Fahrt mit der Kutsche genossen.

Die Asphaltmine in La Presta exportierte ihre Produkte in die ganze Welt, bis der Betrieb im Jahr 1986 eingestellt werden musste. 1987 wurde das Bergwerk als touristische Attraktion im Val de Travers wieder eröffnet.

AUS DEM BETRIEBSGEBÄUDE WURDE EIN MUSEUM

Das Besucherbergwerk La Presta empfängt heute jährlich im Durchschnitt 22 000 Besucher. Im alten Betriebsgebäude ist ein Museum eingerichtet und im Jahr 2022 konnte die Ausstellung «Les Mines» eingeweiht werden. Sie ermöglicht es dem interessierten Besucher durch sechs spielerische und interaktive Experimente die Entstehung der Asphaltlagerstätte La Presta verstehen zu lernen.

FÜHRUNGEN

Infos zu den Führungen im Bergwerk sind auf der Webseite zu finden.

Kontakt
Mines d'Asphalte
Route de la Mine 1, 2105 Travers
Telefon: +41 (0) 32 864 90 64
Mail: info@gout-region.ch
Webseite: www.mines-asphalte.ch

Oben: Mehrere gefüllte Loren stehen zum Abtransport bereit. **Unten:** Zweiteilige Stahlformen, in welche das flüssige Mastix gegossen wurde. Mastix bestand aus Asphaltrohmehl, Trinidat-asphalt, Mineralöl und – je nach Anwendung – mit einem Zusatz von Sand.

DARDAGNY
KANTON GENF

1769 SOLLTE EINE GESELLSCHAFT ZUM ABBAU MÖGLICHER KOHLENVORKOMMEN GEGRÜNDET WERDEN. ES WURDEN ZAHLREICHE SONDIERSCHÄCHTE ABGETEUFT, OHNE EINE SPUR VON KOHLEN ZU ERSCHLIESSEN. DAFÜR BEGANN IN DEN SCHÄCHTEN DAS ERDÖL VON DARDAGNY ZU SPRUDELN. DAS ERDÖL UND DIE BITUMINÖSEN SANDE WURDEN ZU ASPHALT, SCHMIERSTOFFEN UND SPEZIALÖLEN VERARBEITET.

ERDÖLQUELLE DARDAGNY

BESICHTIGUNG: DIE ERDÖLQUELLE IM WALD «GRAND BOIS DE ROULAVE» IST NICHT LEICHT ZU ENTDECKEN, ABER MIT DEM RICHTIGEN FORSCHERGEIST UND ETWAS GLÜCK SOLLTE SIE AUFFINDBAR SEIN:

- ÖLQUELLE
- STOLLEN
- GOLDWASCHEN

ABGEBAUTE ROHSTOFFE: ERDÖL

Oben: Der Wanderweg führt an zahlreichen kleineren Stollen im ölhaltigen Sandstein vorbei (Punkt 2).
Rechte Seite: Das malerische Tobel des «Roulave» bietet an heissen Sommertagen eine angenehme Abkühlung.

Oben: Erdölaustritt im Sandstein des Sondierungsstollens (Punkt 3).
Rechte Seite, oben: Sondierungsstollen am Roulave mit zahlreichen Erdölaustritten (Punkt 3).
Rechte Seite, unten: Ein weiterer Sondierungsstollen bei Punkt 4. Schwach ist auch hier eine Erdölimprägnation des Sandsteins in den Diagonalschichtungen zu sehen.

ERDÖLQUELLE DARDAGNY

Rechte Seite, oben: Ölsand am Roulave bei den obersten Stollen (Punkt 2). Der Stock von Hartmann (Geologe) zeigt auf eine «Ölausschwitzung».
Rechte Seite, unten: Situationsplan der Erdölsondierungen beim Nant Punais im «Grand Bois de Roulave» (Punkt 1).

KOHLE GESUCHT – ERDÖL GEFUNDEN

1769 wollte Jean-Philippe Horneca aus Dardagny eine Gesellschaft zum Abbau möglicher Kohlenvorkommen in der Molasse von Dardagny gründen. Er hielt die bituminösen Spuren im Molassesandstein für ein Indiz für das Vorkommen von Kohle. Es wurden zahlreiche Sondierungsarbeiten ausgeführt, ohne ein abbauwürdiges Kohlenvorkommen entdeckt zu haben (Lagotala 1932).

IM SCHACHT SPRUDELT DAS ÖL

Im Jahre 1825 liess ein Genfer namens Tessier bei Dardagny einen Schacht abteufen, in der Hoffnung, auf ein ergiebiges Kohlenflöz zu stossen. Leider stösst er mit seinem Schacht nur auf ölhaltigen, bituminösen Sandstein, ohne eine Spur von Kohlen zu finden. Es wurde beschlossen, die Suche nach Kohlen aufzugeben. Mit dem vierzig Fuss (12 m) tiefen Schacht sollen zwei Ölquellen erschlossen worden sein, und diese wollte Tessier nun mit einem Stollen verfolgen, um das «Erdölbitumen von ausgezeichneter Qualität» zu fördern. Tessier rechnete mit einer Tagesproduktion von dreissig Litern Bitumen (Lagotala 1932).

PLÄTZE UND STRASSEN WURDEN ASPHALTIERT

Ob Tessier sein Vorhaben umgesetzt hat, ist nicht klar überliefert. Aber 1836 soll ein Herr Grenus im «Grand Bois de Roulave» beim Nant-Punais Kessel installiert haben, um das geförderte Bitumen aus dem Sandstein auszukochen.

Von 1836 bis 1839 wurden die bituminösen Sande in Schächten und Stollen entlang des Roulave abgebaut und die gewonnenen Bitumen an die Firma Sandino & Girel SA in Genf verkauft. Im Jahr 1838 verwendete Sandino & Girel SA den Bitumen zur «Asphaltierung» der Markthalle von Corraterie, für die Pflasterung einer Brasserie in Plainpalais und einer Terrasse in Pregny. 1839 soll dann nochmals Asphalt im Fort de l'Ecluse eingesetzt worden sein.

Während dieser Zeit soll die Ausbeutung eine bescheidene Rendite abgeworfen haben., Dennoch wurde der Betrieb schon bald darauf eingestellt und das Öl von Dardagny geriet in Vergessenheit (Lagotala 1932).

WIEDER KEINE KOHLE – ABER EINE MENGE ÖL

1841 soll bei Pont des Granges ein dickes Kohlenflöz entdeckt worden sein. Dieses versuchte man 1850 weiter unten am rechten Ufer des Allondo, gleich unterhalb des Eisenbahnviaduktes, mit einem 36 m tiefen Schacht anzufahren.

Leider wurde keine Kohle gefunden, aber der Ölaustritt war so stark, dass im Schacht eine künstliche Belüftung nötig wurde, um nicht zu ersticken (Lagotala 1932).

UND SCHON WIEDER KEINE KOHLE

1868 wird Antoine Gaillard eine Konzession zum Abbau von Kohlen erteilt. Aber auf das 1841 erwähnte Kohlenflöz bei Pont des Granges findet er keinen Hinweis. Umso mehr beginnen ihn die bituminösen Spuren zu interessieren, die er bei seinen Sondierungsarbeiten bei Pont des Granges gefunden hatte.

Ein Apotheker aus Genf zeigte grosses Interesse an den Bitumen zur Verwendung als medizinische Heilmittel. Wie die Konzessionäre, so wechselten auch die Verwendungszwecke in rasantem Tempo – vom Schmierstoff für Wagenräder bis hin zum speziellen Öl für die Uhrenindustrie wurde alles hergestellt, was sich verkaufen liess.

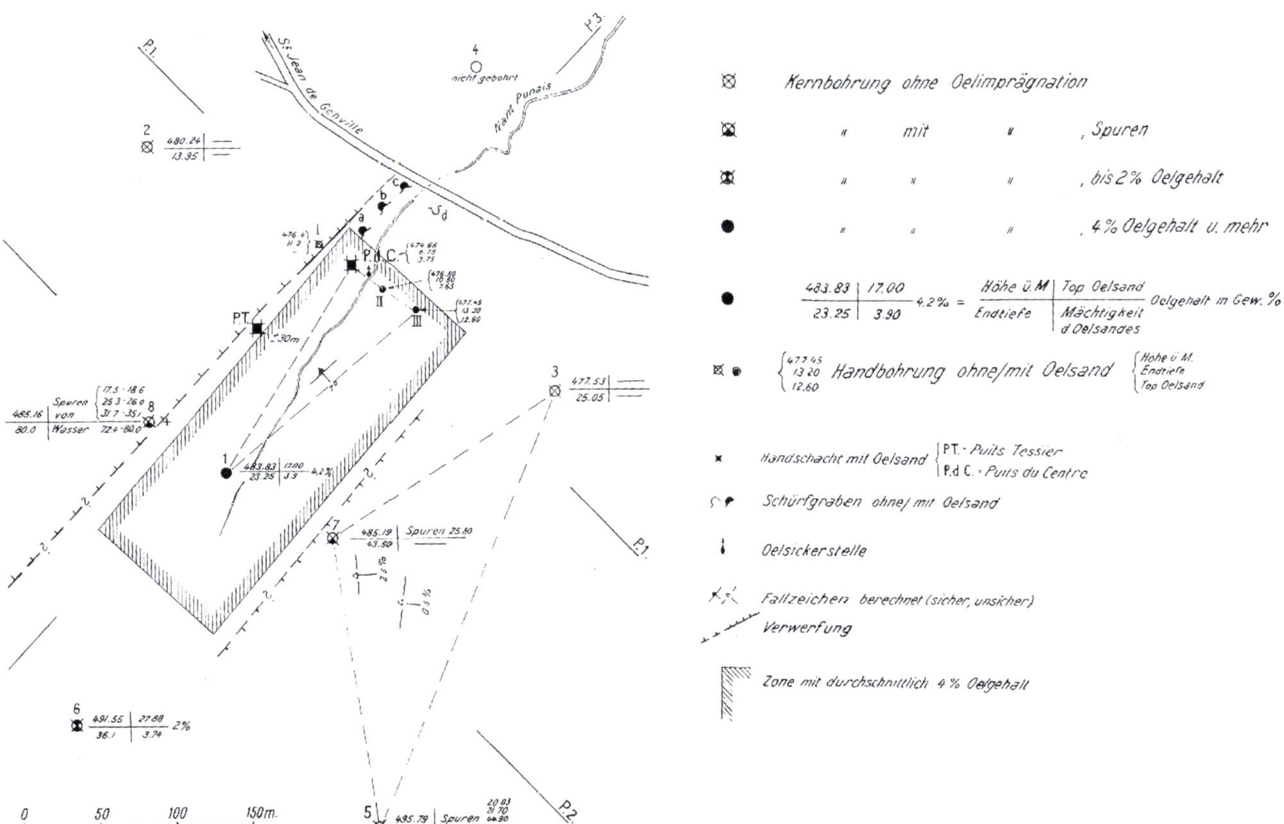
St. Jean de Genville
Nant Punais
4 nicht gebohrt
P.1.
P.2.
P.3.
P.T.
P.d C.
0 50 100 150m.
Kernbohrung ohne Oelimprägnation
" mit " , Spuren
" " " , bis 2% Oelgehalt
" " " , 4% Oelgehalt u. mehr
483.83 | 17.00 / 23.25 | 3.90 4.2% = Höhe ü. M | Top Oelsand / Endtiefe | Mächtigkeit d. Oelsandes Oelgehalt in Gew. %
477.45 13.20 12.60 Handbohrung ohne/mit Oelsand Höhe ü. M. Endtiefe Top Oelsand
Handschacht mit Oelsand P.T. - Puits Tessier P.d C. - Puits du Centre
Schürfgraben ohne/mit Oelsand
Oelsickerstelle
Fallzeichen berechnet (sicher, unsicher)
Verwerfung
Zone mit durchschnittlich 4% Oelgehalt

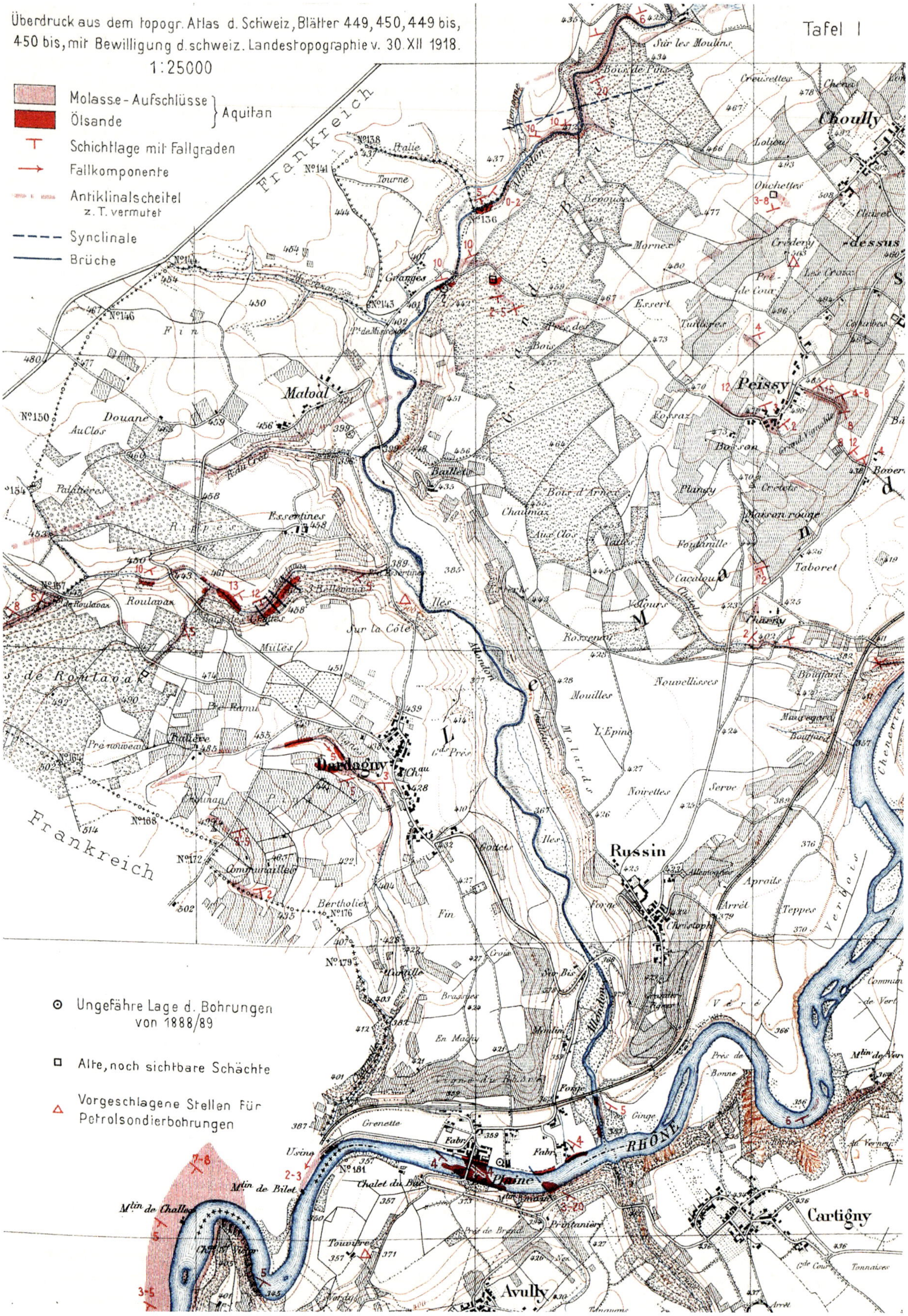

Karte der ölführenden Molasse bei Dardagny.

Oben links: Erdölausschwemmung im Bach Nant Punais im «Grand Bois de Roulave».
Oben rechts: Im Jahr 2015 wurden bei Dardagny etwa 0.00007 Barell Erdöl gefördert (Punkt 1).
Unten: Ölausschwitzung in der Stollenwand des oberen Sondierstollens bei Punkt 3.

MIT DER INDUSTRIALISIERUNG STIEG DAS INTERESSE AM ERDÖL

Es tauchten immer wieder Gesellschaften auf, um Bergbau bei Dardagny zu betreiben. Glück hatte keine davon: Selbst jene, die mit viel Elan und gewissenhaften Sondierungsarbeiten zu Werke schritten, mussten früher oder später Konkurs anmelden.

In Folge des Ersten Weltkrieges und der damit zusammenhängenden Rohstoffknappheit rückten die Ölvorkommen bei Dardagny in den Fokus der Wirtschaft.

Arnold Heim und Adolf Hartman führten erstmals eine umfassende geologische Untersuchung über die «petrolführende Molasse der Schweiz» durch. Die beiden kamen aufgrund ihrer Forschungsresultate zur Ansicht, dass die Aussichten auf eine rentable Erdölgewinnung im Kanton Genf nicht glänzend, aber keineswegs hoffnungslos seien. Die Vorschläge zur Durchführung von weiteren Sondierungen kamen nicht zur Ausführung, da nach Beendigung des Ersten Weltkrieges das Interesse für Erdölaufschlüsse in der Schweiz stark schwand (Heim & Hartmann 1919).

DIE HOFFNUNG STIRBT ZULETZT

Im Zuge der erdölgeologischen Untersuchungen von Althaus und Rickenbach wurden auch bei Dardagny erneut Sondierungen durchgeführt. Ein besonderes Augenmerk wurde den bituminösen Sanden bei Nant Punais geschenkt. Zahlreiche Bohrungen, zwei kleine Schächte und Schürfgräben ergaben ein genaues Bild der vorliegenden Ölsande, mit dem Ergebnis, dass sich ein bergmännischer Abbau nicht lohnen würde (Althaus & Rickenbach 1947).

GEGENWART

Heute sind die meisten Spuren des historischen Bergbaus in der Region von Dardagny wieder verschwunden. Wo früher einmal Bergbau betrieben wurde, da wurde wie überall abgerissen, eingeebnet, aufgefüllt und rückgebaut. In gewisser Weise auch verständlich, handelt es sich doch um wertvolles Kulturland. Wenigstens sollte uns die Tatsache etwas trösten, dass in Dardagny auf dem Kulturland ein flüssiges Gold für unsere Gaumen wächst und gedeiht. Dardagny ist eine wichtige Weinregion des Kantons Genf und ein Besuch des kleinen Ortes lohnt sich auf jeden Fall.

WANDER TIPP

KLEINE EXKURSION ZUR ERDÖLQUELLE BEI DARDAGNY

Leider liegen der Stollen und die Schürfungen bei Les Granges etwas abseits vom Rest. Für den bequemen Forscher ist es auch möglich, mit dem Auto in die Nähe aller Abbaustellen zu fahren und den Rest zu Fuss zu gehen.

Die von mir empfohlene Variante wäre das Abstellen des Autos auf dem Parkplatz der Lokalität «Vers l'Eglise». Von dort führt der Weg entlang dem Allondo hinunter bis zur Abbiegung in Richtung des «Le Rouvale». Von hier aus geht es dann durch das grüne Tal des Rouvale hinauf zu den alten Stollen. Nach etwa 800 m erreicht man einen Picknickplatz auf der linken Seite des Rouvale. Auf der gegenüberliegenden Seite befindet sich der erste Stollen. Früher befand sich hier eine Holzbrücke, über welche sich der Stollen gut erreichen liess. Leider wurden die Wege im Tal des Rouvale in letzter Zeit etwas vernachlässigt. Die Brücke ist in schlechtem Zustand und vermutlich nicht mehr lange zu benutzen, so dass der interessierte Entdecker den Bach queren muss (Vorsicht beim Wasserfall). Die Stollen weiter oben sind ohne grosse Probleme zu erreichen, aber auch hier muss für den Stollen Nr. 6 der Rouvale überquert werden.

Bis zur Ölquelle am Nant Punais ist es nun noch eine Viertelstunde. Die Quelle befindet sich dem Bach ent-

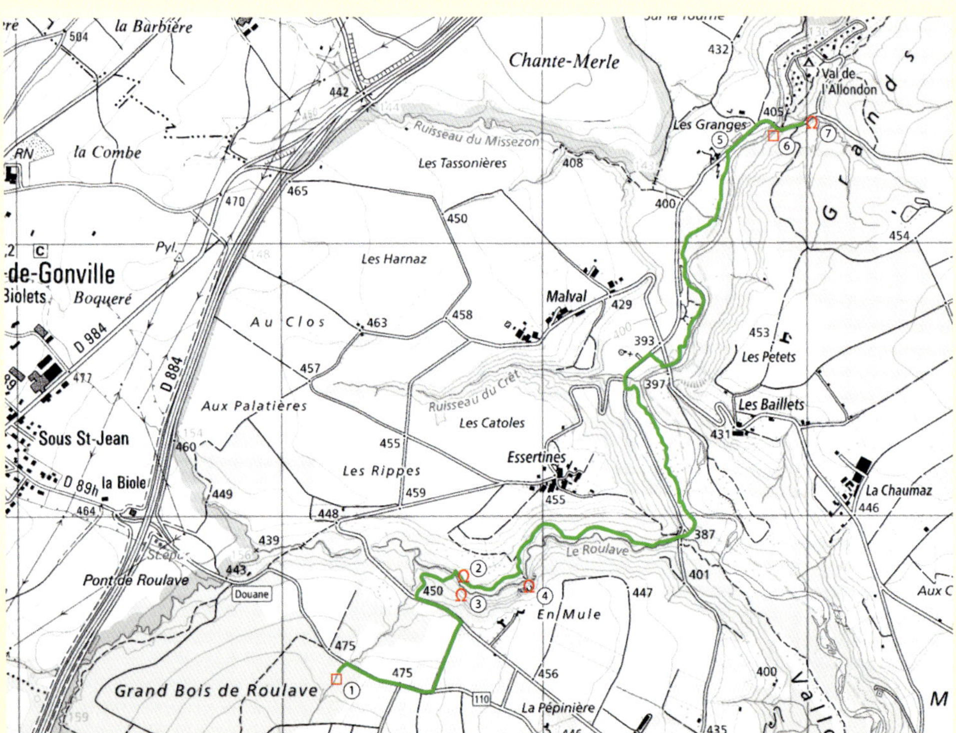

Sichtbare Stollen: Nr. 2, 3, 4, 7.
Restaurant: Nr. 5.
Ehemalige Schächte: Nr. 1, 6.

Linke Seite: Dardagny, ein romantisches Weinbau-Dorf.
Oben: Brücke bei Les Granges, hier befand sich ein Sondierschacht (Punkt 6).
Unten links: Dardagny hat eine wundervolle Flora und Fauna zu bieten.
Unten rechts: Sondierstollen (Punkt 3).

lang etwa 65 m von der Strasse entfernt. Am rechten Ufer (Fliessrichtung beachten) befindet sich eine flache Stelle, die einen alten Schacht markiert. Am gegenüberliegenden Ufer tritt das Öl in schwarzen Schlieren aus dem Boden und bildet auf dem Wasser des Nant Punais bunt schillernde Farbmuster. Von hier aus geht es wieder zurück zur «Vers l'Eglise»; es gibt verschiedene Routen, die man gehen kann.

DAS GOLD VOM ALLONDO

Der Allondo ist ein beliebtes Naherholungsgebiet und lädt zum gemütlichen Verweilen ein. Bitte zu beachten sind die vor Ort geltenden Richtlinien des Naturschutzes usw.

Wer also noch etwas Zeit übrig hat, sollte auf der Höhe der «Vers l'Eglise», in der Kehre des Allondos, nach Gold suchen. Wer vorsichtig etwas Kies (nicht zu tief, um von der natürlichen Konzentration durch den Regen zu profitieren) in der Pfanne wäscht, sollte am Abend ein paar kleine Flitter mit nach Hause nehmen können.

Durchführung der Wanderung: Ganzjährig, bei trockener Witterung.

Voraussetzung: Die Erdölstollen befinden sich entlang des «Roulave» und sind bedenkenlos zu befahren. Der Zugang kann etwas rutschig sein; es empfiehlt sich, gutes Schuhwerk zu tragen.
Die Teilnehmer sollten trittsicher sein.

Ausrüstung: Gute, wasserdichte Schuhe, Taschenlampe, Goldwaschpfanne, Picknick.

Unbedingt zu beachten: Beim Goldwaschen die Fischschonzeiten beachten!

MINE DU BOUILLET
GALERIE
DU BOUILLET
1726–1729
1810–1823
15
BEX
KANTON WAADT

FONDATION DES MINES DE SEL DE BEX

DIE VERSCHIEDENEN SALINEN IM WAADTLÄNDER CHABLAIS HABEN Z. T. EINE MEHRERE HUNDERT JAHRE LANGE GESCHICHTE. BIS ZUR HELVETISCHEN REVOLUTION WURDEN DIE SALINEN DURCH DIE BERNER HERRSCHAFT BETRIEBEN UND AN PRIVATPERSONEN VERPACHTET. NACH DER UNABHÄNGIGKEIT ÜBERNAHM DER KANTON WAADT DEN ABBAU. DIE ENTDECKUNG DER SALZLAGERSTÄTTEN BEI BASEL FÜHRTE DAZU, DASS DER STAAT SICH AUS DER FÜHRUNG DES UNTERNEHMENS ZURÜCKZOG UND EINE PRIVATE GESELLSCHAFT DEN ABBAU DER SALINEN VON BÉVIEUX UND DÉVENS MIT MODERNEM GERÄT ÜBERNAHM. TROTZ ZAHLREICHER AUFS UND ABS BLIEB DIE SALZFÖRDERUNG IN BÉVIEUX BIS HEUTE ERHALTEN.

MINES DE SEL DE BEX

BESICHTIGUNG: FÜHRUNGEN ALS EINZELPERSON ODER GRUPPE MÖGLICH:
- BESUCHERBERGWERK
- STOLLENBAHN
- SALZ-SHOP
- EXKURSIONEN IN DEN HISTORISCHEN TEIL

ABGEBAUTE ROHSTOFFE: SALZ
ELEMENTE (LAGERSTÄTTE): NATRIUM, BLEI, ZINK, SCHWEFEL
MINERALIEN (LAGERSTÄTTE): HALIT, GALENIT, SPHALERIT

Oben: Der Zug steht im Bahnhof bereit zur Abfahrt.
Rechte Seite: Diese in den Felsen geschlagene «Wendeltreppe» in der Abbauzone Bouillet ist geprägt von den zahlreichen Besuchern.

Folgende Doppelseite: Blick durchs Bergwerk hinauf zum Saal Alexander Dumas. Der Saal eignet sich hervorragend für Konferenzen, Seminare oder Schulungen. Zusätzlich kann ein Rundgang durchs Bergwerk gebucht werden.

Linke Seite: Der grosse «Salle des Cristaux» in der Abbauzone Bouillet gehört zum Rundgang durch das Besucherbergwerk.

Unten: Blick hinunter in die Tiefen des «Bouillet-Schachts». Um hinunter zur Sohle in einer Tiefe von 215 m zu gelangen, wurden 49 Leitern und zahlreiche Zwischenböden eingebaut. Der Schacht verläuft im tauben Gestein, ohne wie erhofft neue ergiebige Salzquellen zu erschliessen.

Oben: Die in Europa einmalige Produktionsanlage des «Fleur des Alpes» im Herzen der Berge.
Unten: Hier reift der schmackhafte Gruyère.

Rechte Seite: Dieser kleine «Salzdom» wurde 1788 von Hand in den Felsen geschlagen und diente später als Zugang zum grossen Reservoir, welches nach der damaligen Kaiserin von Frankreich «Marie-Louise» getauft wurde. An den Wänden ist eindrücklich die Abfolge der Sedimentation zu erkennen.

MINES DE SEL DE BEX

Von 1924 bis 1977 war die Bohrmaschine «Peine» im Bergwerk Bex im Einsatz.

SALZHALTIGE QUELLEN

Die schwach salzhaltigen Quellen (30 bis 50 g/l) von Panex oberhalb Ollon und von Fondement unterhalb Villars waren vermutlich schon seit prähistorischer Zeit bekannt, nur wurden bis anhin keine Spuren einer solchen Nutzung gefunden. Neben dem Menschen nutzten auch die Tiere der Umgebung, vor allem Ziegen, diese salzhaltigen Quellen.

Nach einer Legende bemerkte ein junger Ziegenhirte, dass seine Tiere besagte Quellen bevorzugten. Neugierig geworden, trank er ebenfalls von diesen Quellen und empfand das Wasser als leicht salzig. Daraufhin kochte er einen Kessel voll Quellwasser, welches beim Verdampfen eine salzige Kruste am Kesselboden hinterliess (Clavel 1986). Im 15. Jahrhundert besassen die Menschen noch keine genaue Vorstellung von Geologie und dem Aufbau des Untergrundes. Gnome, Kobolde und Feen, so glaubte man, hüteten über die Schätze im Untergrund.

Sicher überliefert ist die Tatsache, dass die Berner, welche seit 1475 die waadtländischen Gebiete besetzt hatten, diese Quellen kannten, aber die Nutzung der lokalen Bevölkerung überliessen (Weidmann 2006).

ENORMER HOLZVERBRAUCH

Die «Excellence de Berne» nahmen sich als Besitzer der Territorien das Recht, für die Erschliessung dieser Quellen und die Gewinnung des Salzes Konzessionen an die Waadtländer zu vergeben. Die Stollen zur Fassung der salzhaltigen Quellen hatten im Schnitt eine Höhe von 1,6 m und eine Breite von 0,6 m. Diese Stollen wurden von Hand mit Schlägel und Bergeisen vorgetrieben (Schrämen). Durchschnittlich betrug der Vortrieb dieser Stollen 3 bis 5 m pro Monat. Das salzhaltige Wasser der so gefassten Quellen wurde mittels Lärchenrohren (ausgehöhlte und zu Leitungen zusammengesteckte Lärchenstämme) zu den Salinen von Panex, Roche, Aigle und Bévieux bei Bex (erbaut 1680) geleitet. In grossen Kesseln wurde die Sole (salzhaltiges Wasser) durch Verdampfung aufkonzentriert. Sobald die Salzkonzentration 300 g/l erreicht hatte, begann die Kristallisation des Salzes. Der Holzverbrauch war damals enorm und die Salzproduktion unzureichend. (Weidmann 2006).

FALSCHE VORSTELLUNGEN

Mit der immer intensiver werdenden Nutzung begannen die Quellen zu versiegen. Zur damaligen Zeit war das Wissen über den Untergrund noch nicht sehr umfassend und es wurde angenommen, dass sich im Berginnern ein grosser Hohlraum befand, der als «Cylindre» bezeichnet wurde und welcher das Salzwasser enthielt. Da nun die Quellen zu versiegen drohten, ging man davon aus, dass der «Cylindre» nur tiefer unten angebohrt werden musste, um das salzhaltige Wasser wieder abfliessen zu lassen.

Rund ein halbes Jahrhundert lang versuchten die Berner nun, die Quellen in der Tiefe zu erschliessen. So begann im Jahr 1686 die Zeit der «Abtragungen», in welcher ziellos tiefe Schächte und ein Labyrinth von Treppen und engen Stollen in den Berg getrieben wurden (Clavel 1986).

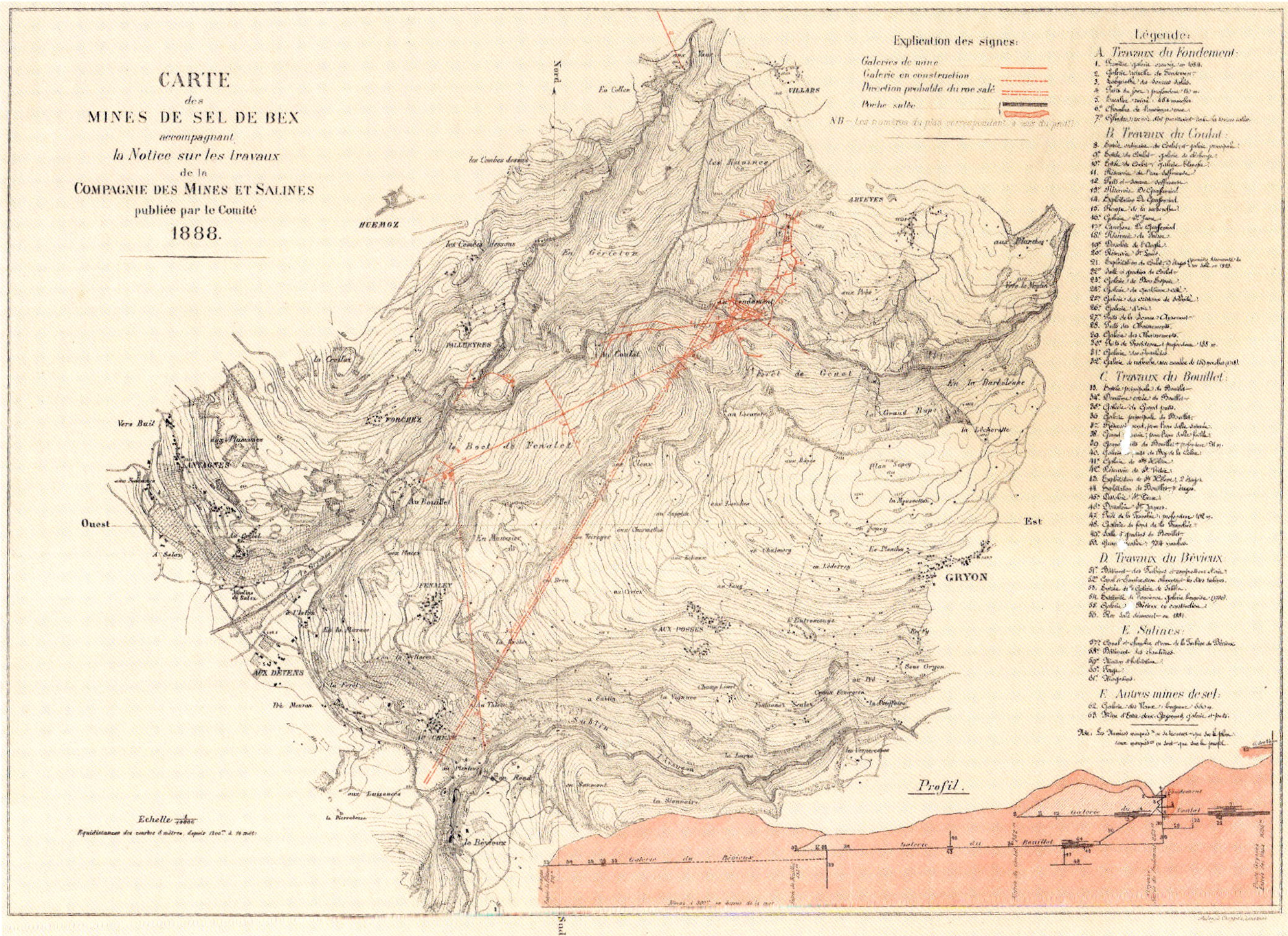

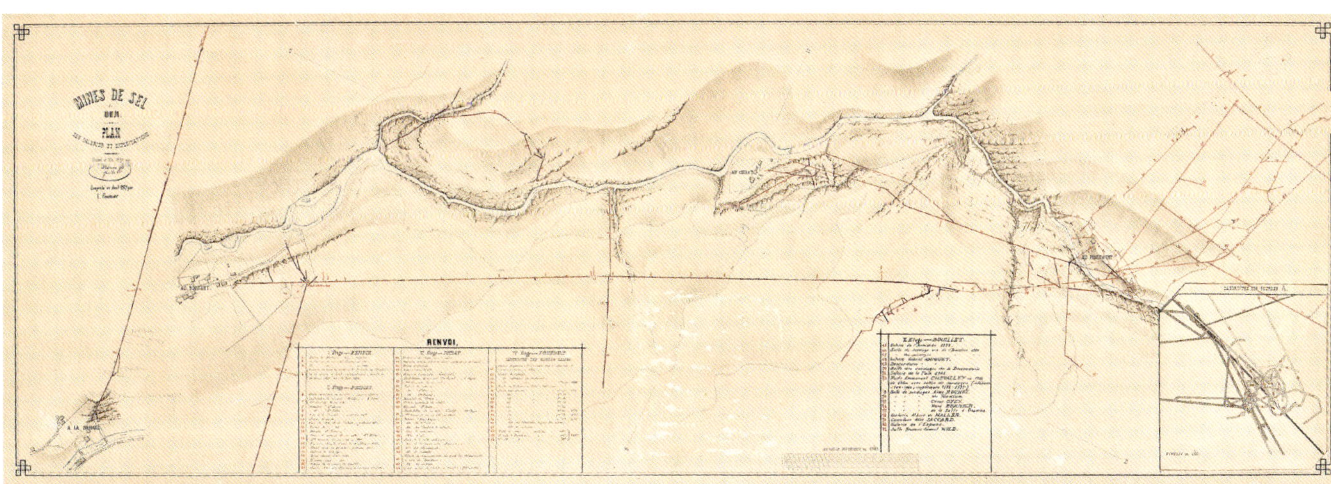

Oben: Situationsplan zu den Arbeiten im Bergwerk Bex und Umgebung.

Unten: Situationsplan der Stollen im Bergwerk Bex von 1894 bis 1979.

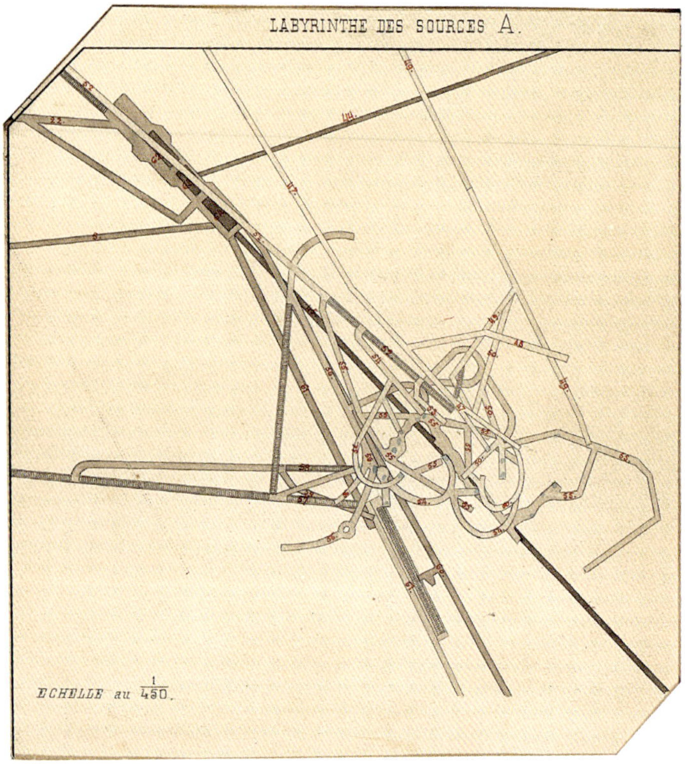

Links: Das «Labyrinthe», ein verrücktes Wirrwarr von schmalen, auf- und absteigenden, drehenden und sich auf mehreren Etagen kreuzenden Stollen, in welches sich selbst die Bergmänner nur mit äusserster Vorsicht begeben. Ein raubbaumässig angelegtes Stollensystem ohne jegliches System oder logisches Konzept.
Rechte Seite: Das Betriebsgebäude der Saline Bex in Bévieux. Das Foto wurde 1918 in «La Patrie Suisse» veröffentlicht.

GRADIERWERKE ENTSTEHEN

Um Brennholz zu sparen, wurden ab Mitte des 18. Jahrhunderts Gradieranlagen aufgestellt. Über diese bis zu 6 m hohen Gerüste, die mit einem Dach versehen, seitlich offen waren und in welchen Strohballen oder Schwarzdorn-Reisigbündel montiert waren, wurde nun das salzhaltige Wasser geführt. Dabei verdunstete ein Teil des Wassers im Wind und es fand eine Konzentration des Salzgehaltes ohne Erhitzen statt. Nach mehrmaligem Wiederholen dieses Vorgangs erhielt man eine zehnmal höhere Konzentration und benötigte zum Verdampfen des restlichen Wassers eine bedeutend geringere Holzmenge.

Aus Kostengründen beschloss Bern im Jahr 1797, die Salinen von Panex, Aigle und Roche wegen der grossen Entfernung zu den salzhaltigen Quellen aufzugeben und dafür ein Werk in Les Dévens zu eröffnen. Gleichzeitig spielte es aber mit dem Gedanken, den gesamten Betrieb der Salzgewinnung einzustellen (Clavel 1986).

TROTZ NEUER ABBAUMETHODEN KOMMT ES ZUR SCHLIESSUNG

Aber der Ausbruch der Helvetischen Revolution verhinderte die Schliessung durch die Berner und das nun unabhängige Waadtland entschloss sich dazu, den Betrieb selber fortzusetzen. Der neue Direktor, Jean de Charpentier, führte eine neue Abbautechnik ein, indem er durch Schwarzpulver salzhaltiges Gestein aus dem Berg sprengen und grosse Kammern im wasserundurchlässigeren Anhydrit graben liess. In diese Kammern wurde das salzhaltige Gestein gebracht und die Kammern wurden mit Wasser geflutet, um das Salz zu lösen. Die hohe Salzkonzentration, die so erreicht wurde, erübrigte die Gradierwerke und die Sole konnte direkt in den Pfannen erhitzt werden.

Das Schicksal meinte es nicht gut mit Bex, denn im Jahr 1836 wurde in Basel eine grosse Salzlagerstätte entdeckt und die Ausbeutung dieser gestaltete sich viel einfacher als in Bex. Erschwerend kam noch hinzu, dass mit dem Bau der Eisenbahn die Transportkosten sanken und somit auch grosse Mengen an ausländischen Rohstoffen billiger importiert werden konnten. Im Jahr 1865 beschloss der Staat, den Betrieb der Salinen von Bex einzustellen (Clavel 1986).

GROSSES ELEND IN DER BEVÖLKERUNG

Die Salinen waren in der Region von Bex die einzige grössere Industrie gewesen und das Elend in der Bevölkerung war gross. Es musste etwas unternommen werden und so gründeten vier Bürger von Bex die «Compagnie des Mines et Salines de Bex». 1866 erhielten sie vom Staat die Konzession zur Betreibung der Saline und begannen sogleich mit dem Abbau. Um wirtschaftlicher arbeiten zu können, wurde

eine neue Technik angewandt. Es sollte versucht werden, das Salz direkt aus dem Gestein zu lösen, ohne das Gestein mühsam aus dem Berg zu sprengen.

Wasser der Gryonne wurde in Kavernen geleitet, wo es das Salz direkt aus dem Gestein zu lösen begann. Und weil die Sole schwerer als das eingeleitete Süsswasser war, konnte die salzhaltige Sole vom Grund der Kaverne weggepumpt werden. Auch die Salzsiederei wurde modernisiert, was zum Resultat führte, dass die Saline von Bex wieder konkurrenzfähig war und den Salzbedarf des Waadtlandes decken konnte (Clavel 1986). 1877 wurden die alten Öfen durch ein neues Verfahren der Thermokompression ersetzt. Dabei benutzte man den Piccard-Apparat, eine Erfindung des damaligen Direktors der Papeterie von Bex, Antoine-Paul Piccard, einem Urgrossonkel von Bertrand Piccard. Das Verfahren arbeitet nach dem Prinzip der Wärmepumpe und wird noch heute weltweit zur Gewinnung von Salz eingesetzt (Schweizer Salinen 2023). Der Piccard-Apparat gilt als erste Anlage weltweit, mit welcher das Verfahren der Thermokompression erfolgreich umgesetzt wurde (Wikipedia 2023).

Durch die Wärmerückgewinnung der Thermokompression ergab sich fortan eine erhebliche Energieeinsparung und dank des innovativen Geists der damaligen Leitung konnte innerhalb eines Jahrhunderts durch Erfindergeist und Modernisierung der Salinen die Produktion trotz grosser Energieeinsparungen um ein Zehnfaches erhöht werden.

WASSERKRAFT

Im Jahr 1943 wurde oberhalb von Le Bévieux am L'Avançon ein eigenes Wasserkraftwerk in Betrieb genommen, welches zu einer jährlichen Einsparung von 900 Tonnen Kohlen beitrug (Schweizer Salinen 2023). Die beiden Turbinen des Kraftwerks waren bis am 3. Oktober 2022 in Betrieb, danach wurden sie in den wohlverdienten «Ruhestand» versetzt. Ein letztes Mal schaltete das Betriebspersonal das rund 80 Jahre alte Wasserkraftwerk ab und entleerte die Druckleitung vollständig für den folgenden Umbau (www.saline.ch).

ABBAU MIT BOHRUNGEN

Mit der Erfindung der Kernbohrung, einem Stahlrohr, dessen Krone mit Industriediamanten besetzt ist, konnten salzhaltige Quellen angebohrt werden und gleichzeitig war es den Geologen möglich, ohne den Bau kostspieliger Stollen den Bohrkern aus dem Bohrgestänge zu analysieren und wichtige Informationen über das angebohrte Gestein zu erhalten.

Die letzte Neuerung hielt im Jahr 1960 mit der Erfindung der Injektionsbohrung Einzug. Süsswasser konnte nun in die Bohrlöcher eingeleitet werden und das Salz aus

Oben links: Nur mit einer Laterne ausgerüstet, taucht der Besucher auf dem «Laternen-Rundgang» in die Atmosphäre der Bergmänner von damals ein.
Oben rechts: In der Boutique findet der Besucher eine erlesene Auswahl an köstlichen und regionalen Produkten.
Unten links: Blick in die Taverne du Dessaloir. Der in den Felsen gehauene Bankettsaal eignet sich hervorragend dazu, sich im Herzen der Mine von Bex kulinarisch verwöhnen lassen.
Rechte Seite: Exquisite, im Salzbergwerk gereifte Weine, die in der Boutique erworben werden können.
Folgende Doppelseite: Das grosse Reservoir «Marie-Louise».

dem angebohrten, salzhaltigen Gestein gelöst werden. Diese Technik hat sich bewährt und wird noch heute tief im Innern des Berges dazu eingesetzt, das Salz aus dem Gestein zu lösen (Clavel 1986).

GEGENWART

Obwohl in der Saline von Bex nach wie vor Salz industriell gewonnen wird, ist im Jahr 1984 ein Teil der Stollenanlagen zum Besucherbergwerk ausgebaut worden. 2002 änderte das Unternehmen seinen Namen auf Saline de Bex SA und es wurde die Fondation des Mines de Sel de Bex gegründet, mit der Aufgabe das Kulturelle Gut der Schweizer Salzpioniere zu erhalten und den touristischen Aspekt der Saline de Bex zu fördern. 2014 schlossen sich die Saline de Bex SA und die Vereinigten Schweizer Rheinsalinen unter dem neuen Namen Schweizer Salinen AG zusammen. Seit Januar 2022 sind auch die Tourismusaktivitäten der Mines de Sel de Bex Teil der Schweizer Salinen AG. Die Fondation der Mines de Sel de Bex blieb weiterhin eine selbständige Stiftung. Sie kümmert sich um die Bewahrung des Salz-Erbe und der historischen Artefakte sowie Archive. Auch wissenschaftliche oder kulturelle Anlässe werden durch die Stiftung durchgeführt.

Das beliebte Salzbergwerk ist traditionell ein touristischer «Hot Spot» im Kanton Waadt, der jährlich von ca. 80 000 Personen besucht wird. Verschiedene Attraktionen und Angebote wie eine kleine, 2010 in Betrieb genommene Produktionsstätte, in welcher «Sel à l'Ancienne» mit einer Produktionsmenge von 3 Tonnen pro Jahr hergestellt wurde. Seit 2018 erfolgt darin nun die Gewinnung des Schweizer Premium Salzes «Fleur des Alpes», (www.salz.ch/de/unsere-geschichte). Die Gewinnung und Herstellung, sowie die Verpackung des einzigartigen Fleur des Alpes findet heute vollständig untertage im Bergwerk Bex statt. Die Besucher können auf ihrer Tour den aufwändigen Prozess verfolgen. Mittlerweilen werden in dieser europaweit einmaligen Produktionsstätte 15 Tonnen pro Jahr produziert (www.salz.ch/de/unsere-geschichte). Mit der Erweiterung und Inbetriebnahme des Wasserkraftwerks im Herbst 2023, wird der gesamte Energiebedarf der Saline in Bex durch grünen Strom gedeckt und ein allfälliger Stromüberschuss wird ins Netz zurück gespiesen. Auch wenn die Saline de Bex SA eine eher kleine Salzgewinnungsanlage ist, gehört sie zu den modernsten Anlagen Europas (www.saline.ch).

TOURISTISCHE HIGHLIGHTS

Eine faszinierende Welt eröffnet sich den Besuchenden im Untergrund des Salzbergwerks, die bei einer konstanten Temperatur von 18 °C bequem entdeckt werden kann. Die Guides «ent»-führen sie kompetent in das Reich des Alpensalzes, einer einmaligen Geschichte menschlicher, industrieller sowie gastronomischer Highlights. Auf dem Weg durch das Bergwerk sehen die Besuchenden, wie der schmackhafte Gruyère reift und es wird die in Europa einmalige Produktionsanlage des «Fleur des Alpes» besichtigt. Wem die normale Führung nicht genügt, dem wird mit den «TrekkMines» ein unvergessliches Abenteuer in den Tiefen der historischen Stollen des Bergwerks von Bex angeboten. Begeben Sie sich in die teilweise engen und niedrigen Stollen und die alten Abbaustätten. Fühlen Sie sich mit Helm und Lampe ausgerüstet wie ein Mineur aus früheren Zeiten. Nach solchen Touren kann der Hunger schon mal gross sein und so kann auf Anfrage das Abenteuer bei einem gemütlichen Raclette in der «Taverne du Dessaloir» abgeschlossen werden. Events im Untergrund? Kein Problem bei angenehmer Temperatur und dezenter Beleuchtung in den beiden Kavernen «Taverne du Dessaloir» und «Salle Alexandre Dumas». Ein Event, der Ihren Gästen sicher lange in Erinnerung bleiben wird, ob bei einem Seminar oder einem kulinarischen Ereignis, das vom Mineur-Apéro über Cocktails und Raclette bis hin zum Gourmet-Dinner reicht. Zum eindrücklichen und mit viel Liebe zum Detail eingerichteten touristischen Teil des Salzbergwerks gehört auch ein Shop, in welchem die zahlreichen verlockenden Produkte rund um das Schweizer Alpensalz von Bex angeboten werden.

FÜHRUNGEN

Infos zu den Führungen im Bergwerk sind auf der Webseite zu finden.

Kontakt

Mines de Sel de Bex
Route des Mines de Sel 55
1880 Bex – Le Bouillet
Telefon: +41 (0) 24 463 03 30
Mail: info@mines.ch
Webseite: www.mines.ch

ALP PLEX
KANTON WALLIS

KOHLEN-BERGWERK COLLONGES

EINES DER ÄLTESTEN KOHLENBERGWERKE DES KANTONS WALLIS. EIN ERSTER GEREGELTER ABBAU EINER KOHLE MIT KLEINEM «MANKO» BEGANN ABER ERST UM 1800. DAS GELÄNDE WAR EXTREM UNWEGSAM UND DER ABBAU DER KOHLE GESTALTETE SICH SEHR AUFWÄNDIG.
ES WURDEN TEURE INSTALLATIONEN EINGERICHTET UND KONZESSIONEN GINGEN AUF DUBIOSEN WEGEN ZU BESITZERN, DIE DANN ABER DEM BERGBAU ZU WENIG ENGAGEMENT SCHENKTEN.

BESICHTIGUNG: DIE STOLLEN SIND HEUTE NUR NOCH SCHWER ZUGÄNGLICH UND ES WIRD DEM LAIEN DRINGEND VON EINER BEFAHRUNG ABGERATEN.

ABGEBAUTE ROHSTOFFE: ANTHRAZIT

Vorangehende Doppelseite: Verfallenes Knappenhaus beim Bergwerk auf 991 m ü. M.
Oben: Badewanne im Knappenhaus.

Unten: Gusseiserne Kochstelle im Knappenhaus. Sogar eine komplette Zentralheizung mit zahlreichen Radiatoren war eingebaut worden. Man stelle sich den Aufwand vor: Das Material musste alles vom Tal hinauf zum Bergwerk transportiert werden!

Rechte Seite, oben: Zerstörtes Lorengestell beim Stollen 8.
Rechte Seite, unten: Druckkessel bei der «Station Centrale».

Linke Seite: Im hinteren Bereich des Stollen 5. Kohlenbergwerke können sehr bunt sein.
Unten: In einem Nebengang des Stollen 5 befand sich ein kleines Gesenk mit einer alten Haspel aus Holz. Nachdem die Ränder des Gesenks eingestürzt waren, wurde die Haspel leider zerstört.

KOHLEN BERGWERK COLLONGES

Unten: Tonschiefer mit Farn aus dem Karbon, gefunden neben dem Stollenmundloch 4.
Rechte Seite, links oben: Silo beim Stollen 7. Von hier aus wurde die Kohle durch eine Rohrleitung hinunter zum Silo 8 transportiert.
Rechte Seite, links unten: Silo beim Stollen 8. Gut sichtbar das Geleise und die Rohrleitung von Silo 7. Von hier aus wurde die Kohle mit einer Holzrutsche zur Druckluftzentrale und der Seilbahnstation befördert.
Rechte Seite, rechts: «Station Centrale»; im Hintergrund die Holzrutsche vom Stollen 8 zur Seilbahnstation.

KOHLE (ANTHRAZIT) MIT MANKO

Nach Angaben von Wehrli & Christ (1925) ist das Bergwerk von Collonges eines der ältesten Kohlenbergwerke im Wallis. Ein erster schriftlicher Hinweis auf Kohlen bei Collonges ist auf das Jahr 1780 datiert, aber ohne die Erwähnung eines Abbaus.

Im Jahr 1800 berichteten die Herren Hiard und Curtis von einer schönen Kohle, die aber viel Pyrit (Schwefeleisen) enthielt und deshalb mit leicht bläulicher Flamme verbrannte. Trotz dieses Mankos sei sie aber zum Schmieden geeignet. Ein Jahr später erhielten die beiden eine erste Konzession für die Dauer von einem Jahr. Ob jedoch ein Abbau stattfand, ist nicht überliefert (Wehrli 1925).

UND SCHON BEGINNEN DIE STREITIGKEITEN

Erst 20 Jahre später wurde wieder eine Konzession zum Abbau der Kohlen bei Collonges beantragt. Ein gewisser Delafay hatte Kohlenproben von Collonges erhalten, die beim Schmieden im Feuer ohne bläuliche und stinkende Flammen abbrannten: «il lui manque la substance sulphureuse!»

Doch nun beantragten plötzlich noch zwei weitere Parteien das Recht auf eine Konzession. Es wurden Einsprachen eingereicht und der Fall kam vor Gericht.

Schliesslich erhielt die Firma Hubert Franc & Cie, Glashütte in Monthey, eine Konzession für die Dauer von 30 Jahren.

Die abgebaute Kohle sollte anstelle von Holz zum Kalkbrennen verwendet werden, um so den Verkaufspreis des gebrannten Kalkes um 40–50 % reduzieren zu können.

ERSTE BLÜTEZEIT IM 19. JAHRHUNDERT

Nachdem diese Streitigkeiten «ad acta» gelegt worden waren, erblühte der Bergbau in Collonges ab dem Jahre 1825 und hielt mit einem Unterbruch zwischen 1860 und 1879 bis zur Einstellung des Betriebes im Jahr 1895 an. In dieser Zeit wurde eine beachtliche Menge Kohle (Anthrazit) abgebaut, worüber ein akribisch geführtes «Minenjournal» Aufschluss gibt. Das Bergwerk wurde ab 1884 vom Geologen H. Schardt regelmässig geologisch und bergbautechnisch betreut. Mit 15 fortlaufenden Rapporten wurde ein sehr genaues Bild der damaligen Bergbautätigkeiten angelegt. Laut Fehlmann (1919) gab es im Wallis bis zur damaligen Zeit kein weiteres Bergwerk, welches so umfassend dokumentiert wurde (Fehlmann 1919).

Die steil aufgestellten Flöze waren stark gestört und oft keilte das Flöz vollständig aus. Wurden dann die schwa-

chen Spuren des ausgequetschten Flözes – «Conducteurs» genannt – weiter in den Berg verfolgt, so konnte das Flöz wieder in Form von mächtigen Taschen und Linsen angefahren werden. So war es sehr schwierig, eine Vorhersage zu machen. Der verdrückte Anthrazit konnte in diesen Taschen eine Mächtigkeit von 2 bis 8 m erreichen (Fehlmann 1919).

HALBHERZIGER ABBAU

Im Jahr 1916/17 wurde durch Herrn E. Friedländer der Bergbaubetrieb wieder aufgenommen.

Vorerst wurden die alten Stollen wieder aufgewältigt und befahrbar gemacht, dann wurde mit dem Abbau noch stehen gelassener Reste diverser Kohlentaschen begonnen.

Es musste eine obere Seilbahn erstellt werden, damit die Kohle der oberen Stollen hinunter zur Ladestation der unteren Seilbahn transportiert werden konnte. Weitere Angaben zum Bergbau aus dieser kurzen Periode sind nur spärlich vorhanden.

ÜBERNAHME DURCH KAPITALKRÄFTIGERE GESELLSCHAFT

Mitte März wurde das Bergwerk durch eine besser aufgestellte Gesellschaft, die S.A. des Mines d'Anthrazite de Collonges et Salvan-Vernayaz, kurz ‹Collonges S.A.› übernommen.

Durch das Vorhandensein von grösseren finanziellen Mitteln konnte eine genaue topografische und geologische Aufnahme gemacht werden. Zusätzlich wurde der alte Stollenplan vom Geologen W. Grenouillet überarbeitet und aktualisiert.

WO IST DIE KOHLE?

Wie es schien, waren die in den unteren Stollen erschlossenen Kohlentaschen erschöpft, weshalb sich der Bergbau vorerst auf die oberen Stollen 1 und 0 beschränkte (Christ 1925).

Schon bald wurden weitere Taschen und Linsen angefahren, aber der Abbau dieser Kohle konnte nicht systematisch ausgeführt werden. Der Abbau musste sich der unregelmässigen Form der Taschen und Linsen anpassen. Die steil stehenden Taschen und Linsen mussten mit Aufbrüchen und Gesenken auf ihrer ganzen Breite abgebaut werden. Der nicht sehr standhafte Berg machte zudem einen starken Holzeinbau erforderlich. Der Anthrazit wurde, wenn es die Umstände erforderten, durch kleinere Schüsse gelockert und danach mit der Keilhaue weggeräumt. Grössere Hohlräume wurden versetzt (Fehlmann 1919).

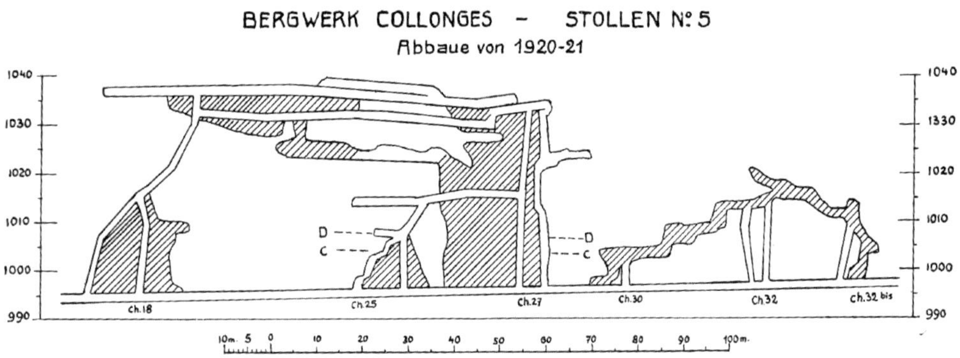

Profil durch den Stollen 5 und die abgebauten Taschen. C/D sind die horizontalen Schnitte durch die mittlere Tasche.

TEURE INSTALLATIONEN

Beim Bergwerk befanden sich eine Baracke mit Unterkünften, Duschen und Kantine für die Bergleute und eine kleine Schmiede.

In den Stollen fand der Transport mittels Décauville-Loren mit 50 cm Spurweite statt. Die Kohle wurde von den oberen Stollen hinunter zur Seilbahnstation bei der Baracke befördert, und von dort aus hinunter ins Tal zur Aufbereitungsanlage.

Die Kohle war sehr brüchig und musste nicht zusätzlich verkleinert werden. In der Aufbereitungsanlage passierte sie ein Schüttelsieb; die zu grossen Stücke wurden von Frauen herausgeklaubt und aussortiert.

Da sich die Stollen auf unterschiedlichen Niveaus befanden und miteinander verbunden waren, war eine natürliche Bewetterung gewährleistet

DAS ENDE WAR ABZUSEHEN

Trotz zahlreicher mächtiger Taschen, die angefahren wurden, wollte sich der Bergbau nicht recht lohnen. Die Taschen waren sehr kompliziert angeordnet, wie das Beispiel der drei Taschen zeigt, welche mit dem Stollen 5 angefahren wurden. Ihre unregelmässigen Formen, mal ein ‹U› bildend, dann wieder ein ‹S›, erschwerte den Abbau um einiges. Und wenn dann das Volumen all dieser Taschen und Linsen mit der gesamten Länge aller aufgeschlossenen Strecken verglichen wird, so ergibt sich eine durchschnittliche Flötzdicke von 20 cm.

So lag es auf der Hand, dass sich bei fallenden Kohlenpreisen nach dem Ende des Krieges der Bergbau in Collonges nicht mehr auszahlte und im Jahr 1921 eingestellt werden musste (Christ 1925).

VOR DER NASE «WEGGESCHNAPPT»

Mit dem Beginn des Zweiten Weltkrieges schnellten die Rohstoffpreise in die Höhe, so dass die einheimischen Rohstoffe wieder in den Fokus der Industrie rückten.

Am 1. April 1941 teilte ein Herr Georges de Perret dem Büro für Bergbau mit, dass er von 1918 bis 1921 im Bergwerk Collonges Direktor war und den Betrieb dort wieder aufnehmen möchte. Ein entsprechendes Gesuch sei bereits an den Kanton Wallis gestellt worden.

Die Antwort kam Ende April: «... Dabei hat sich herausgestellt, dass die Ausbeutungskonzession bereits an den Unternehmer Joseph Dionisotti fest erteilt worden ist ... Herr Dionisotti hat bereits Material für die Aufnahme des Betriebes in Collonges bereitgestellt ...».

NUR UNGENÜGENDE MITTEL

Leider wurde der Bergbau in den ersten Jahren stark vernachlässigt und mit ungenügenden Mitteln betrieben. So dauerte es einige Zeit, bis im Jahr 1944 eine Produktion verzeichnet werden konnte.

Am 24. Juni 1941 war von der versprochenen Seilbahn noch nichts zu sehen und die Installationen über Tage waren noch immer Ruinen. Fünf Monate später sieht es kaum

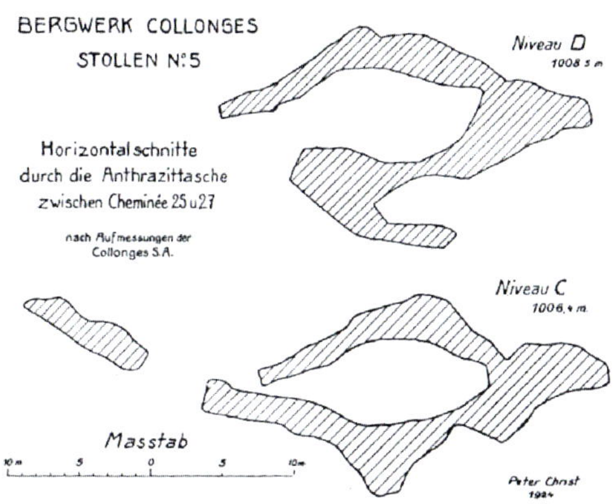

Oben: Schnitt C/D durch die mittlere Tasche.

Rechts: Stollenplan des Bergwerks Collonges. Zeigt in etwa den Stand nach der Beendigung der Arbeiten im Jahr 1895.

Unten: Stollenplan aus dem Jahr 1942 mit den alten, aktuellen und geplanten Arbeiten. Schwarz eingezeichnet die Kohlentaschen, die zwischen den Stollen abgebaut wurden.

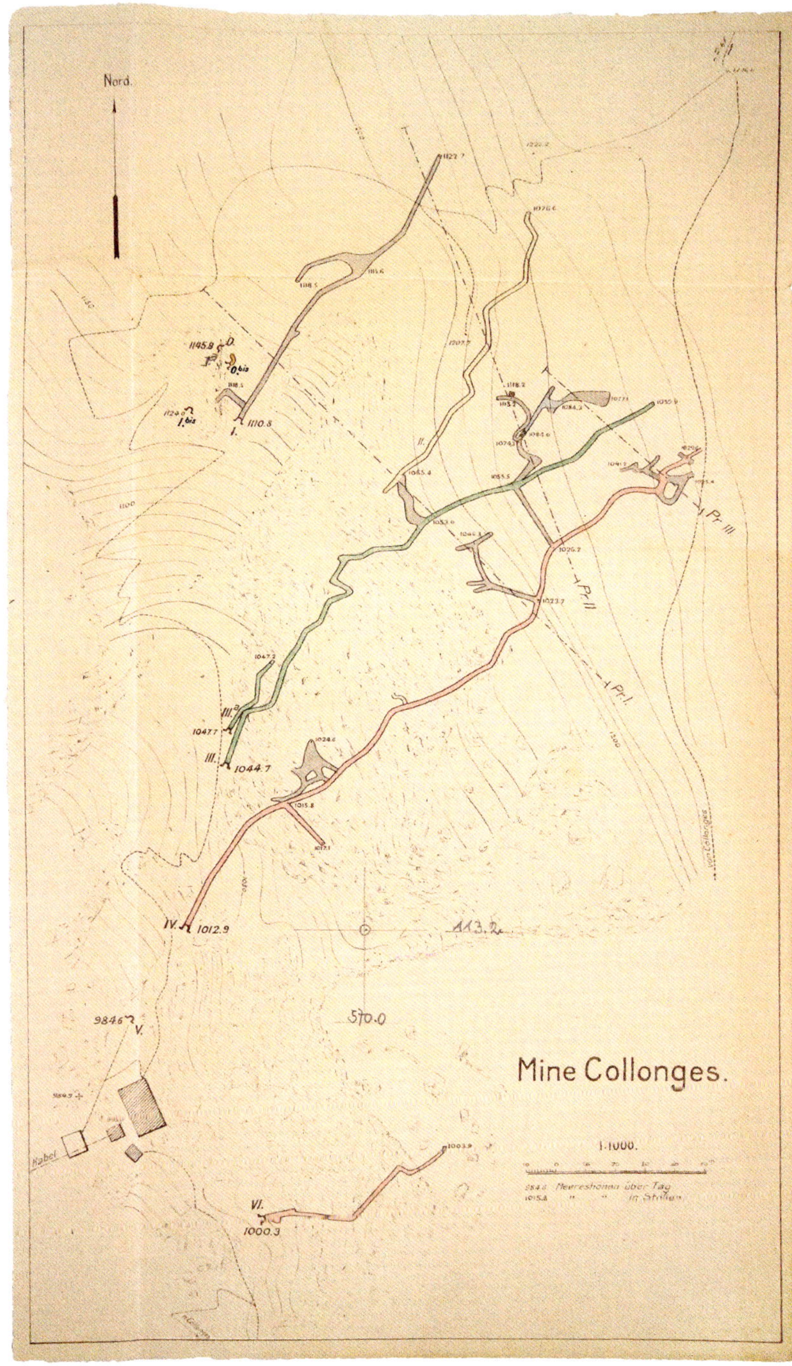

FEUCHTES KLIMA UND SUMPFWÄLDER

Kontinentale Gräben im Karbon und Perm

Verteilt über die ganze Schweiz befinden sich im Untergrund zahlreiche «Permokarbontröge». Diese sogenannten Tröge sind Relikte eines grossen Bruchsystems, entstanden in einer späten Phase der variszischen Gebirgsbildung auf dem Grosskontinent Pangaea (vor ca. 360–260 Mio. Jahren).

Die Vogesen, der Schwarzwald und das Aarmassiv sind die Relikte dieses Gebirges, das sich einmal vom Ural RU bis hin zu den Appalachen USA erstreckt hatte (Weissert 2009).

In diesen grossen, trögebildenden Bruchsystemen sammelte sich das Erosionsmaterial des Variszischen Gebirges. Im Karbon und dem Frühen Perm wurden in diesen Trögen bis zu 1000 m Sedimente wie Konglomerate, Sand- und Tongesteine abgelagert.

Faules Holz und Überschwemmungen

Zahlreiche Pflanzenfunde ermöglichten es den Geologen, Rückschlüsse auf das damalige Ablagerungsmilieu zu ziehen. Es herrschte ein feucht-warmes Klima, Sumpfwälder und Seen erstreckten sich über grosse Gebiete der flachen Tröge. Aus den holzreichen Sumpfwäldern entstanden die bis zu 30 m mächtigen Kohlelagerstätten, die namensgebend für dieses Erdzeitalter waren.

Kohle in 1500 m Tiefe

Die Permokarbontröge der Nordschweiz wie auch diejenigen im Wallis enthalten mehr oder weniger mächtige Kohlenlager. In der Nordschweiz bei Weiach befindet sich das Hauptflöz auf einer Tiefe von ca. 1500 m und die Kohle liegt als Steinkohle vor und im Wallis und in den Alpen als Anthrazit.

Bei der alpinen Gebirgsbildung wurde der Anthrazit durch tektonische Vorgänge aus seiner ursprünglichen horizontalen Lage in oftmals steil stehende Verwerfungen und Klüfte hineingepresst. Diese Umlagerung der Flöze hatte zur Folge, dass der Abbau sehr kostspielig und aufwändig wurde. Zusätzlich verschlechterte sich bei diesen Umlagerungen auch die Qualität des Anthrazits, da beim Hineinpressen in Verwerfungen und Klüfte häufig auch taubes Gestein in den Anthrazit verschleppt wurde.

Sumpfwald zur Zeit des feuchtwarmen Klimas im Oberkarbon.

Oben: Im Kohlenbergwerk muss nicht immer nur die Farbe Schwarz vorherrschen: Ein buntes Ensemble von kleinen Stalaktiten. Die rosa Färbung kommt von Kobalt (Erythrin); die orange vermutlich von Limonit (Eisen).

Rechts: Blau gefärbte Stalaktiten durch Spuren von Kupfer (Azurit).
Folgende Doppelseite: Wasserfall im Stollen 8.

besser aus: Im Rapport vom Büro für Bergbau vom 28. November 1941 wird festgehalten, dass die Arbeiten nicht voranschritten und die Seilbahn noch immer nicht fertig gestellt sei. Auch der Rapport vom 22. Februar 1942 fällt enttäuschend aus: «Mine steht still seit einigen Tagen. Heute arbeitet nur ein Zimmermann an der Fertigstellung der Baracke unten beim Silo.

Alle aufgeführten Tatsachen verstärken immer mehr den Eindruck, dass Hr. Dionisotti nicht über die finanziellen Mittel verfüge, um die Grube Collonges gleichzeitig mit den anderen zu entwickeln ... und es eine Gesellschaft hätte tun können, die sich auf diese eine Mine konzentrieren würde».

Hatte Dionisotti als bekannter Unternehmer im Unterwallis Beziehungen spielen lassen, um Perret die Konzession wegzuschnappen? Liest man die komplette Korrespondenz des Büros für Bergbau zu diesem Bergwerk, drängt sich eine solche Vermutung auf. Dionisotti war ein «Patron» alter Schule, liess sich von niemandem etwas sagen, und wer gegen ihn war, wurde wenn möglich entlassen.

DAS WETTER WAR UNGÜNSTIG

Im Ersten Weltkrieg wurde kurz vor der Einstellung des Betriebes 37 m unter dem Basisstollen Nr. 5 ein neuer Querschlag Nr. 7 vorgetrieben. Dionisotti liess diesen bis zum Flöz verlängern und traf mit einem weiteren, 50 m tiefer angelegten Stollen Nr. 8 ebenfalls wie erwartet auf das sich in die Tiefe hinabziehende Flöz.

Nachdem die abbauwürdige Zone mit den beiden Stollen 7 und 8 erschlossen und vorgerichtet war, tauchte ein bislang im Bergwerk von Collonges unbekanntes Problem auf. In den tiefer gelegenen Stollen traten vermehrt schlagende Wetter auf. Aus den angefahrenen Kohlentaschen und Linsen verteilte sich Methangas in den Stollen, was die Gefahr von Explosionen enorm erhöhte. Das Bergwerk erzielte nie die erhofften Einnahmen. Im Jahr 1945 versuchte Dionisotti mit einer Verpachtung des oberen Grubenfeldes an die Werkzeugmaschinenfabrik Bührle & Co. dies etwas ins Positive zu korrigieren.

DAS ENDE WAR ABZUSEHEN (ZUM ZWEITEN)

Trotz der guten Qualität des Anthrazits musste das Bergwerk, wie schon im Ersten Weltkrieg, seinen Betrieb einstellen, da es unter «normalen» Bedingungen nicht konkurrenzfähig war.

MARTIGNY
KANTON WALLIS

EISEN-/BLEI-BERGWERKE MONT CHEMIN

DER EISEN-, BLEI- UND SILBERBERGBAU HAT EINE JAHRHUNDERTALTE TRADITION AM MONT CHEMIN. ES FINDEN SICH AM MONT CHEMIN SPUREN EINES AKTIVEN BERGBAUS AUS DER ZEIT DER MEROWINGER (FRÜHMITTELALTER) BIS HIN ZUM ZWEITEN WELTKRIEG. IN DEN 70ER-JAHREN KAM DANN AUCH NOCH DAS INTERESSE AN DEN GROSSEN FLUORITLAGERSTÄTTEN HINZU.

BESICHTIGUNG: EIN TEIL DER ALTEN STOLLEN IST MIT DEM SENTIER DES MINES DU MONT CHEMIN GUT ERSCHLOSSEN:
- STOLLEN
- HALDEN MIT MINERALEN
- VERHÜTTUNGSPLÄTZE
- BEZAUBERNDE NATUR

ABGEBAUTE ROHSTOFFE: EISEN, BLEI, SILBER
ELEMENTE (LAGERSTÄTTE): FLUOR, BLEI, ZINK, EISEN, BARIUM, KUPFER, SILBER, SCHWEFEL, KOBALT, ARSEN
MINERALIEN (LAGERSTÄTTE): FLUORIT, GALENIT, SPHALERIT, PYRIT, CHALKOPYRIT, HÄMATIT, MAGNETIT, SKUTTERUDIT
SEKUNDÄRMINERALE: AZURIT, MALACHIT, ERYTHRIN, ROZENIT
GANGMINERALE: FLUORIT, QUARZ, BARYT, KALZIT

Oben: Das Stollenmundloch (Ost) zum alten Bleibergwerk «La Crettaz» am Tête des Econduits. In den Jahren 1856 und 1864 wurde hier Bleiglanz abgebaut. Auf der Schutthalde vor dem Mundloch findet man noch heute mit etwas Glück ein kleines Stück Bleiglanz. Die Vererzung zeigte sich aber schon bald als zu wenig ergiebig und der Abbau wurde aufgegeben. Das weisse Ganggestein, in welchem der Bleiglanz auftrat, war damals für die Bergmänner wertlos und wurde auf die Halde gekippt. Mit Beginn der Industrialisierung rückte dieses Ganggestein (Fluorit) wieder in den Fokus der Industrie. Fluorit ist heute aus unserem Alltag nicht mehr wegzudenken, er findet Verwendung in Zahnpasta, Bratpfannen, Kühlschränken, Flugzeugbau, Atomkraft usw.

Rechte Seite, oben: Das Mundloch zum etwa 430 m langen Hubacherstollen. Der Stollen wurde hier im Jahr 1974 direkt im Fluoritgang angesetzt und folgt diesem auf einer Länge von etwa 430 m.

Rechte Seite, unten: In der Decke kann man über die ganze Länge des Stollens einen gut sichtbaren Fluoritgang mit Blei- und Kupfererzen verfolgen. Es lohnt sich, zur Befahrung eine starke UV-Lampe mitzunehmen.

Unten: Für die Besucher im Hubacherstollen zu Anschauungszwecken angebrachter Bohrhammer.

Rechte Seite: Im hinteren Bereich befindet sich ein Schacht, der vom Hubacherstollen 80 m hinauf zum alten Bleistollen führt (La Crettaz).

EISEN-/BLEI BERGWERKE MONT CHEMIN

Ansicht der «Mine des Trappistes» bei Sembrancher am Fusse des Mont Chemin. Von unten links nach rechts: Magazin, Büro mit Zugang zur Grundsohle, Maschinengebäude. Dicht davor verläuft die Bahnlinie und die Strasse nach Sembrancher. In der Mitte, links der Fahne, befindet sich die Schmiede; rechts davon die Seilbahnstation mit dem Mundloch der mittleren Sohle. Am oberen Ende des Zickzackweges steht das Eingangsgebäude mit dem Zugang zur oberen Sohle.

EIN WAL IM WALLIS?

Der Mont Chemin erhebt sich gleich einem Walrücken aus der Rhône-Ebene, ähnlich einem Wal im Moment, bevor er in die Tiefen des Ozeans abzutauchen beginnt. Dieser «Wal»-Rücken, ein seit der der Jungsteinzeit bevölkerter Ort, stand seit dem frühen Mittelalter im Fokus der Metallindustrie und ist heute Naherholungsgebiet der umgebenden Bevölkerung. Der Mont Chemin übt eine magische Anziehungskraft auf Menschen mit unterschiedlichsten Interessen aus – Flora, Fauna, historischer Bergbau, Geologie, Mineralogie usw. vereint an einem Ort.

ZAHLREICHE SPUREN

Auf dem Mont Chemin zeugen zahlreiche Spuren vom historischen Bergbau; gleich wo man wandert, der aufmerksame Wanderer findet überall solche Spuren. Auch Mineraliensucher untersuchen immer wieder fleissig die Halden oder den anstehenden Felsen nach schönen Mineralien wie Quarz, Galenit, Fluorit, Epdot, Stilpnomelan usw.

BLEI- UND FLUORIT BEI LA CRETTAZ

Blei und Silber waren neben Eisen die wichtigsten Rohstoffe, die im Fokus des historischen Abbaus am Mont Chemin standen. Galenit (Bleiglanz) an sich ist nicht sehr wertvoll, aber oft enthält er neben Blei auch Spuren von Silber. Das Trennen von Blei und Silber – «Kupellation» – ist ein relativ einfacher Vorgang und schon seit der Antike bekannt. Bei La Crettaz enthielt der Galenit 1,4 Kilogramm Silber pro Tonne Galenit. Das machte die Lagerstätte abbauwürdig; der Erzgang wurde 1856 mit zwei Querschlägen angefahren und durch einen 15 m tiefen Schacht mit mehreren Seitenstollen ausgebeutet. Leider war der Gang nicht sehr ergiebig und der Betrieb wurde 1864 wieder eingestellt (Ansermet 2014).

DEN SCHATZ NICHT ERKANNT

Zur damaligen Zeit war den Bergleuten nicht bewusst, dass das unnütze Ganggestein Fluorit einmal für die Industrie von grossem Wert sein würde. Was als Berg (tau-

Links oben: Im Hintergrund das Magazin, davor das Bürogebäude mit dem Mundloch zur untersten Sohle.
Rechts oben: Mine des Trapistes von oben gesehen. Zahlreiche Fotografien von Leo Wehrli wurden von seiner Frau Anna Margaretha von Hand koloriert.
Rechts unten: Fotografie des weissen Fluoritgangs im Dach der mittleren Sohle. Die Länge des Holzstempels entspricht der Mächtigkeit des Fluoritgangs. Die Frau auf dem Foto ist vermutlich Margaretha Wehrli.
Unten: Eingangsgebäude zur obersten Sohle.

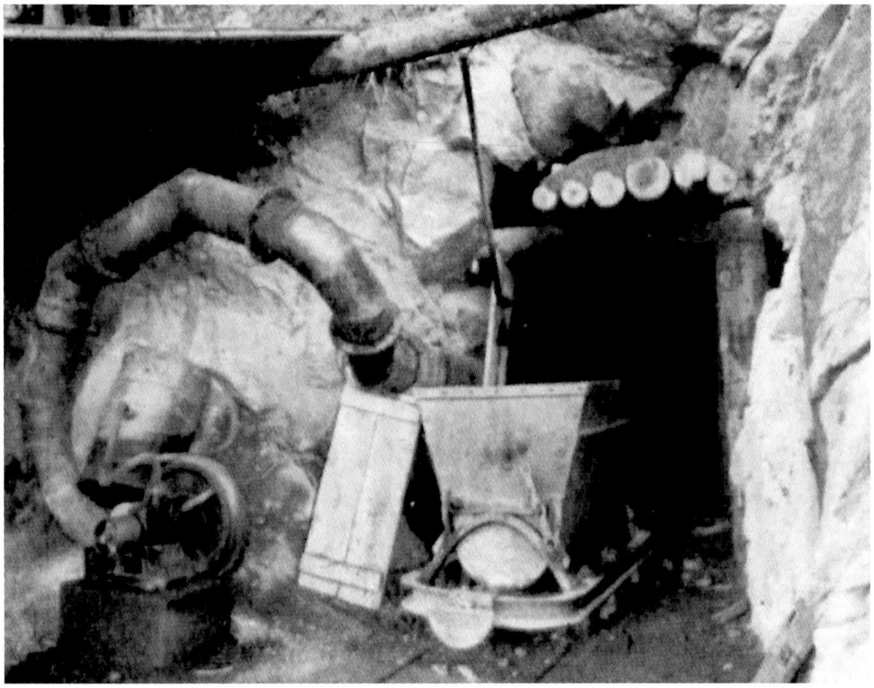

Oben: Der erste von acht Querschlägen, die bei Les Planches auf das Erz (Magnetit) vorgetrieben wurden.
Links unten: Handscheidung beim Querschlag I.
Recht unten: Die Kompressoranlage mit der Schmiede beim Querschlag I.

bes Gestein) auf der Halde landete, war 1970 ein gesuchter Rohstoff für viele Anwendungen (Teflon, Aluminiumindustrie, Zahnpasta, Flussmittel für die Metallindustrie usw.). 1974 bis 1976 bohrte eine deutsche Firma im Auftrag von Willy Hubacher in der Südflanke des Mont Chemin einen 430 m langen Sondierstollen in Richtung La Crettaz. Ein 80 m hoher Schacht verband diesen Sondierstollen mit dem Schacht des Bergwerks La Crettaz. Diese Sondierungsarbeiten ergaben eine Lagerstätte mit 150 000 Tonnen Fluorit. Hubacher plante den Abbau in grossem Stil in Angriff zu nehmen, aber leider führte ein starker Preiszerfall just in dem Moment dazu, dass sich ein solcher nicht mehr lohnen sollte (Ansermet 2014).

DIE MINE VON CHEZ LARZE

Eisen ist seit dem 7. Jahrhundert der wichtigste Rohstoff am Mont Chemin. Neben der Mine von Chez Larze gibt es noch zwei weitere wichtige Abbaugebiete: Les Grandes Férondes und Couloir Collaud, auf die hier aber nicht weiter eingegangen wird.

Die Stollen von Chez Larze I gehören möglicherweise zu den ältesten Arbeiten am Mont Chemin. Gerlach hat 1859 die Stollen befahren und dabei folgende Beobachtungen beschrieben: «Diese alten Baue scheinen aus sehr alter Zeit zu stammen. Fast überall zeigen sich in denselben Spuren von Asche und Kohlen, welche nicht vom Rösten der Erze, sondern vom «Feuersetzen» herrühren dürften. Der Bau muss also vor der Erfindung des Pulvers, wo das Feuersetzen allgemeiner war, stattgefunden haben.»

Oben: Stollenplan vom Magnetitabbau bei Les Planches.
Unten: Blockdiagramm durch den Marmor- und Magnetitabbau bei Chez Larze.

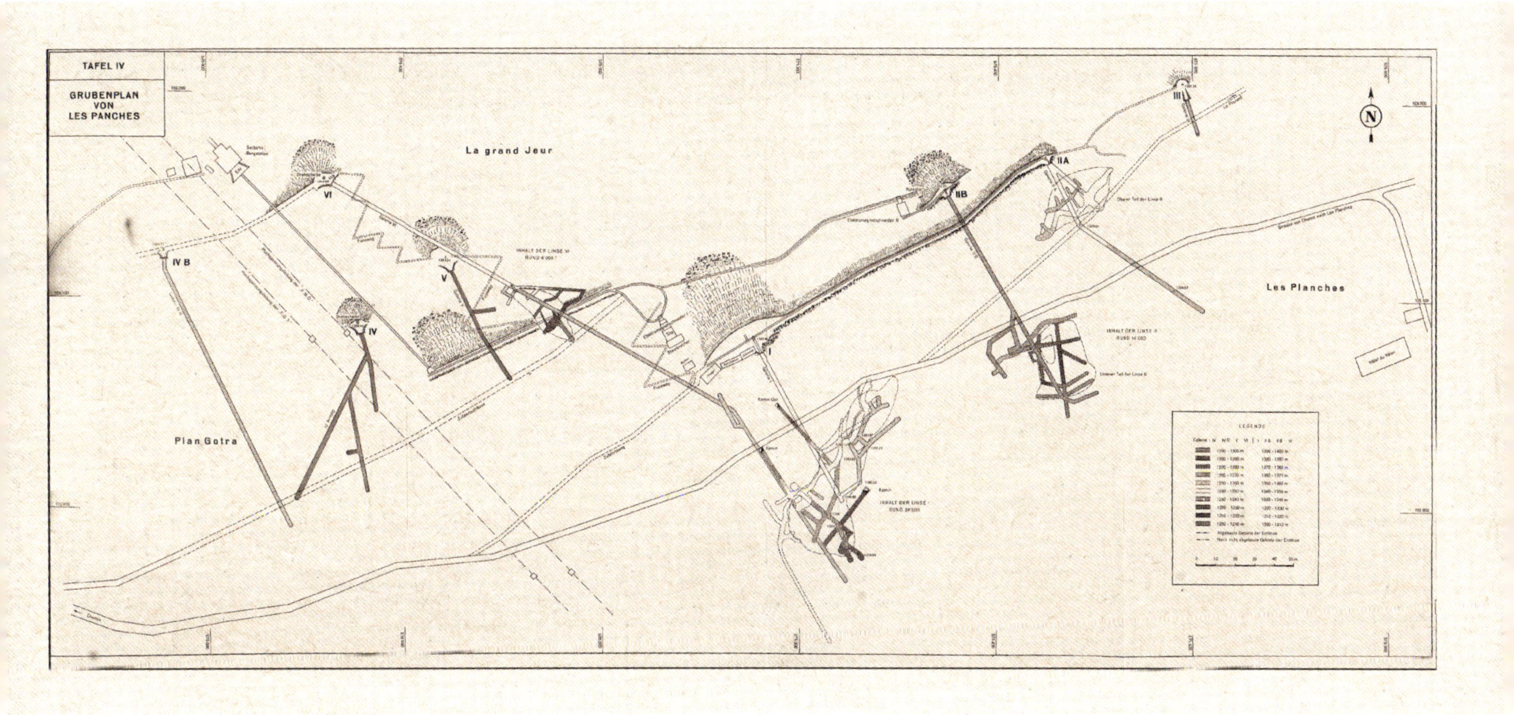

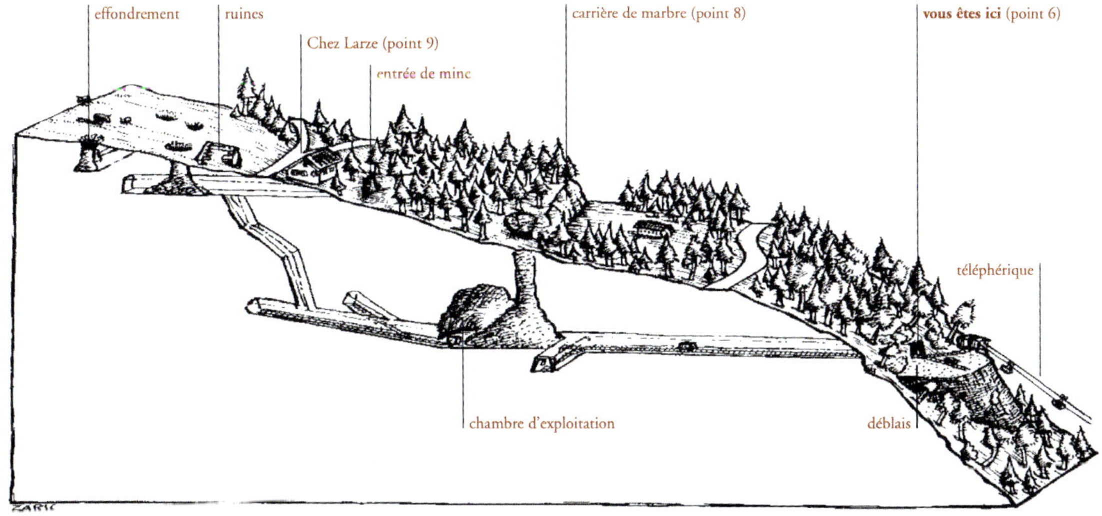

Links oben: Magnetit mit Kobalt (Erythrin) aus dem Stollen I bei Chez Larze.
Links unten: Magnetit mit Pyrit auf der Halde vor dem Stollen II bei Chez Larze.
Rechts oben: Fluorit mit Bleiglanz von der Halde des Bergwerks «La Crettaz».

MARMORSTEINBRUCH UND EISENBERGWERK

Bei Chez Larze II, wo der Sentier des Mines du Mont Chemin vorbeiführt, wurden im Zweiten Weltkrieg die Abbaustelle Chez Larze I sowie der Marmorsteinbruch durch einen Stollen im Untergrund erschlossen. Dieser Förderstollen erleichterte den Transport zur Seilbahnstation und ist noch heute mit einem Decauville-Geleise ausgestattet (Ansermet 2014). Auf der Schutthalde vor dem Stollenmundloch kann man immer noch schöne Handstücke des weissesten Marmors oder massivsten Magnetits, teilweise durchwachsen von rostigem Pyrit, finden.

MITTELALTERLICHER BRENNOFEN

Zwischen Chez Larze II und dem Marmorsteinbruch befindet sich ein frühmittelalterlicher Hüttenplatz, wo in einem Brennofen das Eisenerz geschmolzen wurde. Über den ganzen Bergrücken des Mont Chemin verteilt finden sich solche Hüttenplätze als Zeugnisse einer schon sehr frühen, intensiven Nutzung von Wald und Boden.

WANDER TIPP

SENTIER DES MINES

Ein Teil der alten Stollen ist mit dem Sentier des Mines du Mont Chemin gut erschlossen. Der Weg führt durch eine bezaubernde Landschaft, entlang historischer Stollen, Tagbauten und Hüttenplätze. 11 didaktische Tafeln informieren die Besucher während der ca. 2 Stunden dauernden Wanderung über die jeweiligen Abbaustellen. Der ca. 400 m lange «Hubacherstollen» kann gefahrlos auf der ganzen Länge befahren werden. Dabei empfiehlt es sich, eine starke UV-Lampe mitzunehmen, um die im UV-Licht fluoreszierenden Minerale zu sehen. Beim Stollen Chez Larze II fällt das Auffinden des Magnetits mit Hilfe eines Magnets bedeutend einfacher.

www.sentier-des-mines.ch

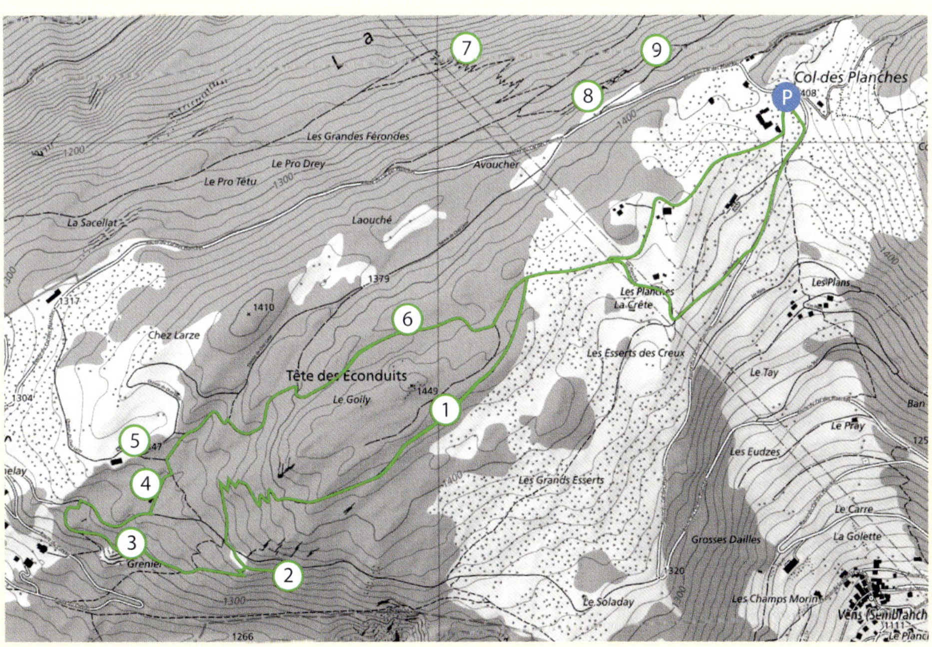

Oben: Marmorsteinbruch «Chez Larze» mit Spuren von weissem Aktinolit.
Links: Sentier des Mines
P Parkplatz
1 La Crettaz (Blei/Silber)
2 Hubacherstollen (Fluorit)
3 Chez Larze II (Magnetit/Marmor)
4 Marmorsteinbruch
5 Chez Larze (Magnetit)
6 Le Coilly (Hämatit)
7 bis 9 Le Planches (Magnetit)

APROZ
KANTON WALLIS

EISEN-BERGWERK APROZ

DER ABBAU DER KOHLEN UND SPÄTER DES PYRITS IN DER 200 M HOHEN FELSWAND BEDEUTETE FÜR DIE BERGLEUTE EINE ENORME HERAUSFORDERUNG. MIT GROSSEM AUFWAND WURDE IM 19. JAHRHUNDERT DAMIT BEGONNEN, DIE KOHLENTASCHEN IN DER FELSWAND ABZUBAUEN. MIT DEM EINSETZEN DER INDUSTRIALISIERUNG GERIETEN DIE PYRIT-IMPRÄGNATIONEN IN DEN FOKUS DES BERGBAUS. WÄHREND DER BERGBAUPERIODE DES ZWEITEN WELTKRIEGES ERSTELLTE JOSEPH DIONISOTTI EINE FÖRDER- UND AUFBEREITUNGSANLAGE MIT UNTERIRDISCHEN SILOS UND EINEM LIFTSCHACHT, OHNE DASS EIN GEOLOGISCHES GUTACHTEN ERSTELLT WORDEN WÄRE. EINMAL MEHR WURDE VIEL GELD IM BERG VERLOCHT, OHNE GEWINN ZU MACHEN.

BESICHTIGUNG: DIE STOLLEN SIND HEUTE NUR NOCH SCHWER ZUGÄNGLICH UND ES WIRD DEM LAIEN DRINGEND VON EINER BEFAHRUNG ABGERATEN; ES HERRSCHT HIER ABSOLUTE LEBENSGEFAHR.

ABGEBAUTE ROHSTOFFE: STEINKOHLE (ANTHRAZIT), EISEN (PYRIT)
ELEMENTE (LAGERSTÄTTE): EISEN, SCHWEFEL
MINERALIEN (LAGERSTÄTTE): PYRIT
SEKUNDÄRMINERALE: LIMONIT, PICKERINGIT, LIVEINGIT, ROZENIT,
GANGMINERALE: QUARZ, ANKERIT

Oben: Einbau massiver Stempel bei den Stollenfenstern der Sohle 5.
Rechte Seite: Blick aus dem Stollenfenster der höchsten Sohle 9.

Oben: Epsomit, ein Bittersalz (Magnesiumsulfat, Mg $[SO_4]\cdot 7H_2O$) im Stollen «Calpini».
Rechte Seite, oben: Abstieg von der Sohle 4 durch den Schacht hinunter zur Sohle 3.
Rechte Seite, unten: Ein kleiner See mit beinahe schwarzem Wasser und einem pH-Wert von 1,7.

EISEN BERGWERK APROZ

Oben: Anthrazit mit Rutschharnisch. Auf den Flächen ein hauchdünner Überzug aus bunt schillerndem Goethit, entstanden aus der Oxydation des Pyrits im Anthrazit.
Unten: Pyrit der Klasse II.

200 M HOHE FELSWAND, EINE GROSSE HERAUSFORDERUNG

In der südlich von Aproz gelegenen Schlucht sind zahlreiche Anthratzitflöze durch den oftmals reissenden Fluss Printze angeschnitten worden. Am schönsten sind diese in der ca. 200 m hohen, senkrechten Felswand aus Quarzit des Karbons aufgeschlossen. Diesem Umstand ist es zu verdanken, dass bei Aproz schon sehr früh Anthrazit in kleinen Mengen abgebaut wurde.

SCHWIERIGE BEDINGUNGEN

Ab ca. 1850 muss im Bergwerk von Aproz bereits ein reger Betrieb geherrscht haben. Nach Überlieferungen eines Zeitzeugen (Gindrat 1855) waren vier Stollen in die senkrechte Felswand vorgetrieben worden. In einem Bericht von Gerlach aus dem Jahr 1873 waren es schon sechs bis sieben Stollen: «Bei Aproz wird seit mehreren Jahren an der fast unzugänglichen Felswand an 6–7 Punkten mit Galerien Kohle abgebaut. Das Flöz ist äusserst unregelmässig, vielfach geknickt und auf die merkwürdigste Art gebogen und zusammengedrückt. Daher sind oft auf längere Erstreckung nur geringe Anthrazitspuren bemerkbar und somit nur die darauffolgenden sackförmigen Zusammenschiebungen von 1–6 Fuss Mächtigkeit abbauwürdig.»

Diese Beschreibung lässt den Fachmann schnell erahnen, welche mühevolle Arbeit der Bergbau bei Aproz gewesen sein muss. Auch die Beschreibung der Kohle aus dieser Zeit widerspiegelt eine Lagerstätte, die während der alpinen Gebirgsbildung eine enorme tektonische Störung erfuhr: «Der Anthrazit ist erdig, dunkel eisenschwarz und metallisch glänzend. Er hat in manchen Stücken mehr Ähnlichkeit mit Graphit, als mit Kohle, ... voll Spiegelflächen, die durch Schieben und Rutschen in seiner Masse entstanden sind, und scheint nur aus Brocken zu bestehen, die bald grösser, bald kleiner sind.» (Gindrat 1855).

In dieser frühen Bergbauperiode wurde hauptsächlich Anthrazit abgebaut und der grösste Teil davon in den Kanton Waadt für die Kalköfen am Genfersee geliefert. Das Auftreten von Pyrit war bereits bekannt, gelegentlich sollen unbedeutende Mengen, vermutlich für Röstversuche, abgebaut worden sein.

Gegen Ende dieser ersten Bergbauperiode waren drei vollständig voneinander getrennte Stollensysteme vorhanden. Im Schnitt arbeiteten ca. acht bis zehn Mann in den Stollen von Aproz; dies bei einem Arbeitslohn von 28,7 Cent pro Zentner geförderten Anthrazits (Gerlach 1873). Mit dem Bau der Eisenbahn Lyon-Genf ging der Absatz stark zurück, so dass der Betrieb einige Jahre später zum Erliegen kam.

Foto der Felswand bei Aproz mit der nördlichen Verwerfung und dem Stollen «Calpini».

DIE VERSORGUNGSLAGE VERSCHLECHTERT SICH

Zu Beginn des Ersten Weltkrieges verschlechterte sich die Versorgungslage der Schweiz zunehmend. Dies führte dazu, dass auf Anregung der Chemikerkommission der Abteilung für Munition des Schweizerischen Militärdepartements im Sommer 1917 in den Stollen bei Aproz ca. sieben Tonnen Pyrit gewonnen wurden. Dieser sollte in der Chemischen Fabrik Uetikon versuchsweise zur Fabrikation von Schwefelsäure verwendet werden.

NICHT DIE BESTE QUALITÄT

Die Versuchsreihen zeigten jedoch, dass Aproz zwei unterschiedliche Qualitäten lieferte. Die erste war gut und für eine Herstellung von Schwefelsäure geeignet. Der minderwertige Pyrit jedoch zerfiel zu stark und verhinderte so ein optimales Abrösten. Der mangelhafte Pyrit musste deshalb mit Pyrit aus Gavorano IT gestreckt werden.

Die günstigen Resultate dieser Versuche veranlassten das Büro für Bergbau zu weiteren Erschliessungarbeiten in der Lagerstätte. Im Frühling 1918 bekundete auch die chemische Industrie ihr Interesse und stellte eine grössere Summe zur Verfügung. Auch infolge der ungünstiger werdenden Pyriteinfuhr wurde am 2. September 1918 auf Anregung der Abteilung für industrielle Kriegswirtschaft die «Pyrit AG Aproz» gegründet.

SCHWER EINZUSCHÄTZEN

In dieser durch den Ersten Weltkrieg wieder erweckten Bergbauperiode standen die oft ziemlich grossflächigen Pyritimprägnationen im Mittelpunkt. Anthrazit wurde in geringen Mengen als Nebenprodukt mitgefördert. Im beginnenden Zeitalter des industriellen Abbaus war hier ein regelmässiger Abbau von Anthrazit unmöglich – trotz der vereinzelt grossen, aber in kaum zu berechnender Lagerung vorhandenen Kohlenestern.

Der Konzessionär
J. Dionisotti, 1942.

DAS ENDE KAM SCHNELL

Südlich der Häuser von Aproz, am westlichen Ufer der Printze, wurden eine Schreinerei mit Schmiede und ein Magazin mit Küche für die Arbeiter erstellt. Der Installationsplatz war mit dem Stollen V durch eine Pendelseilbahn verbunden. Eine gleichartige Seilbahn führte vom Mundloch des Stollens I zum Westufer der Printze, von wo ein Feldbahngeleise zwischen Seilbahnstation und Installationsplatz die Verbindung herstellte.

Die erste rohe Sortierung des Erzes fand direkt beim Abbauort statt, wobei die Berge (taubes Gestein) zum Versatz der Hohlräume dienten. Die eigentliche Sortierung wurde am Stollenmundloch durch Handscheidung vorgenommen und das Erz in erste und zweite Qualität unterteilt. Vom Installationsplatz gelangte der Pyrit mit Hilfe von Fuhrwerken zum Bahnhof Sion. Nach der Übernahme des Bergwerks durch die «Pyrit A.G. Aproz» war beabsichtigt, die Installationen durch eine elektrisch angetriebene Kompressoranlage und durch eine Aufbereitungsanlage zu ergänzen. Aber das Ende des Krieges führte bereits im Frühjahr 1919 zur Schliessung des Betriebes.

J. DIONISOTTI EIN BERGBAUPATRON

Mit dem Ausbruch des Zweiten Weltkrieges verschlechterte sich die Versorgungslage der Schweiz zusehends. Der Schweizer Bergbau erlebte einmal mehr einen starken Aufschwung. Unter der dominanten Leitung des neuen Konzessionärs Joseph Dionisotti wurde im Mai 1941 der Bergbau bei Aproz ein weiteres Mal in Angriff genommen. Durch die Ergebnisse früherer Röstversuche wusste man, dass die abgebauten Erze in einer Aufbereitungsanlage angereichert werden mussten, damit sie eine für die chemische Industrie verwertbare Konzentration aufwiesen.

INVESTITION OHNE ABKLÄRUNGEN

Dionisotti begann ohne weitere geologische Abklärungen mit dem Bau einer unterirdischen Mahl- und Siloanlage und einer Anlage für das Konzentrieren des gemahlenen Roherzes. Für die Beschickung der Mahl- und Siloanlage aus den unteren Sohlen wurde parallel dazu ein 70 m hoher Liftschacht in den Fels gesprengt. Bis auf ein paar Betonriegel wurde der Liftschacht nie fertiggestellt. Die Mahl- und Siloanlage erstreckte sich bis hinauf zur Sohle 6, wo sich der Einfülltrichter befand. Von oben nach unten wurden ein Steinbrecher, ein Walzwerk und eine Mühle installiert. In der untersten Sohle 1 wurde das Erz mittels einer Rollschnauze auf Loren verladen und hinüber zur Aufbereitungsanlage am westlichen Printzeufer transportiert. Dort wurde das Roherz in der eigens dafür gebauten Aufbereitungsanlage konzentriert. Während das Roherz einen Schwefelgehalt von 15–20 %, gegen Ende der Abbauperiode manchmal nur noch 8 % besass, betrug der Schwefelgehalt des Konzentrates 35–42 %. So wurde eine Qualität mit einer durchschnittlichen Konzentration von 41 % erreicht. Das aufbereitete Erz fand Abnehmer in diversen Chemie- und Säurefabriken, wo es zu Schwefelsäure weiterverarbeitet wurde.

Oben links: Bergmänner vor der Sohle 2. In früheren Bergbauperioden wurde hier Anthrazit gefördert. Im Zweiten Weltkrieg war die Sohle 2 nur noch Teil der Mahl- und Siloanlage.
Oben rechts: Brücke vor der Sohle 1, im Hintergrund die Aufbereitungsanlage.
Unten links: Blick hinunter zu den Gleisanlagen der Sohle 1.

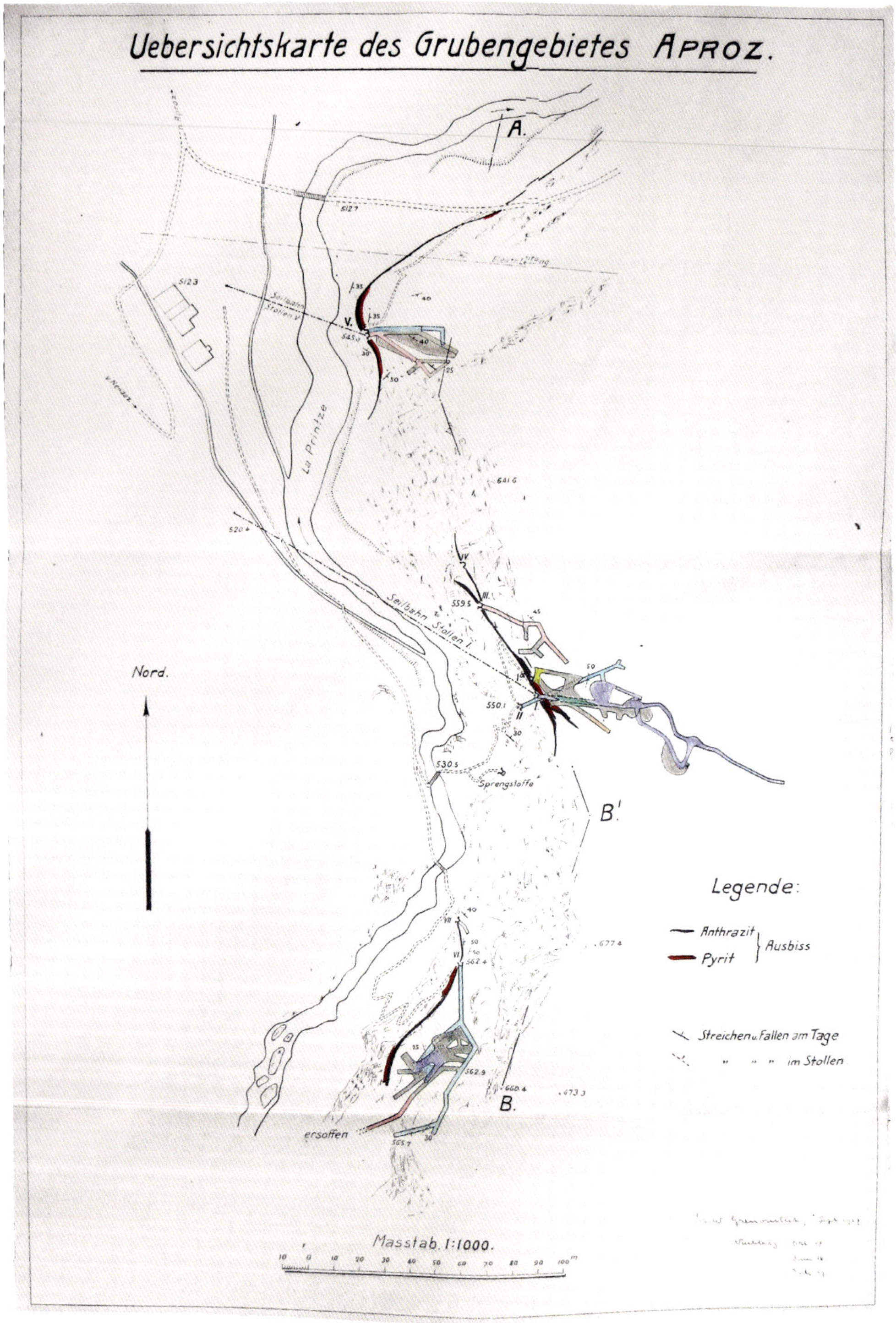

Übersichtskarte der Bergwerksanlagen von Aproz. Nördlich der Stollen Calpini (Abbau im 19. Jh. auf Anthrazit), in der Mitte die Stollen der Hauptvererzung (Abbau im 19. Jh. auf Anthrazit, im 20. Jh. auf Pyrit) und südlich die Stollen VII bis VI (Abbau im 19. Jh. auf Anthrazit).

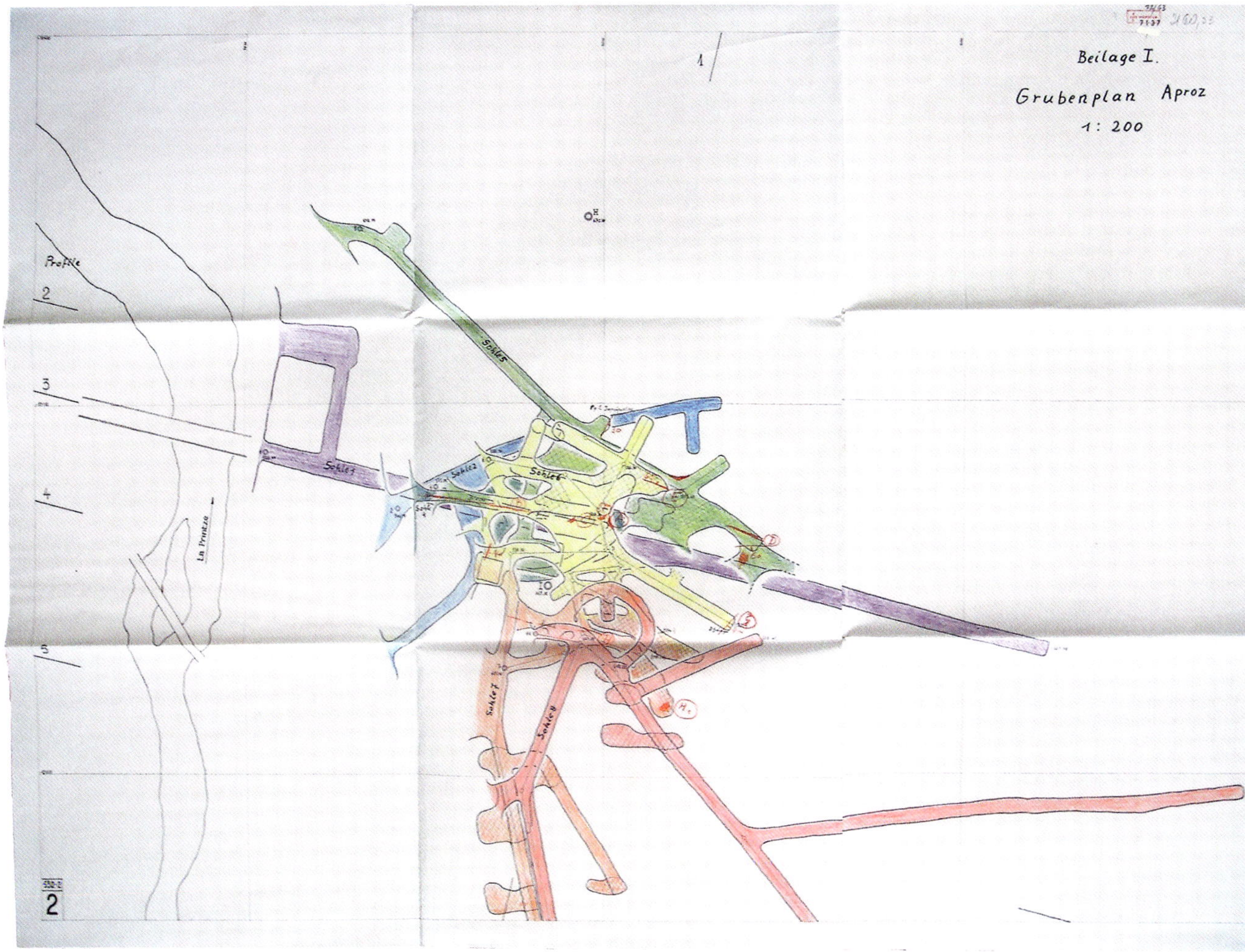

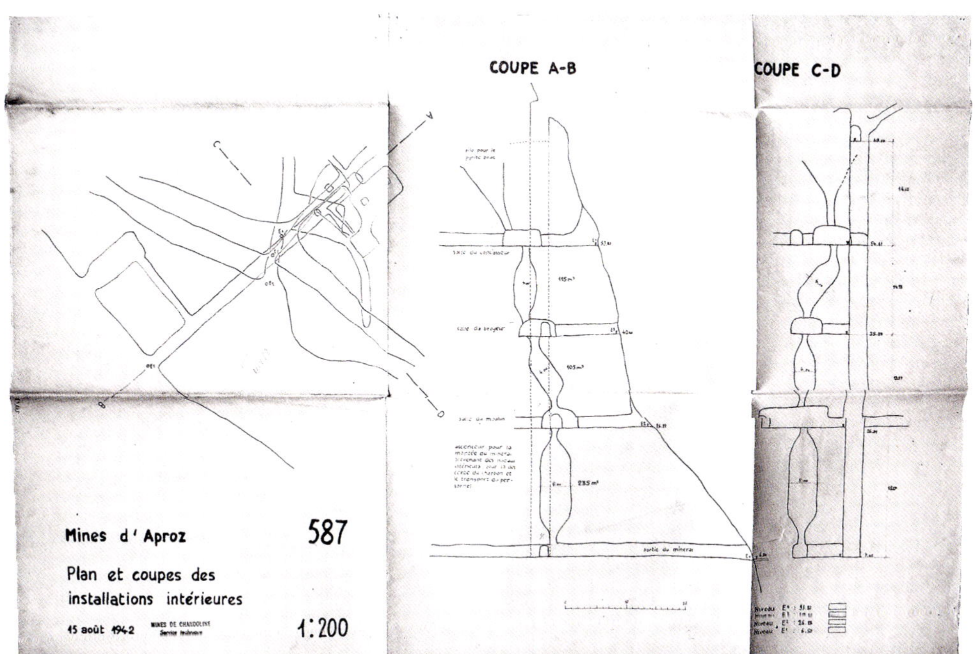

Oben: Grundriss durch die Sohlen 1 bis 9 der Hauptverwerfung. Violett die Sohle 1, Förderstollen mit der Kaverne für die Druckluftanlage.
Unten: Schnitt durch die komplett überdimensionierte Mahl- und Siloanlage sowie den 70 m hohen Förderlift.

KATZENGOLD UND KOHLE

Bis nach Amerika

Verteilt über die ganze Schweiz befinden sich im Untergrund zahlreiche «Permokarbonströge». Sie entstanden zur Karbon- und Permzeit in einem ausgedehnten Grabensystem, in einer späten Phase der variszischen Gebirgsbildung auf dem Grosskontinent Pangaea (vor ca. 360–260 Mio. Jahren). Die Vogesen, der Schwarzwald und das Aarmassiv sind Relikte dieses Gebirges, das sich vom Ural RU bis zu den Appalachen USA erstreckte (Weissert 2009). In den sich öffnenden Gräben sammelte sich das Erosionsmaterial des variszischen Gebirges: Konglomerate, Sand- und Tongesteine sowie viel pflanzliches Material (Kohle).

Tonnenweise Pyrit

Das Bergwerk von Aproz ist darin einmalig, dass die Sandsteine entlang der Hauptverwerfung, mehrheitlich im Hangenden der Flöze und Linsen, bis 2 m tief mit Pyrit imprägniert wurden.

Woher kam nun aber dieser Pyrit? Schwefel ist in allen organischen Ablagerungen vorhanden. Pyrit entsteht bei deren Zersetzung unter Luftausschluss (anaerob) und zusammen mit Eisen, welches überall reichlich zur Verfügung steht. Alle Kohlen enthalten Pyrit. Beim Bergwerk Aproz drängt sich jedoch die Frage auf, woher die grosse Menge an Pyrit kam.

Die Lösung liegt in der Tiefe

Der Anthrazit von Aproz enthält beinahe keinen Pyrit. Nur entlang der Hauptverwerfung war das Nebengestein stark mit Pyrit imprägniert, so dass sich ein Abbau lohnte. Die Pyritisierung steht somit in direktem Zusammenhang mit der Hauptverwerfung.

Einen eindeutigen Hinweis für eine späte alpine Vererzung liefern die vererzten Klüfte und Gänge, welche die schwarzen Tonschiefer sowie den Anthrazit durchziehen.

Grossflächige Verdrängung

Es wird vermutet, dass während der Alpinen Gebirgsbildung schwefelhaltige Fluide entlang der Hauptverwerfung zirkulierten, wobei die in der Umgebung vorkommenden Gipse der Trias den Schwefel lieferten.

Der dabei in die Hauptverwerfung hineingepresste Anthrazit hat vermutlich geholfen, reduzierende Bedingungen herzustellen und das im Fluid gelöste Sulfat zu reduzieren. Der reduzierte Schwefel reagierte nun mit dem in den Sandsteinen und Quarziten enthaltenen Eisen zum Eisensulfid Pyrit.

Pyrit hat unter den herrschenden Bedingungen im Sediment vorkommende Minerale verdrängt und deren Platz eingenommen. So konnten entlang der Hauptverwerfung mächtige, mit Pyrit imprägnierte Linsen und Gänge entstehen.

Mit etwas Glück sind in den Walliser Anthrazitbergwerken immer wieder Funde kleinerer Pyritwürfel wie hier im Bergwerk von Turtmann möglich.

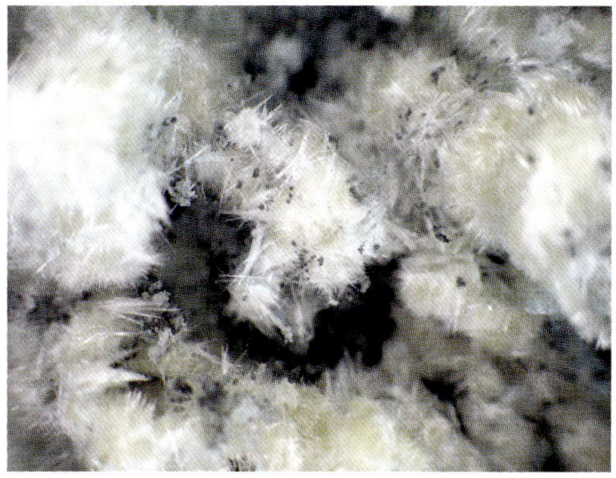

Links oben: Nadelige Pickeringit-Ausblühungen an Decken und Wänden ($MgAl2(SO_4)4{\cdot}22H_2O$)
Links unten: Das Sekundärmineral Melanterit, früher auch als Eisenvitriol ($Fe[SO_4]{\cdot}7H_2O$[1]) bezeichnet, entsteht bei der Verwitterung von Pyrit.
Rechts oben: Zwei parallel verlaufende, sekundär entstandene Pyritgänge durchziehen den dunklen Tonschiefer in der Sohle 6.
Folgende Doppelseite: Auf der Sohle 4 wurden die mächtigsten Pyritimprägnationen abgebaut.

STREIT MIT DEM INGENIEUR

Neben kleineren Fördermengen im Stollen V beschränkte sich der Abbau ausschliesslich auf den mittleren Teil der Bergwerksanlagen, also von Sohle 4 entlang der auch von aussen sichtbaren Hauptverwerfung aufwärts bis hinauf zur Sohle 7.

Ende Juli 1943 kündigte Dionisotti dem Ingenieur Olivieri, welchem die Grubenleitung oblag. Die beiden verstanden sich nicht sehr gut, sie waren schon vor Aussprache der Kündigung längere Zeit miteinander auf Kriegsfuss gewesen. Grund dafür war vermutlich die Tatsache, dass Olivieri in technischer und wirtschaftlicher Hinsicht das Bergwerk Aproz weit besser zu beurteilen vermochte als Dionisotti.

KOSTSPIELIGE INSTALLATIONEN

In bergwirtschaftlichen Berichten aus der damaligen Zeit tauchen fragwürdige Punkte auf: z. B. Verzögerungen durch die Bestellung von Maschinen im Ausland, die in der Schweiz hätten hergestellt werden können (es herrschte Krieg), das Nichtbeachten wertvoller Vorschläge seitens Olivieri zur Umgehung diverser Probleme, widersinnige und kostspielige Installationen wie Mahl- und Siloanlage und Liftschacht, sowie kostspielige Minenarbeiten im tauben Gestein. Laut Aussagen von Olivieri wurden Ausgaben getätigt, die in keinem Verhältnis zur Leistungsfähigkeit der Grube von Aproz standen. Dies vor allem im Hinblick darauf, dass kein geologisches Gutachten zur Grösse der Lagerstätte erstellt wurde.

Total wurde eine für die damalige Zeit beachtliche Summe von ca. 1 100 000 Franken investiert – allein für die Aufbereitungsanlage am westlichen Ufer der Printze ca. 250 000 Franken. Und dies für eine Anlage, die die Kapazität des Bergwerkes um das Doppelte überstieg.

Trotz der wiederholt geäusserten Bedenken des Bureaus für Bergbau wurden Installationen unter und über Tag vorgenommen, die in keinem Verhältnis zu der in Aproz vorhandenen Erzmenge standen. Es dauerte viel zu lange, bis die Anlagen und somit das Bergwerk richtig produzieren konnten. Auch wurde die Anzahl der für einen rentablen Betrieb benötigten Arbeiter nie erreicht. All dies und das Ende des Zweiten Weltkrieges führten 1946 zur Schliessung des Bergwerkes.

TURTMANNTAL
KANTON WALLIS

KOBALT-BERGWERK KALTENBERG

WAREN DIE SCHAFHIRTEN DIE EIGENTLICHEN ENTDECKER DER KOBALTVERERZUNG? EIN ALTER WEG ZU HISTORISCH GENUTZTEN WEIDEPLÄTZEN FÜHRT DIREKT AM AUSBISS DER VERERZUNG VORBEI. MIT DER ERWÄHNUNG DER VERERZUNG IM JAHR 1836 BEGANN DIE ZEIT DES BERGBAUS AUF DER ALP «CHALTE BERG». EIN ERSTER GEREGELTER BERGBAU BEGANN ABER ERST 1875 UND ENDETE IM JAHR 1898 MIT DER ZERSTÖRUNG DER AUFBEREITUNGSANLAGE IM SENNTUM. SONDIERUNGSARBEITEN IM ZWEITEN WELTKRIEG LIEFERTEN NOCH KNAPP 700 KG ERZ UND DEN BELEG, DASS DAS BERGWERK TOTAL AUSGEBEUTET SEI.

BESICHTIGUNG: DIE OBEREN STOLLEN SIND HEUTE NOCH ZUGÄNGLICH, ABER DAS GELÄNDE RUND UM DIE RUINE DER EHEMALIGEN «BARACKE» IST SEHR STEIL UND GEFÄHRLICH. DEM LAIEN IST VON EINER BEFAHRUNG DRINGEND ABZURATEN. VON DER ALP «CHALTE BERG» AUS SIND DIE STOLLEN UND DIE RUINE DER BARACKE GUT ZU ERKENNEN; EINE WANDERUNG VON GRUBEN ÜBER DIE ALP «CHALTE BERG» HINAUF ZUM COL DE LA FORCLETTA IST EIN EINMALIGES WANDERERLEBNIS.

ABGEBAUTE ROHSTOFFE: KOBALT, NICKEL
ELEMENTE (LAGERSTÄTTE): KOBALT, NICKEL, EISEN, ARSEN, KUPFER, WISMUT, ANTIMON, SCHWEFEL
MINERALIEN (LAGERSTÄTTE): SKUTTERUDIT, COBALTIT, NICKELIN, MAGNETIT, HÄMATIT, BORNIT, CHALKOPYRIT, TETRAEDRIT, SAFFLORIT, MAUCHERIT, RAMMELSBERGIT, ARSENOPYRIT, LÖLLINGIT, PYRIT, WISMUT, CUBANIT
SEKUNDÄRMINERALE: LIMONIT, ERYTHRIN
GANGMINERALE: QUARZ, KALZIT, BRAUNSPAT, CHLORIT

Vorangehende Doppelseite: Sonnenaufgang beim Bergwerk Kaltenberg auf 2500 m ü. M. Blick in die Küche mit Regalen und Kochnische.
Oben: Blick in die Küche mit Regalen und Kochnische.

Rechte Seite, oben: Reste der Aufbereitungsanlage im «Vorder Sänntum» mit Pochtrog und Wellenlager.
Rechte Seite, unten: Blick in den Pochtrog, wo noch oxidierte Spuren der Schliche zu sehen sind (Erythrin, rosa).

KOBALT BERGWERK KALTENBERG

Älteste schriftliche Erwähnung der Lagerstätte Kaltenberg durch die Herren Pierre-Aimé (Eymais?) und Bernhard Epiney (Epiynay?) aus dem Jahr 1836.

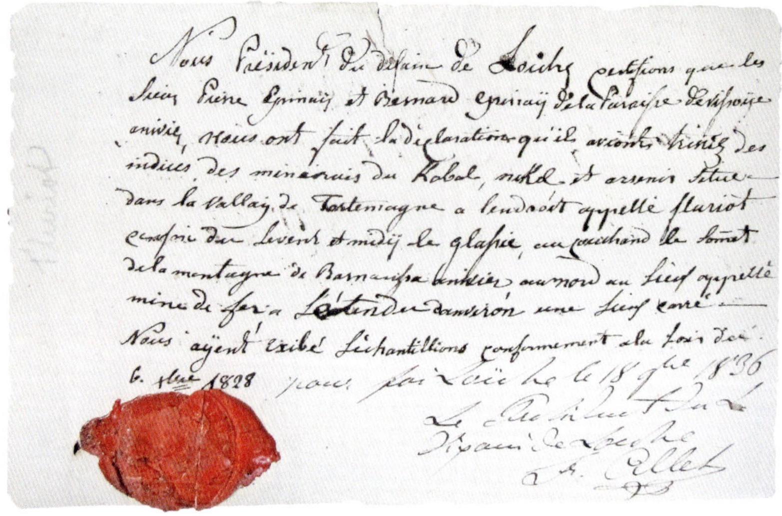

EINSETZENDE INDUSTRIALISIERUNG

Mit dem Einsetzen der Industrialisierung im 18. Jahrhundert entstand im Val d'Anniviers ein reger Bergbaubetrieb. Im 19. Jahrhundert erreichte dieser bereits seinen Höhepunkt und ging in der ersten Hälfte des 20. Jahrhunderts stark zurück: Sei es, weil die Lagerstätten erschöpft, der Abbau zu aufwändig war oder die billiger werdenden ausländischen Rohstoffe den Bergbau in der Schweiz stark unter Druck setzten.

SCHAFHIRTEN ALS ENTDECKER?

Ende des 18. Jahrhunderts wurde mit viel Enthusiasmus versucht, neue Lagerstätten zu erschliessen. So wurde auch im Turtmanntal nach Anzeichen für erfolgversprechende Lagerstätten prospektiert. Der Ausbiss der Vererzung von Kaltenberg liegt direkt am Weg von der Alp «Chalte Berg» hinüber zur «Turtmannschafalp». Die Vererzung befindet sich im Paragneis (Biotitgneis) der mit Amphibolit-Bändern (metamorpher untermeerischer Basalt) durchzogen ist.

Möglicherweise waren den Schafhirten die rosaroten Ausblühungen bereits bekannt. Sie könnten diese Informationen bei einem Gespräch an einen Prospektor weitergegeben haben. Oder die Ausblühungen wurden erst bei der gezielten Suche nach neuen Lagerstätten entdeckt. Die ältesten Überlieferungen für einen Bergbau im Turtmanntal gehen auf das Jahr 1836 zurück. In einem Brief vom 18. September 1836 an den Grosskastlan von Leuk wurde erstmals ein Nickel-Kobalt-Arsen-Vorkommen mit der dazugehörigen Konzessionsgrenze erwähnt. Der Fund sei im Tal von Turtmann, an einem Ort namens «Fluriot», gemacht worden. Bereits im Jahr der Entdeckung wurden Bergbauarbeiten ausgeführt, die aber nicht den erhofften Erfolg erbrachten. Danach wechselte die Konzession mehrmals den Besitzer, allerdings ohne nennenswerte Abbauversuche.

ERSTER GEREGELTER BERGBAU

Im Jahr 1875 kam es unter der Leitung von Adolph Ossent zum ersten geregelten Bergbaubetrieb. Während dieser Zeit wurde das Erz von Hand zerkleinert, in Säcke abgefüllt und mit Maultieren hinüber ins Val d'Anniviers transportiert. Es ist gut möglich, dass das Erz in der alten Aufbereitung bei Pont du bois im Val d'Anniviers angereichert wurde.

Aber schon bald waren die ergiebigsten Erzlinsen abgebaut, und bevor Ossent neue erschliessen konnte, geriet er in finanzielle Not und ging in Konkurs.

Im Jahr 1891 erwarb Dr. Guillaume Schacht zusammen mit Dr. Alfred Alioth und Friedrich Burkhardt die Konzession von Kaltenberg aus der Konkursmasse von Ossent. Neben den Stollen wurde eine recht wohnliche Baracke für

Oben: Dieses Foto ist ein einmaliges Zeitzeugnis und zeigt die von Schacht gebaute Baracke in ihrem ursprünglich doppelstöckigen Zustand.

Links: Die vor der Baracke versammelte Belegschaft während der Bergbauperiode von Schacht (links im Vordergrund). Ein Knabe hilft beim Tragen einer Krankentrage, wie sie auch im Bergwerk von Pétolliou zum Einsatz kamen. Im Vordergrund eine Sprengkiste oder Kassette, wie sie später auch im Zweiten Weltkrieg benutzt wurden.

Rechts: Zeitungsfragment aus dem Jahr 1942, gefunden in den Stollen der Sohle 1.

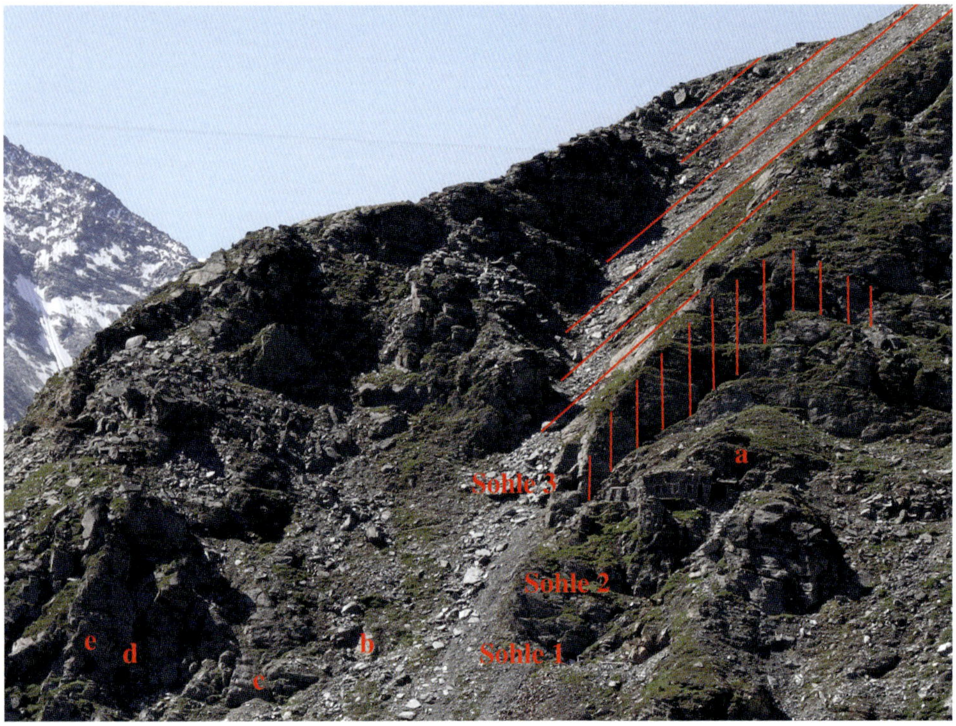

Sohle 1 bis 3: jüngste Arbeiten in der Hauptvererzung. Stollen a: alte Arbeiten im Bereich hinter der Baracke. Stollen b bis e: Sondierungen in der abgesackten Partie des Minugrats (rot schraffiert die beiden Absackungen).

ca. 15 Bergleute erstellt und mit allem ausgerüstet, was es brauchte, um den Winter durchzuarbeiten. Schacht liess die bereits erwähnte Aufbereitungsanlage im Val d'Anniviers abbauen und ins Turtmanntal transportieren, wo sie im «Vorder Sänntum» wieder aufgebaut wurde. Eine Pendelseilbahn verband das Bergwerk auf 2500 m mit der neu erstellten Aufbereitungsanlage. Schacht gelang es unter grossem Aufwand, einige neue Erzgänge zu erschliessen. Aber der Ertrag hielt sich in Grenzen, die grossen Erzlinsen waren abgebaut.

Im Jahr 1898 wurde die Aufbereitungsanlage im Senntum durch eine Lawine zerstört, und Schacht wurde schwer krank, was ihn schliesslich zur Aufgabe des Bergbaubetriebes zwang – «Ich lebte von der Hand in den Mund».

NEGATIVES GUTACHTEN

1918 bekam Ingenieur H. Stierlin den Auftrag, das Bergwerk Kaltenberg zu begutachten. In seinem Gutachten empfahl er, den Betrieb des Bergwerks Kaltenberg nicht wieder aufzunehmen. Er hielt «die Ausbeutungsmöglichkleiten eines Vorkommens wie Kaltenberg für nahezu ausgeschlossen. Auch der Erfolg einer sofortigen Inangriffnahme zwecks Ausnützung der Kriegskonjunktur erscheint sehr problematisch, da kein Gewähr dafür existiert, dass es gelingen würde, binnen kurzem eine grössere Menge Derberz, und nur solches käme in diesem Fall in Frage, neu aufzuschliessen ... Als nennenswerter Nickel-Produzent kann die Grube vorläufig überhaupt nicht in Betracht gezogen werden.»

Auf Anraten Stierlins wurde noch die Meinung von Schacht eingeholt. Einzig die letzten zwei Zeilen aus dessen Bericht sollen hier zitiert werden:

«Unter der richtigen Leitung mit dem nötigen Kapital kann mit Bestimmtheit auf reichen Ertrag der Grube gerechnet werden».

Dank der objektiven Beurteilung durch Stierlin blieb aber ein weiterer Bergbauversuch aus.

UNMENSCHLICHE ARBEITSBEDINGUNGEN

Bereits im Herbst 1941 bekam das Büro für Bergbau den Auftrag, das Bergwerk Kaltenberg zu untersuchen, und im Frühling 1942 wurden Vorbereitungen für einen weiteren Abbauversuch in die Wege geleitet. In den Gemeinden Ergisch und Turtmann wurden Arbeitskräfte rekrutiert, darunter auch die «Burschen» Rudolf Ruffiner, Anton Locher und Markus Ruffiner, die bis zur Schliessung im Herbst 1942 im Bergwerk arbeiteten.

Die Männer übernachteten zuerst in der Alphütte Chalte Berg, da die Baracke beim Bergwerk noch instand gestellt werden musste. Als die Älpler auf die Alp kamen, musste die Mannschaft in der noch nicht fertiggestellten Baracke nächtigen. Wie sich Rudolf Ruffiner bei einem Interview erinnerte, war dies bei den tiefen Temperaturen in der Nacht äusserst unangenehm. Die Arbeit in den Stollen war schmutzig und anstrengend. Zu Beginn musste von Hand gebohrt werden. Danach wurde mit Druckluft, aber ohne Wasser gebohrt,

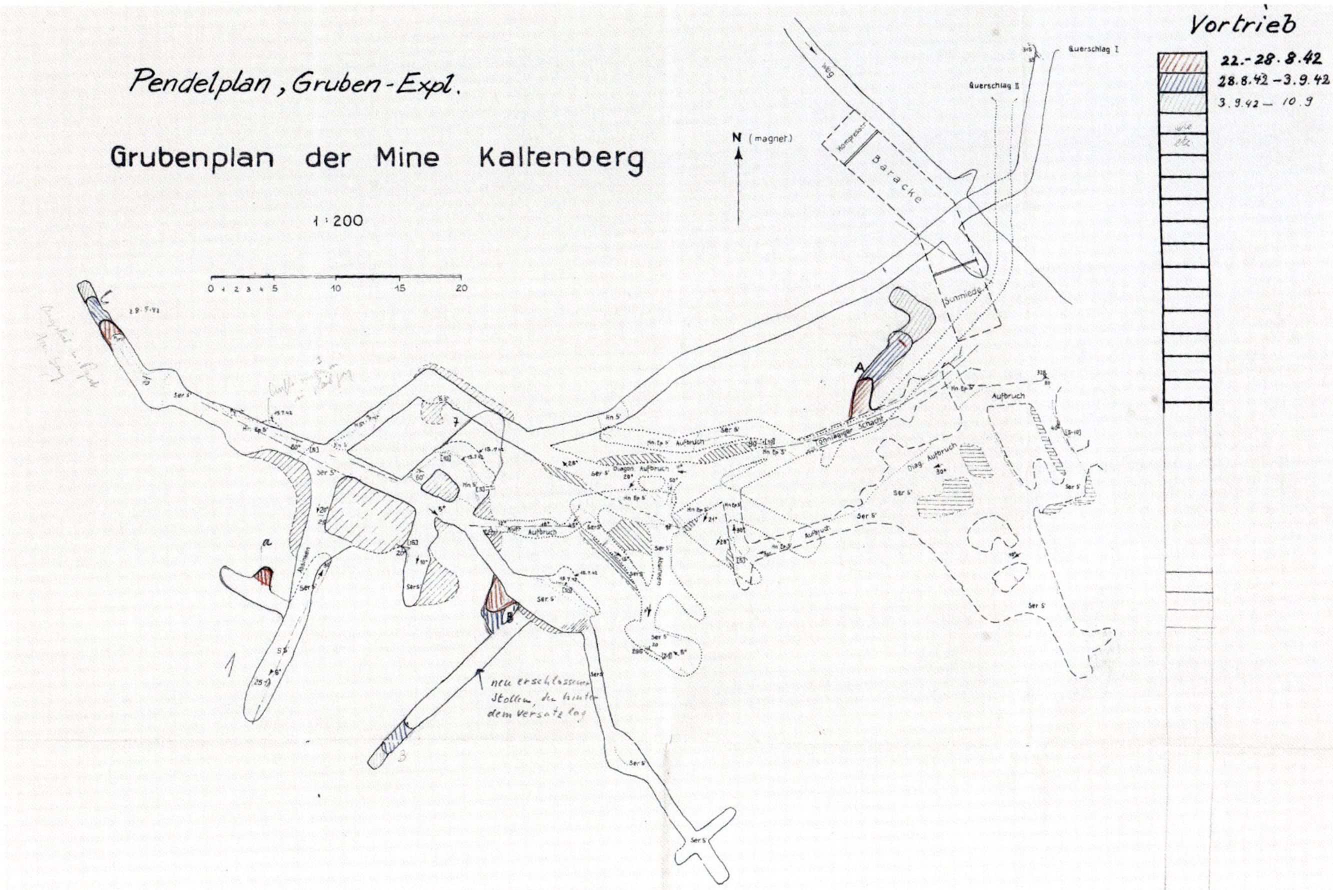

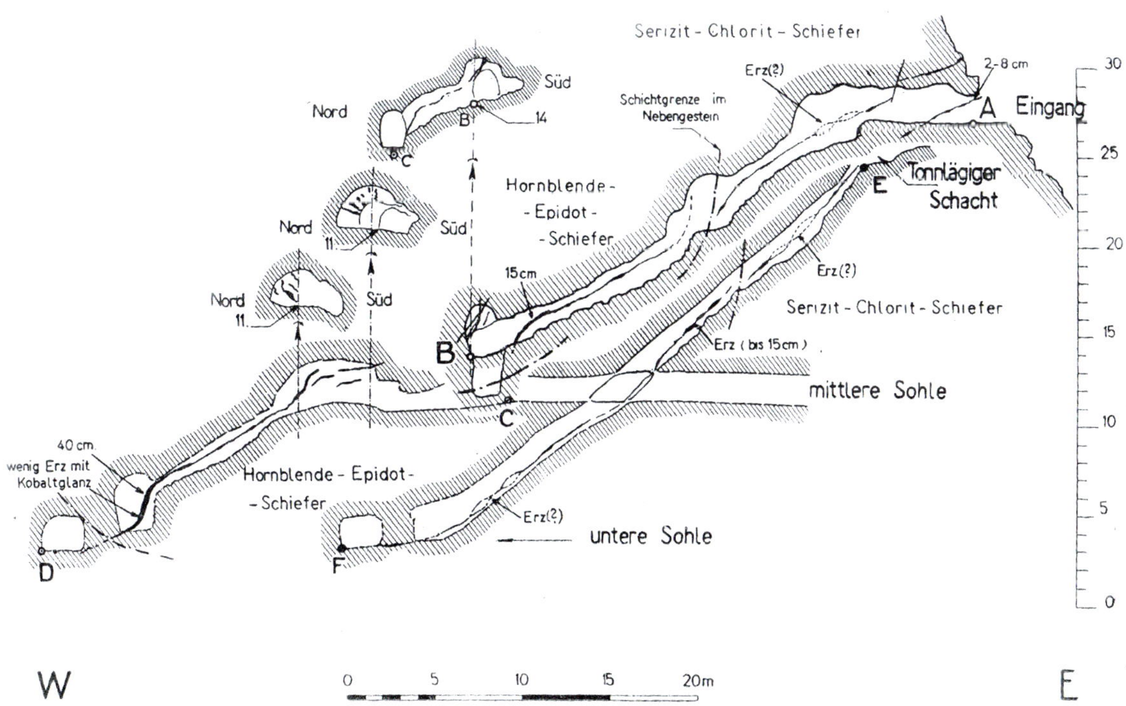

Oben: Stollenplan mit den darin eingetragenen Sondierungen Λ, ɑ, B, B', C.

Unten: Saigerriss (Profil) durch das Bergwerk im Jahr 1942.

Links: Aufstieg von der Sohle 1 durch den tonnlägigen Schacht hinauf zur Sohle 2.

Rechts: Auf der Halde lassen sich mit etwas Glück noch einzelne Erzstücke finden. Das Bergwerk selber ist leergeräumt. In der letzten Bergbauperiode wurden total 700 kg Erz gefunden: 300 kg lagen auf der Halde; 400 kg konnten noch im tonnlägigen Schacht abgebaut werden.

was zu einer enormen Staubentwicklung führte. Die natürliche Bewetterung der Stollen war nur unzureichend; Anton Locher verlor nach einer Sprengung beinahe das Bewusstsein, weil die giftigen Pulverdämpfe nicht abziehen konnten. Die Bergleute verfügten weder über Schutzkleidung noch Staubmasken oder Helme. Bis 40 kg schwere Bohrhämmer mussten ohne Hilfe von Bohrlafetten bedient werden. Also mussten die Mineure das ganze Gewicht selber tragen und gleichzeitig noch die Kraft für den Vortrieb aufbringen. Diese Arbeit war für die Mineure sehr ermüdend, so dass auch die Handlanger die Arbeit der Mineure übernehmen mussten.

Die Platzverhältnisse in der Baracke waren sehr eng, und westlich davon war ein Ingersoll-Kompressor mit Verbrennungsmotor aufgebaut worden. «Alles war einfach eingerichtet und sehr schmutzig, duschen konnte man erst wieder zu Hause. Es hatte eine kleine Küche und oft gab es Fleisch, wir fingen Murmeltiere und einer war Jäger, der hatte sogar Gämsen geschossen»

Ein weiteres Problem waren die «Berge» (taubes Gestein) in den engen Stollen. Zu Beginn fein säuberlich aufgestapelt, wusste man bald nicht mehr, wohin damit. Dies äusserte sich auch im Verhältnis der dafür aufgewendeten Arbeitsstunden: «Stollenvortrieb in einer Woche: 36 Std, Wegräumen von taubem Gestein 390 Std».

Viel Erz wurde in den Stollen nicht mehr angefahren. Es wurden total 700 kg gefördert. Das Erz wurde von Hand mit dem Hammer vom tauben Gestein getrennt und für den Weitertransport mit Maultieren in Säcke abgefüllt. Diese mussten oft leiden, weil sie nicht richtig beladen wurden und die schweren Säcke ihre Haut aufscheuerten, bis sie bluteten.

WAR AM ENDE DER SCHMIED SCHULD?

Am 14. September erhielt der Schmied den Auftrag, den Kompressor zu warten. Dazu musste er die Ventile ausbauen, was er noch nie gemacht hatte. Um Fehler zu vermeiden, wurde ihm aufgetragen, ein Ventil nach dem anderen zu reinigen. Dennoch gab es eine Verwechslung, so dass beim Zusammenbauen und Anlassen der Kompressor stark beschädigt wurde.

Bei den Arbeiten in den Stollen hatte sich gezeigt, dass das Bergwerk vollständig ausgebeutet war, und so wurde der Betrieb eingestellt.

KOBALTSPEISE – ETWAS ZUM NASCHEN?

Kobaltspeise

Das in der zweiten Hälfte des 18. Jahrhunderts im Val d'Anniviers abgebaute Kobalterz wurde zur weiteren Verarbeitung ins Blaufarbenwerk Schwarzenfels nach Deutschland geliefert. Später bestand bei Chippis am Ausgang des Annivierstals ein kleines Blaufarbenwerk, das aber bei einem Hochwasser der Navigenze zerstört wurde (Ossent 1868).

Danach wurden die Erze in Sierre im Schmelzwerk von Glarey verhüttet und die Kobaltspeise, die bei der Verarbeitung von nickelhaltigen Kobalterzen als Nebenprodukt anfällt, nach England verkauft. Sie wurde wegen ihrem Anteil an Nickel auch zur Herstellung von Neusilber verwendet. Als Neusilber wird eine silberähnliche, korrosionsbeständige Kupfer-Nickel-Zink-Legierung bezeichnet, aus welcher vor allem Essbesteck, Musikinstrumente und Schmuck hergestellt werden.

Smalte, keine Süssigkeit

Die Kobalterze von Kaltenberg wurden während der Bergbauperiode von Ossent ebenfalls in Sierre zu Kobaltpräparaten wie Kobaltoxid verhüttet.

Während der Bergbauperiode von Schacht wurde das in der Aufbereitungsanlage fein gemahlene und angereicherte Erz (Schliche) direkt ins Blaufarbenwerk Oberschlema bei Sachsen in Deutschland geliefert. Im damals weltweit grössten Blaufarbenwerk wurde aus dem gemahlenen Erz Smalte hergestellt (Kobaltblau).

Smalte ist ein mit Kobalt (II)-oxid eingefärbtes und gemahlenes, feuerfestes Glas. Dieses wurde zum Dekorieren von Keramik und in der Malerei verwendet. Mitunter fand das in Oberschlema hergestellte Kobaltblau auch Verwendung zum Einfärben von böhmischem Glas.

Oben: Smalte, historische Farbstoffsammlung der Technischen Universität Dresden.
Unten: Stich des Blaufarbenwerks bei Oberschlema in Sachsen.
Folgende Doppelseite: Wunderschöne Holzschienen aus der Bergbauperiode von Schacht. Die Schienen waren ursprünglich mit Eisen belegt. Das Holz sieht noch aus wie damals, das Eisen wurde teilweise entfernt oder hat sich zersetzt.

LÖTSCHENTAL
KANTON WALLIS

BLEI-BERGWERK GOPPENSTEIN

WAREN ES DIE RÖMER, DIE KELTEN, ODER WURDE SCHON IN DER BRONZEZEIT BERGBAU BETRIEBEN? ANLASS ZU SPEKULATIONEN GIBT ES GENÜGEND. ABER EINS IST KLAR: DER ABBAU AUF DER ALP SCHÖNBÜHL AUF 2000 M HÖHE MUSS SCHON SEHR ALT SEIN. DOCH AUCH IN GOPPENSTEIN IST DIE GESCHICHTE MIT KONKURSEN, BETRÜGEREIEN, SPEKULATIONEN UND MISSWIRTSCHAFT GEPFLASTERT. DER LETZTEN SPEKULATION VON DIONISOTTI HABEN WIR ES DENN AUCH ZU VERDANKEN, DASS EINE KOMPLETTE AUFBEREITUNGSANLAGE BIS HEUTE MEHR ODER WENIGER ERHALTEN GEBLIEBEN IST.

BESICHTIGUNG: DIE STOLLEN SIND HEUTE NUR NOCH SCHWER ZUGÄNGLICH UND ES WIRD DEM LAIEN DRINGEND VON EINER BEFAHRUNG ABGERATEN. IM HERBST SIND DIE RUINEN DER AUFBEREITUNGSANLAGE TEILWEISE VOM AUTOVERLAD GOPPENSTEIN AUS ZU SEHEN.

ABGEBAUTE ROHSTOFFE: BLEI/SILBER
ELEMENTE (LAGERSTÄTTE): BLEI, ZINK, SILBER, EISEN, KUPFER, SCHWEFEL
MINERALIEN (LAGERSTÄTTE): GALENIT, SPHALERIT, PYRIT, CHALKOPYRIT, PYRRHOTIN
SEKUNDÄRMINERALE: AZURIT
GANGMINERALE: QUARZ, BARYT, KALZIT, FLUORIT

Linke Seite: Die Ruine der ehemaligen Aufbereitungsanlage von Dionisotti. Im Foto sind das grosse Silo, die Kolbensetzmaschinen von Aproz und im Vordergrund die mit Wellblech abgedeckten Stossherde zu erkennen.

Oben: Die Bergstation der Seilbahn thront wie ein Adlerhorst auf 1820 m ü. M. im steilen Gelände und trotzt der Witterung. Knapp lässt sich noch das Trassee von der Bergstation hinüber zum Förderstollen erkennen.

Oben: Das teilweise abgerutschte Trassee vor dem Stollen auf 1860 m mit einem fantastischen Ausblick ins Rhonetal.
Unten: Der letzte noch vorhandene Mast der Seilbahn.

Rechte Seite: Blick vom Stollen auf 1860 m hinunter zur Bergstation der Seilbahn. Im Bild sind noch gut die Seile einer kleinen Materialseilbahn zu sehen.

Oben: Der Trichter zum Walzwerk mit Schüttelrutsche ist noch immer voller Erz.
Unten: Von der eingestürzten Dachkonstruktion verschütteter Drehstrom-Schleifringmotor.

Rechte Seite, oben: Die mächtige Seilwinde beim tonnlägigen Förderschacht im Tiebelstollen.
Rechte Seite, unten: Wasserpumpe der Flotation in der Aufbereitungsanlage.

BREDA

BLEIBERGWERK GOPPENSTEIN

Situationsplan der projektierten Installationen über Tage mit Seilbahn, Aufbereitung und Erzverlad.

KELTEN, RÖMER, ODER …?

Wie alt der Bergbau im Lötschental ist, lässt sich nur sehr schwer abschätzen. Liegen die Anfänge in der Zeit der Römer, der Kelten, oder schon in der Bronzezeit? Anlass zu solchen Spekulationen liefert z. B. die Lonza, welche das Lötschental durchfliesst: Laut keltoromanischen Flurnamensforschern stammt das Wort «Lonza» vom keltischen Wort «Loudio» ab, was soviel wie ‹Blei› bedeutet. Befeuert werden die Vermutungen ferner von einem archäologischen Zufallsfund durch Edmund von Fellenberg: Dieser entdeckte im Jahr 1880 eine Bronzespange in einem Schuttkegel bei Goppenstein (Bellwald 1994). In der wilden und von Naturgewalten geprägten Landschaft blieben Spuren von einem möglichen prähistorischen Bergbau sicherlich nicht lange erhalten. Ebenso fehlen auch zuverlässige Anhaltspunkte für einen Bergbau während der Römerzeit, die bei Siviez (Nendaz VS) silberhaltiges Bleierz abgebaut haben. Ein Problem in der Bergbauforschung stellt auch immer wieder der jüngere Bergbau dar, welcher oft die Spuren eines älteren Bergbaus überprägt oder gar zerstört hat.

EIN ERSTER GERICHTSFALL

Erste aktenkundige Überlieferungen fand Louis Carlen (1980) in den Akten des Deutschen Reichskammergerichts. Im Jahre 1474 verlieh der Bischof von Sitten das Recht auf Bergbau an ein Konsortium, bestehend aus Mitgliedern aus dem In- und Ausland. Die Lagerstätte in Goppenstein muss also so vielversprechend gewesen sein, dass sich sogar Kaufleute aus dem Ausland dafür interessierten. Das Konsortium erhielt das Recht auf Bergbau «im ganzen Lötschen, im Bencke und im Rarener Zehnt» und erhielt somit die Befugnis «zu buhen und zu treiben nach Bergwerk recht und gewohnheit». Welches Ausmass der Bergbau besass, ist nach Angaben von Carlen nicht überliefert. Aber die getätigten Investitionen führten unter den Aktionären immerhin zu einem mehrjährigen Rechtsstreit (Carlen 1980).

WEITERE ABBAUVERSUCHE UND POLITISCH GELAGERTE PROBLEME

Der Bergbau hatte zur damaligen Zeit mit zahlreichen Problemen zu kämpfen. Ein schwerwiegendes Problem waren die von der Regierung verhängten Strafen für den unerlaubten Export von Erzen und Metallen. Wie sollte der Bergbaubetrieb rentabel sein, wenn im Wallis nur geringe Absatzmöglichkeiten bestanden, ein Export durch die Regierung unterbunden wurde und diese erst noch die Preise diktierte? In Kriegszeiten sollte das Land durch Rohstoffe aus den einheimischen Bergwerken versorgt werden können, insofern waren diese Einschränkungen der Behörden auch verständlich und die politische Lage war damals nicht so stabil wie heute.

UNZUGÄNGLICHE LAGE

Auch die hohe Lage des Bergwerks Goppenstein brachte einige Probleme mit sich. Die ersten Baue befanden sich bei Schönbühl auf einer Höhe von 2450 m. Schmale Saumpfade mussten mühsam erklommen werden, um Mate-

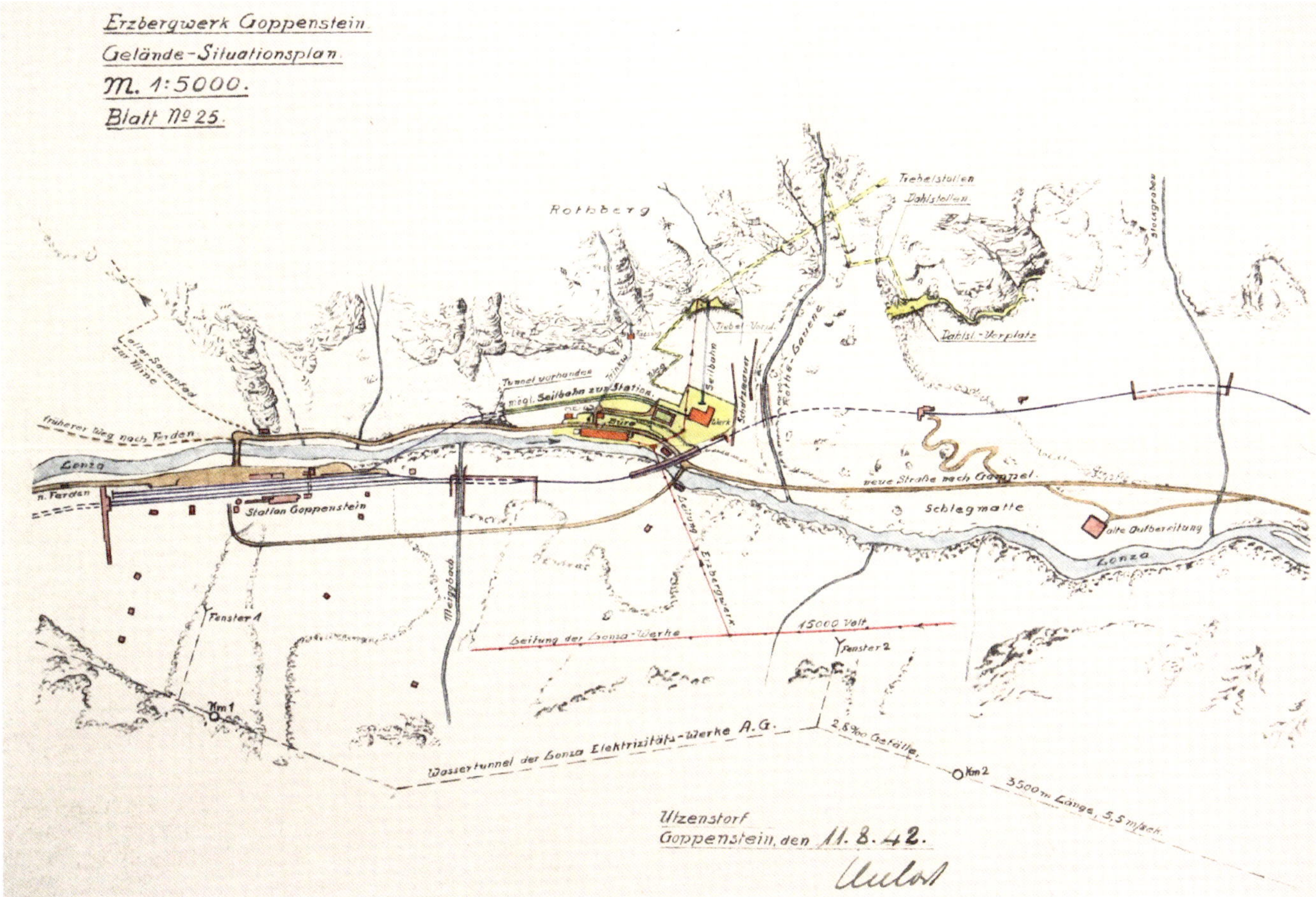

rial hinauf und das Erz hinunter zu transportieren. Neben diesen enormen Transportproblemen kamen erschwerend die Witterung und Jahreszeiten hinzu. Ein regelmässiger Abbau war damals nur während ein paar Monate im Jahr möglich. So zeugte die Geschichte des Bergwerks von einem regelmässigen Auf und Ab mit zahlreichen Konkursen und Neubeginnen.

AUFSCHWUNG UND ILLEGALE ARBEITEN AN FEIERTAGEN

Erst als im Jahr 1633 beschlossen wurde, den Bleiexport unter bestimmten Bedingungen zu erlauben, erhielt der Bleibergbau im Wallis wieder eine grössere Bedeutung. Nachdem allen Gemeinden und Privaten die Möglichkeit gegeben wurde, die gewünschten Mengen Blei zu kaufen, durfte das noch verfügbare Blei exportiert werden (Rossi 1949).

Diese Änderung führte zu einem Aufschwung des Bergwerks Goppenstein. Der Betrieb muss stark erblüht sein, sodass sich der Bischof anlässlich eines Besuches in Lötschen gezwungen sah, im Mai 1634 den Knappen die Arbeit an den Feiertagen strikte zu untersagen (Bellwald 1994).

BAGLIONI SCHEITERT EBENFALLS IN GOPPENSTEIN

Im Jahr 1845 erhielt der bergbaukundige Pierre de Baglioni die Konzession. Baglioni ist dafür bekannt, dass er im Tessin wie auch im Wallis sehr aktiven Bergbau betrieben hatte. Gemäss Bellwalds Recherchen soll er in Goppenstein auf einer Höhe von 1800 bis 1900 m einen rentablen Bergbau eingerichtet haben. Das abgebaute Erz wurde mit Schlitten ins Tal hinunter transportiert. Mit dieser Arbeit waren zwei Trupps à je 50 Italiener beschäftigt, allerdings ging dabei so viel Erz verloren, dass noch Jahrzehnte später im Gelände die schönsten Erzbrocken zu finden waren. Im Jahr 1849 verkaufte Baglioni dann das Bergwerk mit einem beachtlichen Gewinn von 64 000 Franken an eine englische Gesellschaft.

Noch im selben Jahr begann einer der Aktionäre, John James Rippon, mit dem Bau einer Strasse von Goppenstein hinunter nach Steg/Gampel. Als Zeichen ihrer Wertschätzung wurde Rippon Ehrenbürger der vier Lötschentaler Gemeinden, was mit einem «Rippondrunck» geehrt wurde (Bellwald 1994).

Die Geschäftsleitung der «Bergwerks-Actiengesellschaft Helvetia» mit Richard Tiebel und Direktor Jens Theodor Dahl.

Weiter liess Rippon am Ausgang des Lötschentals, auf der linken Seite der Lonza, 1850 ein neues Hüttengebäude mit Flammöfen errichten. Im Hüttenwerk wurden in den Jahren 1850/51 ca. 3000 Zentner Bleierz verhüttet, wobei aber aus Mangel an geeignetem Flussmittel beinahe die Hälfte des Bleis in der Schlacke verblieb. Bereits nach drei Jahren musste die englische Gesellschaft den Bergbau unter grossem Verlust wieder einstellen. Die Belegschaft des Bleibergwerks betrug in dieser Zeit nie mehr als zehn bis zwanzig Mann (Gerlach 1873).

EIN KLEINER LICHTBLICK

Im Jahre 1854 erhielten die beiden Schweizer Serquet und Stauffer zusammen mit dem Franzosen d'Ervieux die Konzession (Gerlach 1873). Die bereits von Rippon erstellte Strasse wurde «bedeutend vervollkommnet» und die Hüttenanlage modernisiert (Gerlach 1873).

Der Transport von den Stollen auf 1800 bis 1900 m Höhe, hinunter zur Aufbereitungsanlage bei der Kapelle, sollte nicht mehr mit Schlitten, sondern in einem hölzernen, bereits gebauten Kanal stattfinden. Dieser Kanal besass einen Durchmesser von ca. 1½ bis 2 Fuss und eine Länge von 675 Klafter (ca. 1215 m). Leider dürfte dieser Kanal nicht von langer Lebensdauer gewesen sein, da die hölzernen Bretter den scharfkantigen Erzklumpen nicht lange standhalten konnten (Gerlach 1873).

SPEKULATION UND PERSÖNLICHE LEIDENSCHAFT

Die zahlreichen Konkurse namhafter Gesellschaften zwischen den Jahren 1850 und 1880, die sich mit meist kleinem Erfolg abwechselten, führte zu folgender Aussage über das Bergwerk Goppenstein: «Es kleidete seine Unternehmer in Samt und Seide, zog sie aber auch aus bis aufs Hemd.» Der rege Wechsel gescheiterter Gesellschaften lässt auf eine nicht abbauwürdige Lagerstätte in Goppenstein schliessen. Doch in einem Bericht von Fellenberg zu seiner Besichtigung des Bergwerks im Jahr 1872 und dem Niedergang des Betriebes werden die Fakten schonungslos aufgedeckt: «Vor dem Eingang des Hauptstollens liegen zur Stunde grosse Haufen theilweise recht schöner Erze, so dass man unwillkürlich nicht dem Erzmangel das Eingehen der Grube zuschreiben muss, sondern einer gewissenlosen und schwindlerischen Wirthschaft, die darauf ausgieng, in kurzer Zeit die Geldmittel der Actionäre, statt im Grubenbetrieb, an der Pariser Börse en haut et baisse durchzumachen, wie mir von competenter Seite mitgetheilt wurde» (Bellwald 1994).

So war der Ruin dieser mit erheblichen Geldmitteln erbauten Anlagen nicht auf einen Mangel an abbauwürdigem Erz zurückzuführen, sondern vielmehr der «Unkenntnis und dem Leichtsinn» der mit dem Bergbau betrauten Personen. Hinzu kamen noch Finanzspekulationen und unterschiedliche dubiose Machenschaften, wie sie sich auch der letzte Konzessionär zuschulden kommen liess, als er sich mit einem nicht geringen Erlös absetzte (Bühler 1892).

Aufbereitungsanlage mit angebautem Knappenhaus um 1900

DIE ÄRA HELVETIA BEGINNT

Im August 1897 trifft Richard Tiebel, ein Bergbaufachmann aus Goslar DE, in Gampel ein. Tiebel erhielt bereits im Januar 1897 den Zuschlag für das «Blei und Silberbergwerk im Lötschenthal». Für 15000 Franken ersteht Tiebel die Konkursmasse des Bergwerks, womit eine der bedeutendsten Abbauphasen des Bergwerks Goppenstein beginnt (Bellwald 1994).

Ein wesentlicher Fortschritt bedeutete nun das Aufschliessen des Erzganges mittels eines auf 1310 m gelegenen neuen Stollens, welchen Richard Tiebel im Jahr 1898 begonnen hatte. Tiebel wollte mit dem neuen Stollen den Erzgang in der Tiefe erschliessen und den aufwändigen Transport des Erzes mittels Schlitten oder anfälliger Rohrleitung unnötig machen. Etwa 270 m südlich des Tiebelstollens wurde 1901 auf einem Niveau von 1286 m ein Wetterstollen in Richtung Tiebelstollen vorgetrieben. Der sogenannte «Dahlstollen», wie er nach dem Direktor Jens Theodor Dahl benannt wurde, querte später nach ca. 120 m und auf einem 11 m tieferen Niveau den Tiebelstollen. Die beiden Stollen waren durch mehrere Rolllöcher und Schächte miteinander verbunden.

Im Juli 1901 will Direktor Dahl trotz wiederholter Warnungen aus der Bevölkerung in Gampel die wilde Rhone durchschwimmen – und kommt dabei ums Leben. Weder der tragische Unfall seines Kompagnons Dahl, noch das geologische Gutachten von Professor L. Duparc, welches die unregelmässige Erzführung als Risiko bezeichnet, halten Tiebel davon ab, weiter ins Bergwerk zu investieren (Bellwald 1994).

Der im Jahr 1901 mit dem Tiebelstollen angefahrene Erzgang und seine Mächtigkeit von 5 bis 70 cm veranlasste im Jahr 1902 voller Hoffnung die Gründung der «Aktiengesellschaft Helvetia». Mit viel Zuversicht schrieb Tiebel in der Denkschrift zum Anlass der Firmengründung, dass dem Unternehmen «voraussichtlich ein längeres Leben beschieden ist, als allen vorhergegangenen Gesellschaften zusammengenommen». Noch im Gründungsjahr wird der Bau einer neuen, für 100 Tonnen Tagesleistung ausgelegten Aufbereitungsanlage in Angriff genommen.

Die Aufbereitungsanlage war durch eine Seilbahn mit dem Dahlstollen verbunden, über welchen zukünftig das Erz von den höher gelegenen Abbaufeldern vor Tag gefördert werden sollte. Das ehemalige Knappenhaus bei der Kapelle in Goppenstein wurde renoviert und die Wohnungen dienten den Bergleuten, Steigern und Obersteigern als angemessene Unterkunft. Ab April 1902 war auch eine Kantine eingerichtet worden, die den Arbeitern alle nötigen Vorzüge lieferte und den Genuss von «Getränken» soweit regulieren sollte, dass es zu keinerlei ruhestörenden Ausschreitungen kommen sollte. Die gesamten Kosten für die Aufbereitung, Seilbahn und Turbinenanlage betrugen etwa 292000 Deutsche Mark (Tiebel 1903).

Am 31. Januar 1903 vermeldet dann die Lokalzeitung, «etwa 20 junge Mädchen von der Umgebung finden als Wäscherinnen neuerdings lohnende Beschäftigung», und es seien schon etwa 3000 Tonnen gewaschenen Erzes verkauft worden. Alle Bohrarbeiten waren bis ins Jahr 1903 ausschliesslich von Hand ausgeführt worden. Im Herbst 1903

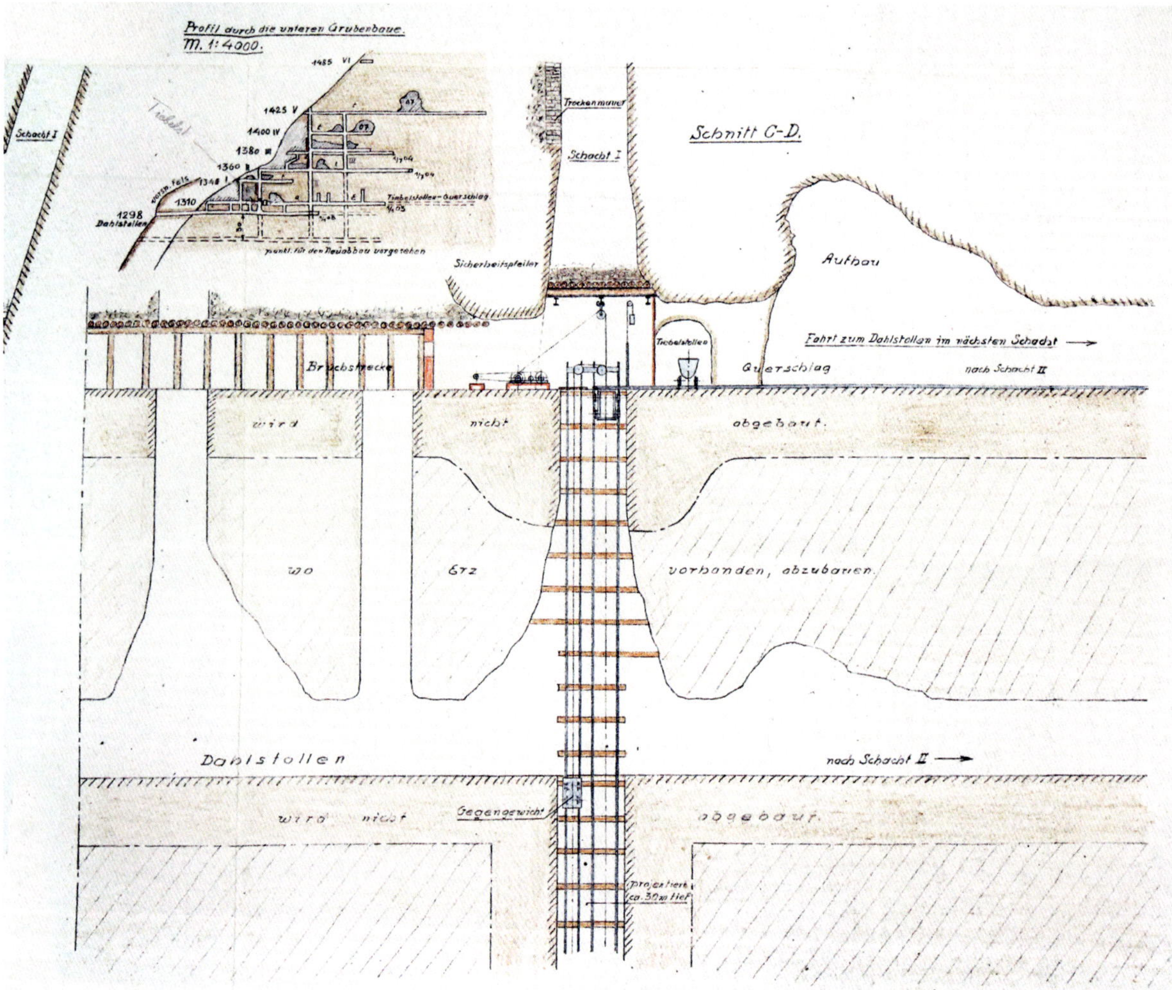

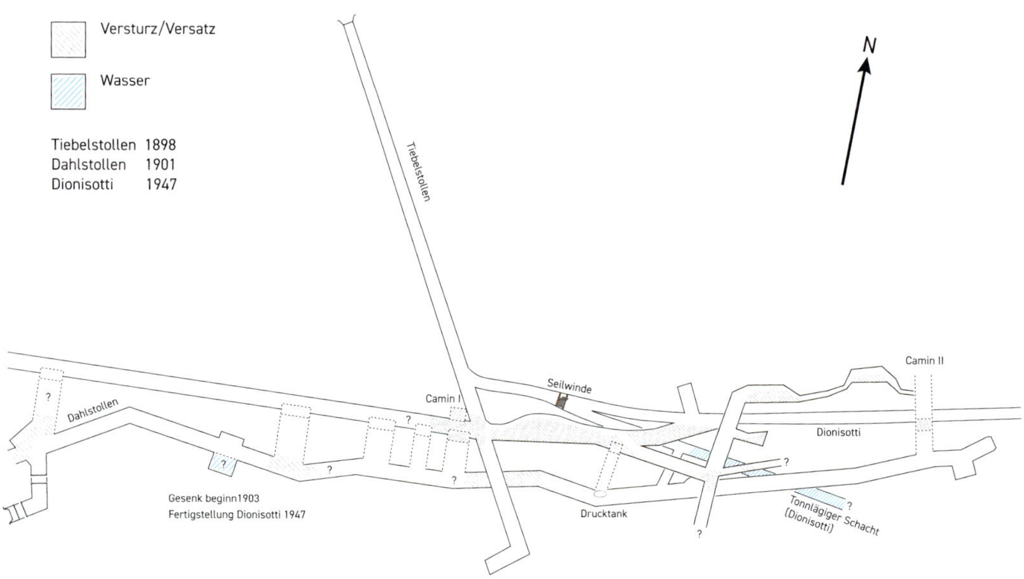

Oben: Stollenpläne eines projektierten Schrägaufzugs zwischen Tiebel und Dahlstollen.
Unten: Stollenplan gezeichnet nach einer Befahrung im Jahr 2021 und ergänzt durch Pläne des Büros für Bergbau.
Rechte Seite, oben: Plan der projektierten Seilbahn beim Mundloch zum Tiebelstollen.

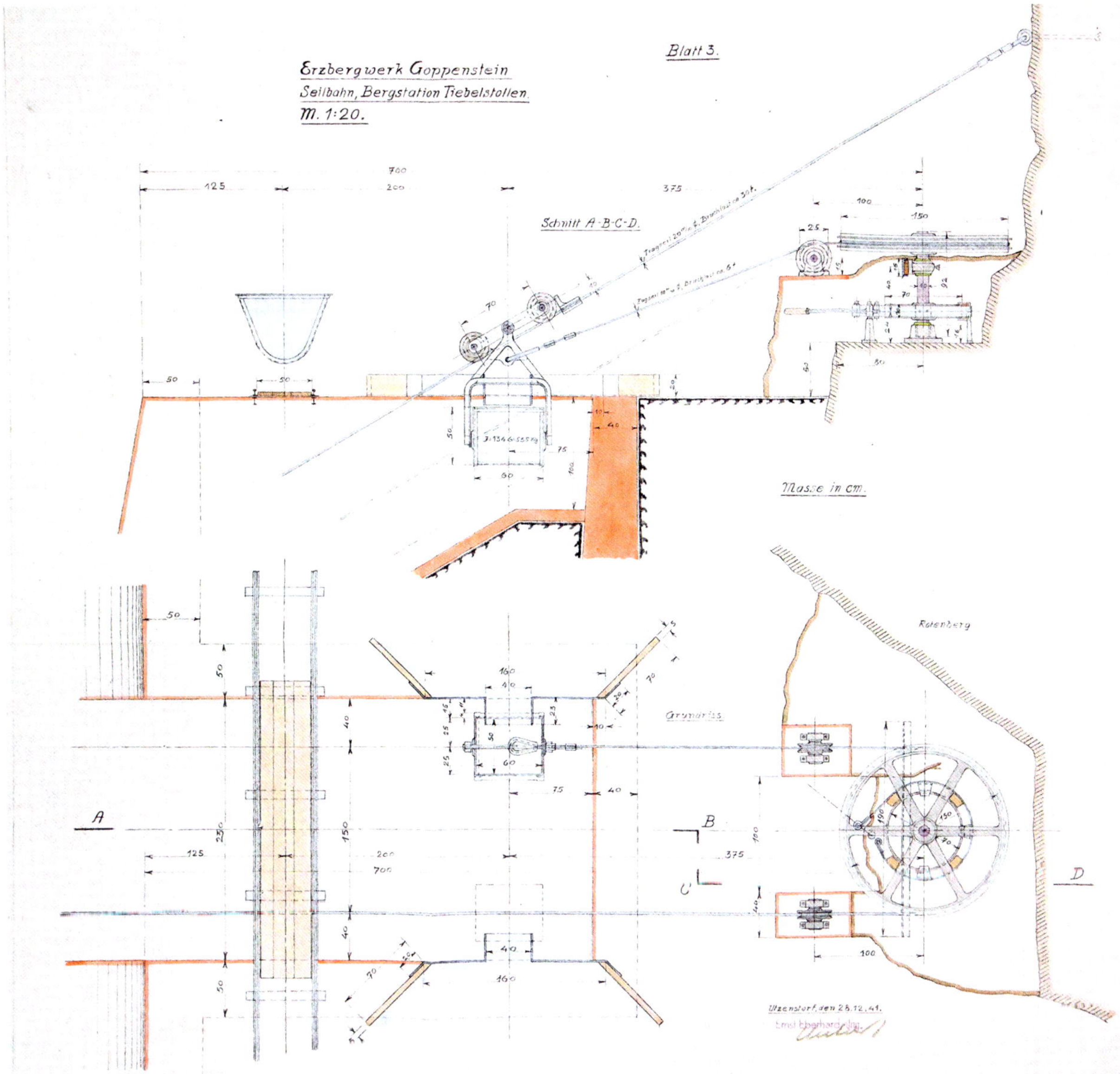

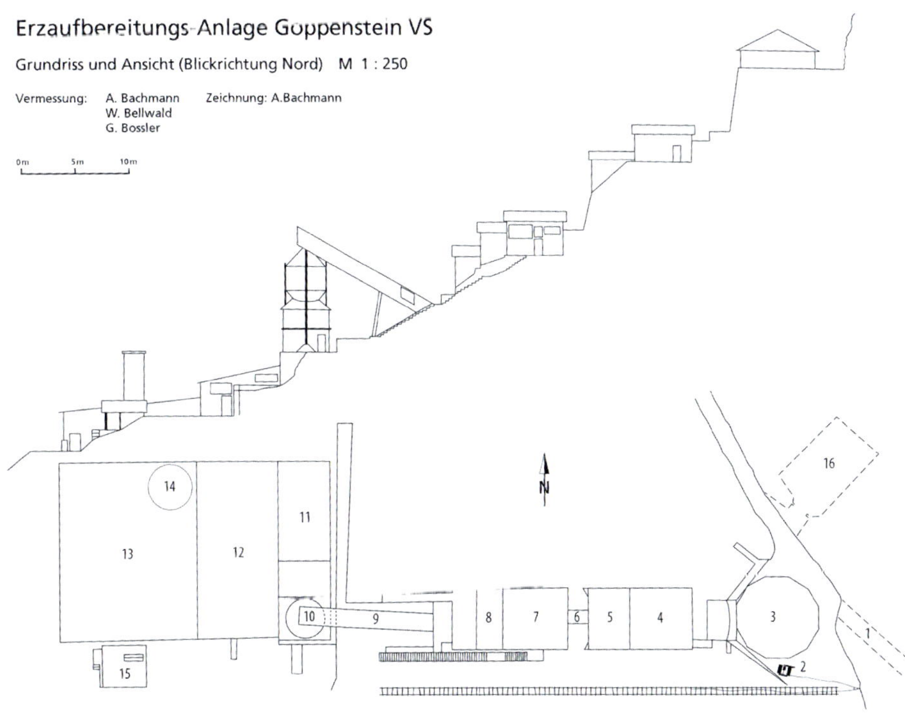

Grundriss und Profil der Aufbereitungsanlage

1) Tiebelstollen
2) Seilwinde
3) Bunker
4) Backenbrecher
5) Bunker
6) Förderband mit Tafelschwingsieb
7) Walzenbrecher
8) Feinwalzwerk
9) Förderband
10) Silo
11) Schüttelsieb
12) Kolbensetzmaschinen
13) Stossherde
14) Zyklop
15) Trafostation
16) Kompressoranlage

wurde dann eine Druckluftanlage für vier Bohrhämmer installiert. Die Arbeiten beschränkten sich im Jahr 1903 bis 1904 hauptsächlich auf Aufschluss- und Untersuchungsarbeiten in den Stollen I bis V, sowie einer wintersicheren Verbindung hinauf bis zu den alten Abbaufeldern. Tiebel hegte immer noch die Hoffnung, beim Erstellen dieser Verbindung hinauf zu den alten Abbauten ergiebigere Erzhorizonte zu erschliessen.

DAS GELD WIRD KNAPP

Bei all den Arbeiten auf diesem tieferen Niveau wurden aber nie, wie erhofft, ergiebigere Erzvorkommen erschlossen. Die ganzen Arbeiten für eine unterirdische Verbindung verliefen zum grössten Teil im tauben Gestein und die abgebauten Erzmittel reichten bei weitem nicht, um die angefallenen Kosten zu decken. So steht im Jahresbericht der Gesellschaft bereits Ende 1904: «Zu unserem grossen Bedauern sind wir in die unangenehme Lage versetzt, berichten zu müssen, dass wir am Ende aller unserer Mittel sind. Unsere Gesellschaft ist von vornherein mit zu geringen Mitteln ins Leben gerufen worden. Wir hatten mit unseren technischen Organen geglaubt, mit Hilfe eines Bankkredits von zirka 200 000 Frcs. die Geldschwierigkeiten überwinden zu können. Dies ist leider nicht der Fall. Die Hoffnung auf die Ergebnisse in den unteren Strecken sind nicht in Erfüllung gegangen.» Die mit hohen Kosten und unter enormem Aufwand erstellte Aufbereitungsanlage arbeitete nur zeitweise und stand von August 1904 bis ins Jahr 1905 still. Im Jahr 1904 waren in den Stollen fast ausschliesslich Italiener beschäftigt, welche gerade im Umgang mit dem Druckluftbohrer «intelligente und anstellige Arbeiter sind». Leider mussten in diesem Betriebsjahr auch zwei schwere Unfälle verzeichnet werden, wobei ein Bergmann ums Leben kam und ein anderer sein rechtes Auge verlor (Linnartz 1905, InfoGeol 1299).

ERNEUTER UNTERGANG DURCH FEHLEINSCHÄTZUNGEN

Bis ins Jahr 1907 wurden die Stollen 1 bis 3 sowie 7 und 8 aufgewältigt, um die hier nicht unbedeutende Erzmenge abzubauen. Es scheint aber, als wären die benötigten 100 Tonnen Roherz pro Tag nie erreicht worden, denn im November 1907 wurde der Betrieb des Bergwerks eingestellt.

Der Untergang der Aktiengesellschaft Helvetia war einmal mehr typisch für den Schweizer Bergbau, wobei hier zwei Faktoren besonders ausschlaggebend waren: einerseits die schwer zu beurteilende Lagerstätte und die Lage weitab aller Transportwege; andererseits die Ingenieure voller Euphorie, die Investitionen getätigt hatten, die von keinem geologischen Gutachten gestützt wurden und niemals im Verhältnis zum möglichen Ertrag standen. Einmal mehr hatten sich die Investoren blenden lassen und übersahen die Schwierigkeiten bei tektonisch stark gestörten Lagerstätten wie sie in den Schweizer Alpen üblich sind. Die Gesellschaft war gut aufgestellt, die Leitung der ausgeführten Arbeiten in seriösen Händen und die eingesetzten Maschinen entsprachen dem damaligen Stand der Technik. Aber die Aufbereitung war zu gross dimensioniert und die geplanten unterirdischen Transportwege hinauf zu den ergiebigen Erzgängen verschlangen Unmengen an Mitteln, ohne dass es sich gerechnet hätte.

Unglücklicherweise wurde der Betrieb zu einem Zeitpunkt eingestellt, da sich die Bern-Lötschberg-Simplon-Linie (BLS) im Bau befand, welche den Transport des aufbereiteten Erzes erheblich vereinfacht hätte. Bis anhin fand dieser Transport mühsam mit Eseln statt (Bellwald 1994).

TECHNISCHE SPIELEREIEN, PENDELVERSUCHE UND NOCH IMMER KEIN ABBAU

1939 übernimmt Ingenieur H. Schurter aus Walzenhausen/Appenzell zusammen mit seinem Teilhaber, Ingenieur Eberhard aus Utzensdorf/Bern die Konzession.

Von den Arbeiten der neugegründeten Gesellschaft «Erzbergwerk Goppenstein» zeigten sich die Inspektoren des Bureaus für Bergbau aber nicht begeistert. Bei einer Befahrung der Mine im Sommer 1941 bezeichnen die beiden Geologen Huttenlocher und Cadisch die Versuche von Ingenieur Schurter, das Erz aufzubereiten, als «technische Spielereien». «Ein Kurpfuscher ist er gewesen», wissen damalige Einwohner von Goppenstein zu berichten. Solche Aussagen belegen, dass es sich wenigstens bei Schurter nicht um einen ausgewiesenen Bergbauspezialisten gehandelt hatte.

Schurters hochfliegende Pläne waren beinahe schon peinlich unrealistisch. Waren die utopischen Ziele tragisch genug, kam noch dazu, dass die benötigten Erzreserven durch Pendelversuche prospektiert wurden.

Ehemalige Karbidfabrik Lonza in Steg/Gampel. Links im Bild gut sichtbar die Transportseilbahn hinauf zum Bahnhof Hohtenn der Bern-Lötschberg-Simplon-Bahn BLS. In diesem Bereich muss sich früher der Hochofen von Steg/Gampel befunden haben. Die Analyse einer dort im Jahr 2021 gefundenen Schlacke belegt dies (21,3 % Blei, 15,28 % Zink, 17,35 % Eisen, 0,105 % Silber).

Schurter wurde von Eberhard als Träumer bezeichnet, welcher sich selten in den Stollen aufhielt und zuhause seinen unrealistischen Visionen nachhing. Er konnte die Belegschaft nicht führen und hatte kein technisches Verständnis für den Bergbau, stattdessen pendle er in den Stollen! Schurter selbst brüstete sich damit, in vier Jahren 6000 Pendeluntersuchungen durchgeführt zu haben.

Schon bald war die Arbeitsmoral so schlecht, dass einzelne Arbeiter damit begannen, ihre Arbeitszeit trinkend im Gasthaus und schlafend im Gelände zu verbringen. Die Büroräume waren mit Flacons voller Arzneien und Chemikalien verstellt. Als Schurter dazu die Versuchsapparatur zur Elektrolyse in einer Toilette aufbaute, wurde es Geschäftsführer Eberhard zu bunt und es kam zur Trennung der beiden Parteien (Bellwald 1994).

UNZUREICHENDE FÖRDERLEISTUNG UND EINE ANZEIGE WEGEN KONKUBINAT

Eberhard übernimmt 1942 die Leitung, wältigt mit den Männern den Tiebel- und Dahlstollen auf, installiert Geleise, Kompressoren und eine Seilbahn vom Tiebelstollen hinunter zur geplanten Aufbereitungsanlage, welche aber nur auf dem Papier Form annehmen wird.

Aber auch unter Eberhard kommt der Bergbau nicht in Gang. Es bleibt bei kleineren Instandstellungsarbeiten und dem Erstellen einiger Installationen. Es fehlt Geld an allen Ecken und Enden. Dann tritt erstmals Joseph Dionisotti in Erscheinung. Er übernimmt im Jahr 1944 die Löhne einiger Bergleute und wird später noch eine wichtige Rolle spielen.

Bereits begann sich ein weiteres Scheitern abzuzeichnen, denn die Arbeiten von Eberhard beschränkten sich im Bergwerk Goppenstein mehrheitlich auf Instandstellungsarbeiten und das Erstellen von Plänen. Eberhard sah sich als das Opfer einer ungerechten Bürokratie und schrieb dem Büro für Bergbau in einem Brief, «er habe ein unverantwortlich hohes Vermögen für die Instandstellung einer Mine und für die Arbeiten ausgegeben, zu denen ihn das staatliche Bureau für Bergbau gedrängt habe. Nun, da die Krisenzeiten vorbei und die privaten Vermögen und seine Existenz zerstört seien, reagierten die staatlichen Stellen mit Gleichgültigkeit...» (Bellwald 1994).

Mit diesen Vorwürfen im Brief an die Adresse des Büros für Bergbau spricht Eberhard ein Problem an, das im Ersten und Zweiten Weltkrieg für zahlreiche Konzessionäre ein Problem darstellte bzw. diese ruiniert hatte. Das Büro für Bergbau war mit Befugnissen ausgestattet, die sogar bis zur Zwangsenteignung eines Konzessionärs reichten. Gelegentlich führten sich seine Vertreter entsprechend diktatorisch auf und setzten ihre Rechte gnadenlos durch. Auch Eberhard machte wiederholt solche Erfahrungen mit dem Büro. So schrieb ihm der Chef des Büros für Bergbau 1942: «Der Dahlstollen und der Tiebelstollen sind vollständig aufzuwältigen und instandzusetzen. Schacht No.I ist als ‹Abhauen› vom Dahlstollen ca. 30 m abzuteufen und sodann im Gang eine neue Sohle aufzufahren, um wenn möglich unter dem Dahlstollen einen neuen Bauabschnitt zu erschliessen. Der Dahlstollen ist im Gangstreichen bergwärts vorzutreiben, um neue Erzanreicherungen zu erschliessen. Sobald Ihr Betrieb

Monteur- und Arbeitstruppe der Aufbereitungsanlage Helvetia.

ein geregelter sein wird, sind die Vorrichtungsarbeiten so auszuführen, dass jederzeit eine sechsmonatige Erzreserve zur Verfügung steht ... In Anbetracht des heutigen Rohstoffmangels verlangen wir die optimale Ausbeutung der Lagerstätte ... Es wird eine Seilbahn vom Tiebelstollen-Mundloch zur provisorischen Talstation installiert. Sie errichten die notwendigen Baracken für Schmiede, Reparaturwerkstätte usw.» (Bellwald 1994)

In gewisser Hinsicht sind die strengen Anweisungen vom Büro für Bergbau aber auch verständlich, wurden in der Vergangenheit die Bergwerke doch oft durch die Konzessionäre ohne grosse Ahnung von einem geregelten Bergbau, ohne Planung, geologische Gutachten und nur raubbaumässig ausgebeutet.

DIE ÄRA DIONISOTTI BEGINNT

Ohne sich von all dem Ärger beeindrucken zu lassen, verwirklicht Dionisotti, welcher seit 1946 als Betriebsleiter angestellt ist, gegen den Willen Eberhards seine eigenen Pläne. Während Eberhard noch in den unteren Stollen Erz abzubauen versucht, beginnt Dionisotti die vielversprechenderen Lagerstätten der oberen Stollen in einer Höhe von 1800 m vorzurichten.

Aber im Sommer 1948 willigt Eberhard in den Verkauf an Dionisotti ein. Für 30 000 Franken übernimmt dieser die Konzession zusammen mit den Projektstudien zum Bau einer Aufbereitungsanlage, allen Plänen und Dokumenten. Weiter versprach Dionisotti, Eberhard prozentual an der geförderten Erzmenge zu beteiligen, was Eberhard vermutlich noch zusätzlich zum Verkauf verlockt haben dürfte. Wortstark wie wir es von Dionisotti kennen, verkündigte dieser, dass er schon nur der guten Luft wegen noch weitere 100 000 Franken in Goppenstein investieren wolle. Eberhard sah sein Bergwerk bei Dionisotti in den besten Händen und freute sich auf seine prozentuale Beteiligung am Gewinn.

Typisch für Dionisotti schwebt diesem ein Unterfangen vor, das er als «entreprise ... tres risquée» bezeichnet und dieses energisch vorantreibt. Zwischen September und Dezember 1948 beschäftigt Dionisotti in Goppenstein über 30 Arbeiter, zum grössten Teil Italiener, wobei einige von ihnen nur während drei oder vier Wochen bleiben. Die Arbeitsbedingungen müssen sehr hart, beinahe menschenunwürdig gewesen sein. So wurde später von Eberhard berichtet, dass die italienischen Arbeiter ohne ein Frühstück per Lastwagen herbeigeschafft wurden, um an einem Sonntagmorgen bei strömendem Regen gleich dreimal den steilen Weg von Goppenstein hinauf auf 1800 m zu absolvieren. Beim Abmarsch in Goppenstein muss das Zusammentreffen der schwer bepackten Arbeiter mit den Kirchgängern ein bizarres Bild geboten haben. Die klatschnassen Arbeiter mussten mehrere Tage auf 1800 m biwakieren und sollen – nach 12- bis 14-stündiger Arbeitszeit – zu ihrem Schutz vor der Witterung nichts weiter als eine Wagenblache besessen haben. Eberhard zerwirft sich nicht nur wegen des harschen Umgangs Dionisottis mit den Arbeitskräften, sondern auch wegen abgeänderter Ausbaupläne mit dem neuen Konzessionär. Eberhard hatte nie in den oberen Stollen Arbeiten ausführen lassen und konnte nicht verstehen, wieso ausgerechnet für Vorhaben auf 1800 bis 1900 m Höhe viel Geld und Arbeit aufgewendet wurde. Dionisotti aber hatte hier oben, beim Studium alter Pläne, die reichste Erzführung gefunden. (Bellwald 1994)

Eine Fotografie vor der Zeit Dionisotti. Dort, wo heute die Aufbereitungsanlage steht, sieht man einen ummauerten Friedhof.

DER AUFBAU IST IM VOLLEN GANGE

Im Frühling 1949 waren die Arbeiten bei der Aufbereitungsanlage und den oberen Stollen in vollem Gange. Aus seinen stillgelegten Bergwerken im Unterwallis lässt Dionisotti massenhaft nicht mehr benötigtes Material nach Goppenstein transportieren: eine Umlaufseilbahn, mehrere Steinbrecher, Mühlen und Kolbensetzmaschinen, Stossherde, Kompressoren, Bohrhämmer, zahlreiches Werkzeug, Geleise mit Loren und ganze Gebäude für die Aufbereitungsanlage. Die Maschinen und Gebäude für die Aufbereitungsanlage stammen mehrheitlich aus dem Bergwerk von Aproz. Auf einer Höhe von 1800 m wird die Bergstation errichtet, Baracken für die Mannschaft, Küche und Werkstätten werden aufgebaut und der Vortrieb in den alten Stollen wird aufgenommen.

Unten beim Tiebelstollen auf der «Roten Matte» wird eine Aufbereitungsanlage erstellt, die sich in ihrer Grösse sehen lassen kann. Am Fusse der Felswand wird neben dem Mundloch des Tiebelstollens eine Kaverne für die Druckluft-erzeugung durch den einheimischen Mineur Bonifaz Ritler in den Felsen gesprengt. Von hier aus wird eine Druckluftleitung 600 Höhenmeter im steilsten Gelände hinauf zu den oberen Stollen verlegt. Um die Druckluftleitung zusammenzuschweissen und dem schwierigen Gelände anzupassen, schleppen Bonifaz Ritler und Xaver Jaggy eine 80 kg schwere Sauerstoffflasche und eine 64 kg schwere Acetylenflasche den steilen und weglosen Berghang hinauf. «Äs Sicht äs Marterwärch» klagte damals Jaggy. «Äs Sicht äs Wunder, das munuch am läbän Sicht, bis Däne verdammtä huärun Chrämpfen!», erzählte Ritler bei einem Interview mit Werner Bellwald. Neben einer kompletten Schweissanlage und den Druckrohren schleppten die beiden zusätzlich noch einen grossen Kondensatbehälter den Berg hinauf. Dieser Behälter steht noch heute auf halber Strecke im steilen und unwegsamen Gelände als Mahnmal für die geleistete Arbeit dieser Männer (Bellwald 1994).

DIONISOTTI MEINT ES ERNST

In den darauffolgenden Jahren wird der Bau der verschiedenen Anlagen mit grossem Aufwand weitergeführt. Es schien so, dass von der Aufbereitungsanlage gar keine Pläne existierten. Dionisotti kam, gab Anweisungen und sah vor seinem inneren Auge bereits alles am rechten Ort stehen. «Wenn nötig, dann zeichnete er auf ein Papier oder kritzelte die Skizze selbst auf eine Zigarettenschachtel – und wir bauten die Anlage», erinnert sich sein Vorarbeiter Maurice Métrailler. Im Bergwerk arbeiten zeitweise bis zu 70 Bergleute und die Arbeit in den Stollen war anstrengend und schmutzig, wie Ritler zu berichten wusste: «Du warst immer nass und dreckig ‹wiä äs Schwiin›, vom Bohrstaub, dem Wasser, dem Dreck im Stollen.» Es sei ein Wunder, dass sie ohne Silikose (Staublunge) davongekommen seien. Am besten habe es der gehabt, der die Seilbahn bedienen durfte. Auch an die Arbeiten an der Aufbereitungsanlage erinnerte sich Ritler noch gut: «Äs ganz Jaar heimmer an dar Allaag gschaffud. Alls ischt flott istalliärds gsin, duä seid dr Altu, äs sii fertig!» (Bellwald 1994)

VERSPEKULIERT

Dionisotti spekulierte auf einen Anstieg des Bleipreises während des Koreakrieges und rechnete mit weiteren Kriegshandlungen, die den Bleipreis in die Höhe treiben würden. Deshalb drängte er ohne Rücksicht auf Verluste auf eine schnelle Inbetriebnahme des Bergwerks. Leider mach-

Beladestation der Seilbahn beim Dahlstollen aus der Ära Helvetia.

Die «grosse Turbine» der Aufbereitungsanlage Helvetia.

ten ihm die in der Aufbereitungsanlage verbauten Maschinen einen grossen Strich durch die Rechnung. Die einzelnen Komponenten stammten zu einem grossen Teil aus dem Bergwerk von Aproz und waren darauf ausgelegt worden, Pyrit aufzubereiten. Aber Pyrit hat andere Eigenschaften und eine andere Dichte als Bleiglanz, der in Goppenstein verarbeitet werden sollte. Nach ca. einem Jahr Aufbauzeit mit bis zu 35 Arbeitern wurde die Aufbereitungsanlage in Betrieb genommen. Und es kam, wie es kommen musste: Die ganze Aufbereitungsanlage arbeitete nur für die Dauer von zwanzig Minuten und produzierte dabei knapp 250 kg Bleischliche mit einer unzureichenden Konzentration. Danach wurden noch einige kürzere Testläufe durchgeführt, aber die Aufbereitungsanlage wurde nie mehr länger in Betrieb genommen.

AUS UND FERTIG

Im Jahr 1953 waren auf der Lohnliste noch 18 Bergleute aufgeführt und im November 1953 notierte Wildhüter Lengen: «Die Bleiminenarbeit ist momentan eingestellt.» Nach diesem abrupten Ende beauftragte Dionisotti den Bahnangestellten Hilarius Ebener, ab und zu die Aufbereitungsanlage und die Gebäude auf 1800 m zu besichtigen. Von diesen Kontrollgängen berichtete Ebener, wie er die grossen Maschinen der Aufbereitungsanlage kurz anlaufen liess und diese ölte, die Gebäude verschloss und vermerkte, dass das elektrische Licht in den Stollen funktionierte. Die Aufbereitungsanlage besuchte er wöchentlich; die Seilbahnstation, die grosse Unterkunft und die Werkstatt auf 1800 m besuchte er nur monatlich. Diese Kontrollgänge konnten aber einen vermehrten Vandalismus nicht verhindern. In der Aufbereitungsanlage und dem Bergwerk waren alle Maschinen und Werkzeuge zurückgeblieben – ein wahres Schlaraffenland für Diebe. Schon bald sei jede Woche an irgendeiner Stelle eingebrochen, gestohlen oder randaliert worden. Als dann Ebener im Jahr 1965 pensioniert wurde, kümmerte sich niemand mehr um das Bergwerk und seine Anlagen. Im Bergwerk selber war zu diesem Zeitpunkt bereits ein Teil der Stollen, so auch die Verbindung zwischen dem Tiebel- und dem Dahlstollen, eingestürzt.

Im Jahr 1970 verstarb Dionisotti und die Anlagen wurden dem Verfall preisgegeben. Das Bergwerk Goppenstein ist schweizweit die einzige Bergwerksanlage, wo eine Aufbereitungsanlage mit allen Maschinen komplett erhalten blieb und heute leider dem Verfall ausgeliefert ist.

Oben links: Blick in die Aufbereitungsanlage mit den Kolbensetzmaschinen.
Oben rechts: Teile der Aufbereitung sind bereits eingestürzt und geben den Blick auf die Stossherde frei.
Unten: Frauen am Klaubtisch in der Aufbereitungsanlage Helvetia.
Folgende Doppelseite: Tiebelstollen mit dem gefluteten, tonnlägigen Förderschacht.

VAL D' ISONE
KANTON TESSIN

EISEN-BERGWERK MEDEGLIA

DER EISERNE HUT WURDE BEREITS 1813 ABGEBAUT, BLIEB DANN FÜR BEINAHE 100 JAHRE VERGESSEN. EINE IM JAHR 1905 GEGRÜNDETE GESELLSCHAFT MUSSTE INNERT KURZEM IHREN BETRIEB WIEDER EINSTELLEN UND SCHENKTE DER GEMEINDE MEDEGLIA VOM RESTLICHEN AKTIEN-KAPITAL DIE STATUE DES HEILIGEN SAN ANTONIO ABATE. DER ABBAU IM ZWEITEN WELTKRIEG ERBRACHTE NICHT DEN ERHOFFTEN REICHTUM. DIE ARBEIT IN DEN STOLLEN WAR ANSTRENGEND, LÄRMIG UND STAUBIG. DIE MEISTEN BERGLEUTE STARBEN SPÄTER AN SILIKOSE.

BESICHTIGUNG: DIE STOLLEN SIND HEUTE NUR NOCH SCHWER ZUGÄNGLICH UND ES WIRD DEM LAIEN DRINGEND VON EINER BEFAHRUNG ABGERATEN. NACH EINEM BERGSTURZ IM JAHR 2022 IST DER ZUGANG ZU DEN STOLLEN NOCH GEFÄHRLICHER GEWORDEN, DER GANZE HANG OBERHALB DES BERGWERKS IST IN BEWEGUNG.

ABGEBAUTE ROHSTOFFE: EISEN
ELEMENTE (LAGERSTÄTTE): EISEN, ARSEN, KUPFER, SCHWEFEL
MINERALIEN (LAGERSTÄTTE): PYRRHOTIN, PYRIT, CHALKOPYRIT, ARSENOPYRIT
SEKUNDÄRMINERALE: LIMMONIT
GANGMINERALE: QUARZ

Oben: Mit Moos überwachsener Stollen (Punkt 15).
Rechte Seite: Blick hinauf in den Abbauschlitz (Punkt 12a).

Linke Seite: Blick durch einen Seitenstollen der «Galleria direta» (Punkt 2).
Unten: Schlammiges Mundloch der «Galleria direta». Ohne Fischer- oder Watstiefel bekommt man hier während der Befahrung unweigerlich nasse Füsse (Punkt 1).

EISEN BERGWERK MEDEGLIA

EISERNER HUT

Erste Abbauversuche sollen bereits im Jahr 1813 stattgefunden haben. Beinahe 100 Jahre später, im Jahr 1905, hat der Dorfpfarrer Don Giuseppe Daldine die Pyrrhotin-Lagerstätte in der Schlucht des Vedeggio wieder entdeckt. Daraufhin wurde mit der Unterstützung von Daniele Margni die Gesellschaft «Consorzio tra i Medegliesi per l'esploratione di miniera die ferro» gegründet.

Das Gesellschaftskapital der Gesellschaft betrug 2000 Franken, eingeteilt in 100 Aktien zu 20 Franken. Bei einem ersten Abbauversuch wurden zwei bis drei Wagen Erz gefördert. Doch die Resultate der Verhüttung waren sehr unbefriedigend. Die Menge des erzeugten Eisens reichte nicht einmal aus, um die Unkosten für Abbau, Transport und Verhüttung zu decken. Der eiserne Hut (die gut sichtbare Verwitterungszone an der Oberfläche) und das Erz selbst ergaben zu wenig Eisen für einen rentablen Betrieb.

In kürzester Zeit war beinahe das ganze Aktienkapital verbraucht. Die Gesellschaft beschloss, den Bergbaubetrieb einzustellen, mit dem verbliebenen Kapital eine Statue des heiligen San Antonio Abate zu kaufen und diese der Kirche von Medeglia zu spenden (Grütter 1943). Die Statue ist noch heute in der Kirche von Medeglia zu sehen und trägt den Namen «il San Antonio della miniera».

DIE HOFFNUNG STIRBT ZULETZT

Im Jahr 1914 wurde unter der Leitung der Ingenieure Lodetti und Vella ein zweiter Abbauversuch unternommen. Aber auch dieser erbrachte keine besseren Resultate. (Grütter 1943)

Während der Rohstoffknappheit im Ersten Weltkrieg unternahm dann die Firma Gustav Weinmann einen dritten Versuch, die Lagerstätte bergmännisch auszubeuten. Diesmal sollte durch Rösten des schwefelhaltigen Erzes Schwefelsäure für die chemische Industrie gewonnen werden.

Beim Rösten von Pyrrhotin entsteht unter steter Zufuhr von frischer Luft Eisen (III)-oxid und Schwefeldioxid, welches dann für die Herstellung von Schwefelsäure verwendet wird.

Nach zahlreichen Röstversuchen zeigte sich aber, dass mit den damals angewandten Verfahren nur ungenügende Ergebnisse erzielt werden konnten. Das Erz wurde als unbrauchbar für eine Röstung bezeichnet.

Weitere Versuche hätten dies möglicherweise widerlegen können. Doch nach Kriegsende verbesserten sich auch die Einfuhrverhältnisse für italienischen Pyrit. Somit waren aufwändige Versuche hinfällig und es wurden auch keine weiteren mehr durchgeführt (Fehlmann 1919).

NICHTS DAZU GELERNT …?

Obwohl die Röstversuche im Ersten Weltkrieg ungenügende Ergebnisse erbracht hatten, wurde im Jahr 1942 der Bergbau durch Egideon Cattaneo wieder aufgenommen. Die Baufirma Fratelli Galli SA aus Rivera führte den Abbau aus; ein ganzes Dorf hoffte auf Arbeit und Reichtum durch das goldene Erz tief in der Schlucht des Vedeggio.

Aber auch in dieser Bergbauperiode erwies sich der abgebaute Pyrrhotin als ungeeignet zur Herstellung von Schwefelsäure. Obwohl das von Hand geschiedene Erz eine Konzentration von 30–35 % Schwefel erreichte, musste in-

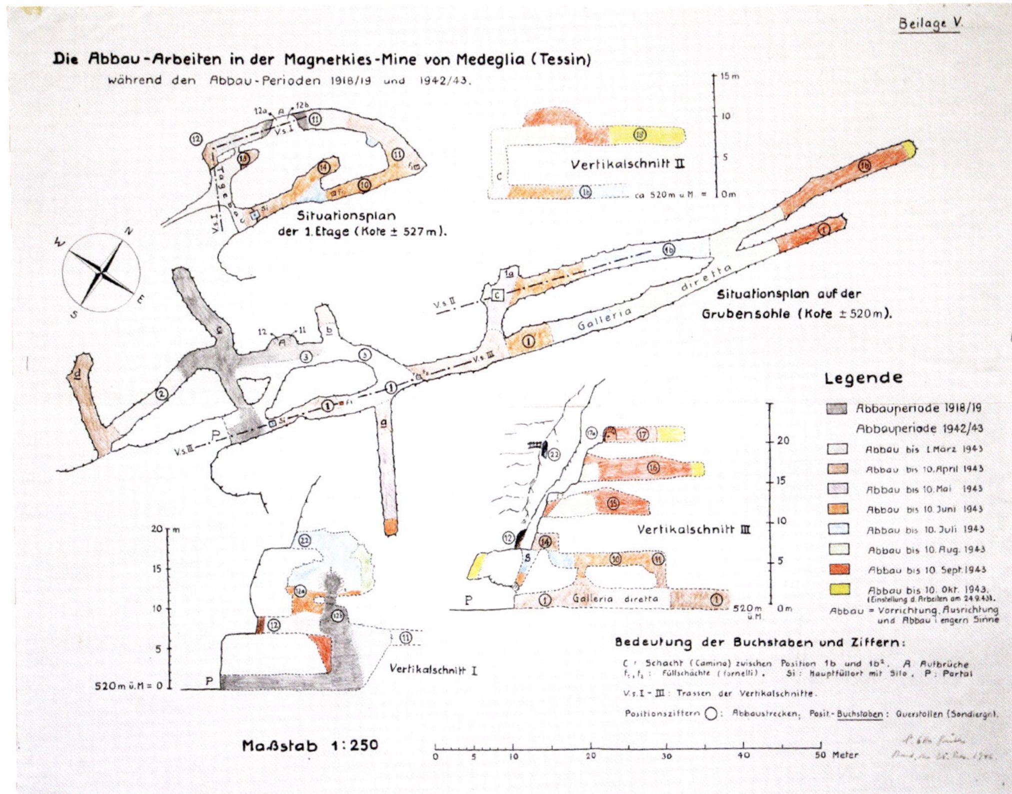

Linke Seite: Rechts im Bild der junge Aldo Galli, welcher damals die Arbeiten im Bergwerk beaufsichtigte, neben einem Geologen des Büros für Bergbau.
Rechts: Detaillierter Stollenplan aus den Akten des Büros für Bergbau. Darauf sind auch die beiden Bergbauperioden 1918/19 und 1942/43 gut zu erkennen.

folge Absatzschwierigkeiten der Bergbau bei Medeglia noch während des Zweiten Weltkrieges eingestellt werden (Fehlmann 1947).

Fährt man heute nach Medeglia, bietet sich bei der dritten Haarnadelkurve nach Bironico eine wunderbare Aussicht hinauf ins Val d'Isone. Ein kleiner Kiesplatz erlaubt, das Auto zu parkieren, um einen ersten Blick ins stark bewaldete Tal zu geniessen.

Auch dieser Kiesplatz ist ein Relikt aus der Zeit der letzten Bergbauperiode. Hier befand sich ein Silo mit einem Fassungsvermögen von 70 Tonnen Erz. Eine Seilbahn verband das Silo mit dem Handscheideplatz beim Bergwerk in der Schlucht unten.

LANGE LEITUNG – OFT NICHT GUT

Neben dem Silo befand sich ein Kompressorenhaus mit 2 Kompressoren. Die Druckleitung hinunter zum Bergwerk führte an zahlreichen Schürfstellen vorbei. Da bei allen Schürfstellen mit einem ergiebigen Abbau gerechnet wurde, war die Druckleitung bei diesen jeweils mit einem Schieber versehen worden.

Die von den Kompressoren gelieferte Luftmenge hätte zum gleichzeitigen Betrieb von 4 Bohrhämmern reichen sollen. Aber durch den hohen Druckverlust in der langen Leitung wurde diese Vorgabe bei weitem nicht erreicht. Erschwerend kam hinzu, dass die Druckleitung bei starken Niederschlägen oft durch Erdrutsche beschädigt wurde.

BEWÄHRTE HANDARBEIT

Dem Kompressorhaus war eine Schmiede angegliedert, die ursprünglich mit einer neuartigen Maschine zum automatischen Schmieden der stumpfen Bohrmeissel ausgerüstet war. Aber dieses neuartige Verfahren bewährte sich nicht, die maschinell geschärften Bohrmeissel verschlissen viel schneller als erwartet. Deshalb wurde schon bald wieder auf die bewährte Handschmiedung umgestellt.

Um Zeit und Personal zu sparen, wurde die Schmiede gleich in der Schlucht beim Bergwerk eingerichtet. Noch heute kommt man nach dem steilen Abstieg hinunter zum Bergwerk an der Ruine der ehemaligen Schmiede vorbei.

Der damals im Bergwerk angestellte Schmied Margni hatte einen Sohn, Daniele. Margni wollte seinem Sohn eine Anstellung als Handlanger und Schlepper im Bergwerk vermitteln. Daniele bekam die Gelegenheit, für ein paar Tage im Bergwerk zu «schnuppern», aber die anstrengende Arbeit in den finsteren Stollen konnten ihn nicht überzeugen. Deshalb blieb es nur bei diesem kurzen «Schnuppern». Daraufhin verliess Daniele seinen Heimatort Medeglia und zog ins «Welschland», um dort eine Lehre als Fliesenleger zu beginnen.

TÖDLICHE SILIKOSE

Dieser Entscheid rettete ihm quasi das Leben. Neben Aldo Galli war Daniele Margni im Jahr 2012 der einzige noch lebende Zeitzeuge, der einmal im Bergwerk gearbeitet hatte. Die meisten Bergmänner waren schon früh an Silikose gestor-

METAMORPHOSE-FAZIES

Ein Stück Afrika in der Schweiz

Die Gesteine der Region um den Monte Ceneri gehören zum Südalpin, einer tektonischen Einheit, die ursprünglich Teil des Kontinents Afrika/Adria war.

Hier kommen vorwiegend Paragneise und Schiefer vor. Sie entstanden während der kaledonischen Gebirgsbildung vor 540–440 Mio. Jahren aus sandig-tonigen Ablagerungen. Paragneise sind in den Alpen weit verbreitet und zeigen unterschiedliche Metamorphose-Bedingungen.

Der etwas andere Gneis

Zahlreiche Mineralien bilden sich nur unter bestimmten Druck- und Temperatur-Bedingungen. Solche Mineralien erlauben Rückschlüsse auf ihre Bildungsbedingungen während des Wachstums. Aufgrund einer charakteristischen Mineralzusammensetzung lassen sich Gesteine bestimmten Druck- und Temperaturverhältnissen zuordnen, wie dies das Metamorphose-Diagramm gut veranschaulicht. Ein geologisch altes Gestein wie der Paragneis von Medeglia hat im Laufe der langen Erdgeschichte nicht nur eine, sondern mehrere Gebirgsbildungen und Metamorphosen erfahren. Er ist mehrfach metamorph (polymetamorph). Auch die Lagerstätte bei Medeglia wurde im Laufe der Zeit durch tektonische Ereignisse mehrfach überprägt, was eine Deutung der Genese stark erschwert.

Brachiale Gewalteinwirkung

Im Paragneis des Val d'Isone hat es Graphit. Er geht zurück auf organisches Material, das in den klastischen Sedimenten eingelagert war. Durch Diagenese und Inkohlung entstand Kohle, welche durch spätere Metamorphosen in Graphit umgewandelt wurde.

Wie bei der Vererzung von Aproz könnte die Kohle zu einer Reduktion von schwefelhaltigen Fluiden geführt haben. Mit dem Paragneis wurde später auch die Vererzung polymetamorph überprägt. Dabei könnte Pyrit teilweise zu Pyrrhotin umgewandelt und Schwefel freigesetzt worden sein. Die Lagerstätte wird durch vier Gneispakete gebildet, getrennt durch Zonen starker tektonischer Einwirkung, in denen sich die Erzlinsen gebildet haben. Der Graphit dieser Zonen weist grössere Rutschharnische auf, die ein Verschieben der Gneispakete erleichterten. Diese Spuren deuten auf eine spätere Verscherung und ein mögliches Verdrücken der Erzlinsen hin. Mikroskopische Untersuchungen belegen eine mechanische «Zertrümmerung» des Pyrrhotins (Reinhard 1942). Nach der Erosion durch den Vedeggio verwitterte Pyrrhotin an der Oberfläche zu Limonit (Eiserner Hut). Dieser wurde in einer ersten Bergbauphase zur Herstellung von Eisen abgebaut.

Vor rund 100 Millionen Jahren begann der Kontinent Afrika/Adria gegen Europa zu driften. Mit fortschreitender Kollision wird der Vorgang immer komplexer. Dabei wird der Kontinentalrand von Adria mit dem Südalpin schwach metamorph überprägt und spröd deformiert.

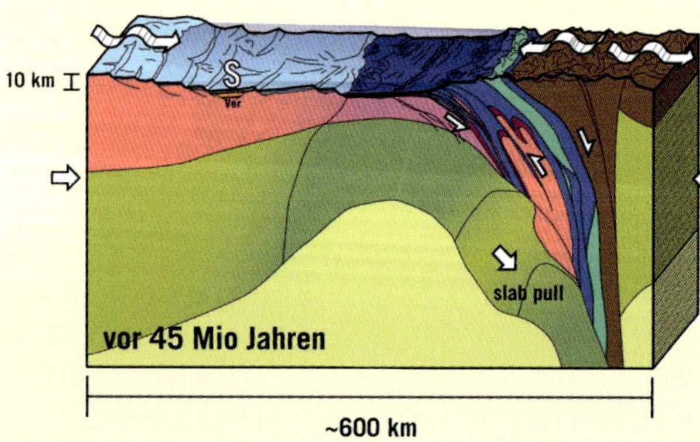

Zu einer Fazies gehören alle Gesteine einer bestimmten Lokalität oder Region, die jeweils unter gleichen physikalischen und chemischen Bedingungen gebildet oder metamorph umgewandelt wurden.

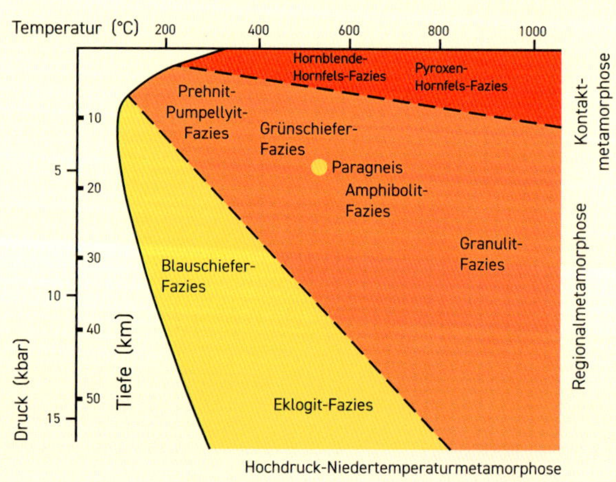

Übersicht über die Installationen und Tagbauten beim Bergwerk Medeglia

A	«Galleria diretta»
B1–B2	Geleise vom Stollen zum Sortierplatz (D) und zum Mischerz-Depot (E)
B3–B4	Geleise zur Deponie der Berge (Schutt)
C1	Druckluftleitung
C2–C3	Kabel zum Umfüllplatz an der Strasse
C4	Verankerung der im Bau befindlichen Seilbahn hinauf zum Silo
D	Sortierplatz des Grubenkleins, hier waren sechs Mann mit Klauben und dem Transport per Karretten beschäftigt
E	Mischerzdepot
F1 u. F2	Deponie der Berge aus den Stollen
F3	Deponie des Sondierungsstollens
G	Tagbau, erreichbar über eine Leiter oder über einen Steg aus Brettern
H	Alter Abbau aus der Bergbauperiode 1918/19
J	Alte Sondierung (1918/19)

Folgende Doppelseite: Mit Wasser und Schlamm gefüllte «Galleria diretta».

ben. Obwohl die Bohrhämmer für eine Wasserspülung vorgesehen waren, wurden sie nie mit Wasserspülung betrieben. Diese Unterlassung, und die stellenweise mächtigen Graphitvorkommen im Paragneis (das ist Gneis, der ursprünglich ein Sedimentgestein war), erzeugten eine übermässige Staubentwicklung, die die Mineure bei ihrer Arbeit sehr stark beeinträchtigte. Um dieser Staubentwicklung entgegenzuwirken, behalfen sich die Mineure mit wattegefüllten Masken.

Der zweite Zeitzeuge, Aldo Galli, arbeitete damals in der Firma Fratelli Galli SA seines Vaters, die unter der Leitung des Ingenieurs Moor die Arbeiten im Bergwerk betreute. Aldo war verantwortlich für den Bau der Infrastrukturen wie Silo- und Seilbahnanlagen und der Aufbereitungsanlage beim Bahnhof von Rivera, einem dreistöckigen Gebäude aus Beton.

Bis zur Fertigstellung der Aufbereitungsanlage im Mai 1943 wurde das Erz von der Firma Gamma in Flüelen gemahlen.

TECHNISCHE PROBLEME

Ursprünglich war geplant, die Separation (Trennung) des gemahlenen Erzes vom tauben Gestein mittels eines starken Luftstromes zu bewerkstelligen. Dieses Verfahren kam aber nie zum Einsatz. Es wurden ein Brecher und zwei Schlagmühlen der Firma Daverio sowie eine Magnetscheideanlage der Firma Bühler installiert.

Das «Mischerz» aus Pyrrhotin, Pyrit und Chalkopyrit stellte die Betreiber der Aufbereitungsanlage vor grosse Probleme. Für den optimalen Betrieb der Anlage und eine richtige Abstimmung der Magnetscheidung musste das unterschiedliche Verhalten dieser Minerale im Mischerz berücksichtigt werden. Leider gelang dies den Betreibern bis zur Schliessung des Bergbaubetriebes nie in befriedigender Weise.

HOHE BODENBELASTUNG

Das Gelände der ehemaligen Aufbereitungsanlage liegt heute noch brach. Wann das Gebäude abgebrochen wurde, ist mir nicht bekannt. Nach Aussage von Aldo Galli musste das Gelände um die ehemalige Anlage saniert werden, da der Boden teilweise kontaminiert war. Möglicherweise von Chemikalien, oder durch Schwefelsäure, die bei der Verwitterung des schwefelhaltigen Erzes entstehen kann.

ASTANO
KANTON TESSIN

DER MONTE SCERÉ IST WIE DAS GANZE MALCANTONE REICH AN MINERALISCHEN VORKOMMEN UND LAGERSTÄTTEN.
ES IST BELEGT, DASS BEREITS IM 18. JAHRHUNDERT UND FRÜHER VERSCHIEDENE ERZE WIE GOLD, BLEI, SILBER UND EISEN GEWONNEN WURDEN. IN DER NÄHE DES FLUSSES LISORA FINDEN SICH SCHUTTHAUFEN VON FLUSSKIES, DIE EINDEUTIG GEWASCHEN WURDEN UND DIE ÜBERRESTE DER AUSBEUTUNG VON GOLDSEIFEN AUS DER RÖMERZEIT BELEGEN (AURIFODINE).

GOLD-BERGWERK COSTA

BESICHTIGUNG: GEFÜHRTE BESICHTIGUNG DURCH DIE ALTEN STOLLEN SIND NACH VORANMELDUNG MÖGLICH.
- STOLLEN
- MUSEUM
- GOLDWASCHEN
- EXKURSIONEN

ABGEBAUTE ROHSTOFFE: GOLD
ELEMENTE (LAGERSTÄTTE): GOLD, ARSEN, EISEN, BLEI, ZINK
MINERALIEN (LAGERSTÄTTE): PYRIT, ARSENOPYRIT, SPHALERIT, GALENIT, GOLD, PYRRHOTIN, MARKASIT
SEKUNDÄRMINERALE: LIMONIT
GANGMINERALE: QUARZ, ANKERIT, MUSKOVIT, CHLORIT, TURMALIN

Oben: Reste des alten Kamins der «Stabilimento Metalurgico al Molinazzo». Hier wurden 1860 die goldhaltigen aber arsenreichen Erze aus der «Societa della Miniere d'Astano» geröstet, um das giftige Arsen auszutreiben.

Unten: Bei der hohen Luftfeuchtigkeit in den Stollen war es wichtig, dass alle Lager und Gleitbuchsen immer gut geschmiert waren.

Rechte Seite: Im Hauptstollen «Leonilde». Die Druckleitung war früher an der Decke montiert, aber die Verankerungen haben nachgegeben.

Oben: Hier ist Vorsicht geboten, das Geleise eines Seitenstollens führt direkt über ein geflutetes Gesenk. Die Holzbohlen darunter sind mittlerweile vermodert
Rechte Seite, oben: Ueli Wenger betrachtet eine Stelle mit Graphit im Hauptstollen oder hat er womöglich etwas Gold glitzern sehen?

Rechte Seite, unten: Blick in eine Fahrung hinunter zu den tiefer gelegenen Sohlen. Diese waren zur Zeit meiner Befahrung noch geflutet. Inzwischen ist ein grosser Teil der unteren Sohlen leergepumpt worden und wird in aufwändiger Fronarbeit den Besuchern zugänglich gemacht.

GOLD BERGWERK COSTA

BERGBAU IM KANTON TESSIN

Betrachtet man den Kanton Tessin aus der Perspektive des historischen Bergbaus, dann fällt einem sehr schnell auf, dass sich dieser auf vier Gebiete konzentrierte.

1. Im Valle Morobbia wurde ab ca. 1464 mit etlichen Unterbrüchen bergmännisch eine 6–8 m mächtige Pyrrhotinvererzung abgebaut. Während der Blütezeit um das Jahr 1792 waren im Valle Morobbia 80–100 Bergleute angestellt. Zur weiteren Verarbeitung des geförderten Erzes war ein neuer Schmelzofen mit Schmiede erstellt worden. Der Bergbau wurde im Jahr 1840 endgültig eingestellt.

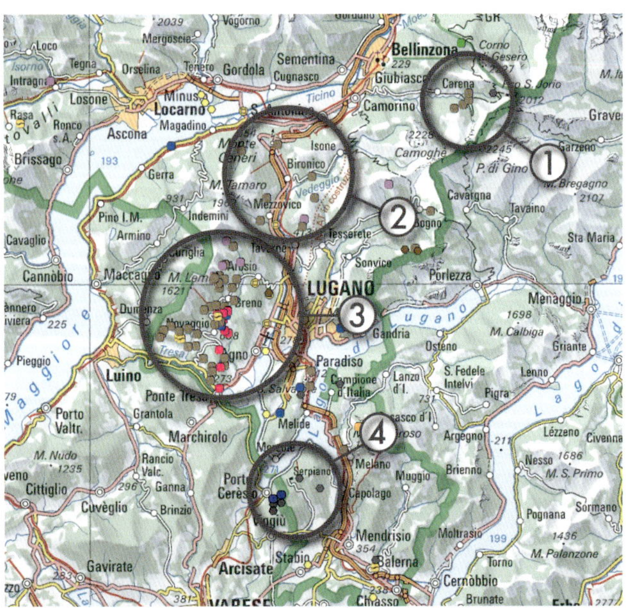

2. In den Gneisen und Glimmerschiefern des Monte-Ceneri-Massivs finden sich in einer ca. 20 km langen Zone, die sich von Osten nach Westen hinzieht, unregelmässige, linsenförmige Lagerstätten von Pyrrhotin. Die grössten Abbaustellen liegen im Val del Trodo und bei Medeglia im Val d'Isone. Die während des Ersten Weltkrieges im Val del Trodo ausgeführten Arbeiten müssen aber eher als Schürfungen bezeichnet werden. Das Bergwerk von Medeglia hingegen war während beider Weltkriege Gegenstand bergmännischer Tätigkeiten.

3. Der Malcantone ist quasi das Mekka des Tessiner Bergbaus. Im 19. Jahrhundert fand ein reger Bergbau auf Eisen, Blei und Gold statt. Der wohl berühmteste Bergbaupionier dieser Zeit war der Ingenieur Vinasco Baglioni. Noch heute sind im Malcantone zahlreiche Stollen, Reste alter Öfen und Ruinen von Gebäuden zu finden. Das bekannte Goldvorkommen von Sessa-Astano wurde bereits im Jahr 1785 entdeckt. Ein letzter Abbauversuch fand in den Jahren 1950–51 statt. Total wurden 500 kg Gold gefördert.

4. Die bituminösen Schiefer des Monte San Giorgio waren nicht nur auf Schweizer Seite ein begehrter Rohstoff. Vermutlich wurden die ersten Fossilien, welche diesem Berg zu seiner Berühmtheit verhalfen, bereits um 1830 auf italienischem Gebiet entdeckt. Das Bergwerk Tre Fontane lieferte bis 1950 das Ausgangsmaterial zur Herstellung von Saurolo, welches in der Ölfabrik bei Besano hergestellt wurde.

Linke Seite, oben: Der Stollen Baglioni in einem Seitenarm der Magliasina. Der Stollen ist durch einen kurzen Schacht mit dem darunterliegenden Stollen Franzi verbunden.
Linke Seite, unten: Karte mit den vier wichtigsten Bergbaurevieren im Tessin.
Rechts: Spuren des frühen Bergbaus findet man ebenfalls am Monte San Giorgio.
Unten: Reste des alten Röstofens unterhalb der Stollen am Torri. Neben dem Eisernen Hut an der Oberfläche wurden in sieben Stollen auch Pyrit und Arsenopyrit abgebaut und die arsenhaltigen Erze im Ofen geröstet.

GEGENWART

Die «Via del Ferro» ist ein Themen-Weg zu den ehemaligen Standorten der Bergbauindustrie im oberen Valle Morobbia. Der Weg führt vorbei an den Überresten des Hochofens und der verfallenen Schmiede bei Carena.

Auch im Malcantone besteht ein interessanter Lehrpfad vorbei an den Spuren des einstigen Bergbaus. In Sessa gewährt das «Piccolo» Museo einen eindrücklichen Einblick in die Zeit des Gold-Bergbaus. Zurzeit wird fleissig an der Instandstellung des Bergwerks Costa unterhalb von Astano gearbeitet. Schon bald soll das Besucherbergwerk seine Tore für Touristen öffnen. In Meride zeigt ein modernes Museum inmitten der Altstadt eine grosse Vielfalt an Fossilien, welche bei Grabungen am Monte San Giorgo gefunden wurden. Ein Erlebnispfad führt rund um den Berg an den wichtigsten Fundstellen und den alten Bergwerken vorbei.

FÜHRUNGEN

Infos zu den Führungen im Bergwerk sind auf der Webseite zu finden.

Kontakt
Associazione Miniera d'Oro
c/o Fond. Malcantone, CP 81, 6987 Caslano
Telefon: +41 (0) 91 608 11 25
Mobil: +41 (0) 79 127 20 80
Mail: info@minieradoro.ch
Webseite: www.minieradoro.ch/miniera-deutsch

Sentiero delle Meraviglie
Diese Wanderung gleicht einer Zeitreise durch die industrielle Geschichte des Malcantone. Webseite: www.ticino.ch/it/hike/details/Sentiero-delle-Meraviglie/58834559.html

MONTE SAN GIORGIO
KANTON TESSIN

ÖLSCHIEFER-BERGWERK TRE FONTANE

EINE STUDIE ZUR PRODUKTION VON GAS FÜR DIE STRASSENBELEUCHTUNG FÜHRTE OBERHALB VON BESANO (I) ZUR ENTDECKUNG DER FOSSILIEN IN DER «GRENZBITUMENZONE» DES MONTE SAN GIORGIO. IM JAHR 1861 WURDE DANN AUCH EIN ERSTER «ZÖGERLICHER» ABBAUVERSUCH AUF SCHWEIZER SEITE UNTERNOMMEN. DER BERGBAU KAM ABER ERST IN GANG, ALS IM AUSLAND DAS AUS EINEM ÄHNLICHEN «ÖLSCHIEFER» GEWONNENE «ICHTHYOL» MIT GROSSEM ERFOLG VERKAUFT WURDE. DER BERGBAU UND DIE PRODUKTION VON «SAUROL» BLIEBEN BIS NACH DEM ZWEITEN WELTKRIEG AKTIV, MUSSTEN ABER WEGEN ABSATZSCHWIERIGKEITEN 1954 ENDGÜLTIG EINGESTELLT WERDEN.

BESICHTIGUNG: DIE STOLLEN SIND HEUTE NUR NOCH SCHWER ZUGÄNGLICH UND ES WIRD DEM LAIEN DRINGEND VON EINER BEFAHRUNG ABGERATEN, DA EIN VERSTÜRZEN DER BRÜCHIGEN STOLLEN JEDERZEIT MÖGLICH IST.
BESUCHT WERDEN KÖNNEN HINGEGEN:

- FOSSILIENMUSEUM
- LEHRPFAD FOSSILIEN
- LEHRPFAD BERGWERKE

ABGEBAUTE ROHSTOFFE: ÖLSCHIEFER (BITUMINÖSER SCHWARZSCHIEFER)

Oben: Mit Wasser gefüllte Lore nach einem kriechbaren Versturz im Stollen S. Barbara 1a.
Rechte Seite: Wunderschöne Fahrung in eine höhere Sohle hinauf. Rechts der anstehende Fels, links Bergversatz.

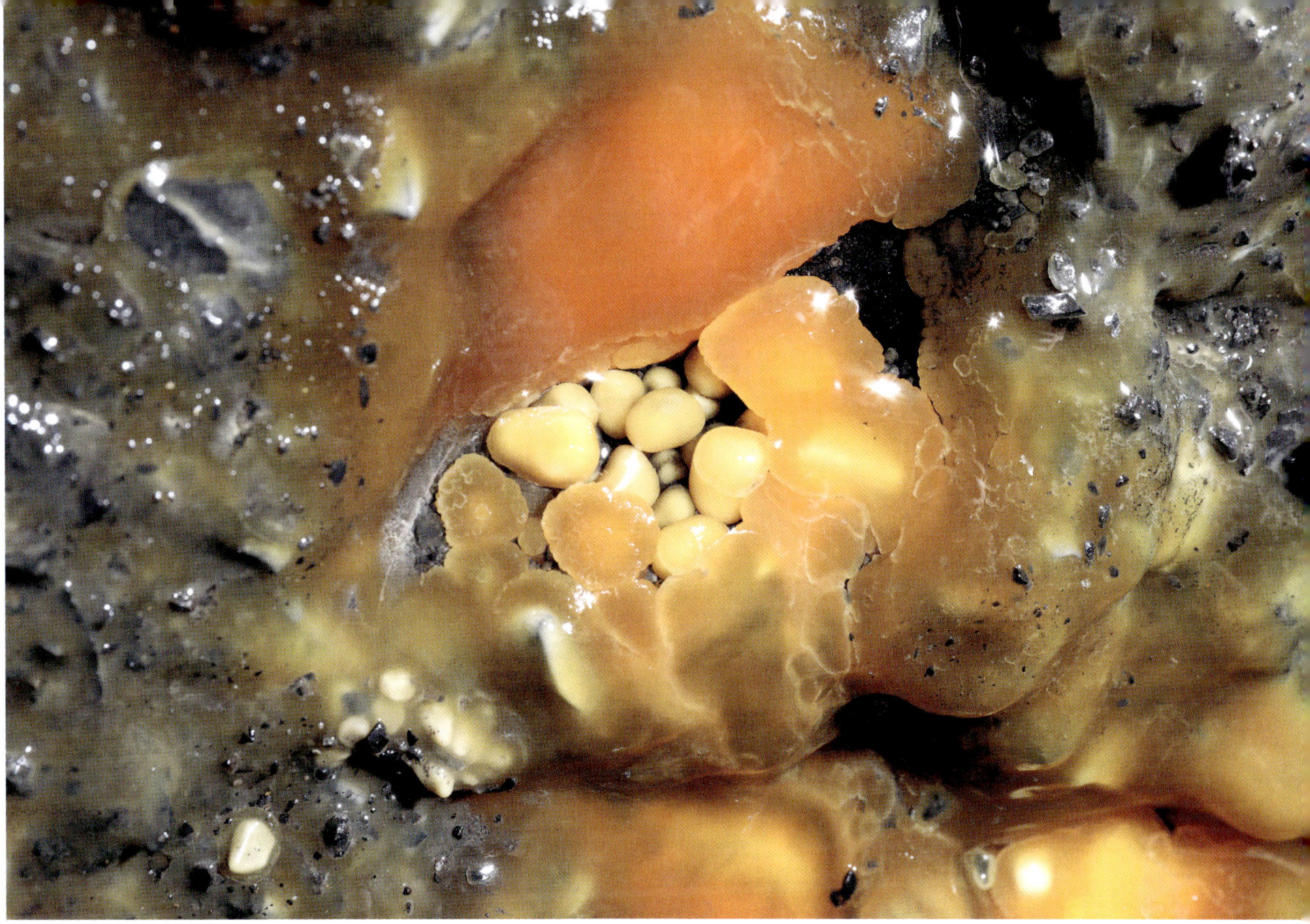

Linke Seite, oben: Der Autor im Stollen S. Barbara 1ª mit Blick auf eine rostige «Rollschnautze».
Linke Seite, unten: Rostige Schienenlaschen im Stollen S. Barbara 2a.
Oben: Bunte Versinterungen am Boden mit Höhlenperlen.

ÖLSCHIEFER BERGWERK TRE FONTANE

Verpackung der Heilsalbe «Saurolo» der Firma Adroka (Basel).

DIE TIROLER MUSSTEN UNS ZEIGEN, WIE ES GEHT

Ab Mitte des 18. Jahrhunderts wurde oberhalb von Besano (I) im Tagbau und untertägig in Stollen ein bituminöser «Ölschiefer», heute Tonstein genannt, abgebaut, um daraus durch Erhitzen Öl und Gas zu gewinnen. Der Schwarzschiefer, wie die Sedimente ebenfalls bezeichnet werden, kann auch direkt verbrannt werden.

Bei einer von 1830 bis 1837 andauernden Studie zur Produktion von Gas für die Strassenbeleuchtung in Mailand wurde im Tagbau eine beträchtliche Menge an Fossilien freigelegt. So wurde die Wissenschaft auf den Fossilienreichtum dieser Gesteinsformation aufmerksam, worauf schon bald erste Fossiliengrabungen ausgeführt wurden.

Im Jahr 1861 erteilte dann auch die Tessiner Regierung die erste Konzession zur bergmännischen Gewinnung von «Ölschiefer» auf dem Gebiet der beiden Gemeinden Meride und Brusino. Die noch zögerlichen Abbauversuche wurden auf der Schweizer Seite aber schon bald darauf wieder eingestellt.

Als bei Seefeld im Tirol aus einem ähnlichen «Ölschiefer» das kommerziell genutzte «Ichthyol» mit grossem Erfolg vermarktet wurde, begann man im Jahr 1902, erst nur zögerlich, mit dem kommerziellen Abbau der «Ölschiefer» aus der Mittleren Trias vom Monte San Giorgio (Rickenbach 1947).

EINE FABRIK WIRD GEBAUT

Um den abgebauten «Ölschiefer» industriell zu verarbeiten, wurde eine kleine Ölfabrik in Spinirolo bei Meride erstellt.

In dieser Fabrik konnte durch das Verfahren einer trockenen Destillation bei ca. 500 °C ein synthetisches Öl gewonnen werden, welches dann zu einem Ichthyol-ähnlichen Produkt verarbeitet werden konnte. Daneben wurde auch das synthetisch gewonnene Rohöl verkauft, welches wegen seinem hohen Schwefelgehalt beliebt war (Rickenbach 1947).

Der Gehalt an organischem Kohlenstoff lag zwischen 20 und 44 % und der Ertrag aus dem abgebauten «Ölschiefer» lag bei 74–85 Liter Rohöl pro Tonne Rohmaterial. Durch die Destillation entstanden aber nicht nur diese 8 % Rohöl mit einem Schwefelgehalt von 7 %, sondern auch 8–9 % Gas und 2–3 % Ammoniak (Furrer 2016).

SAUROLO – WUNDERMITTEL GEGEN HAUTKRANKHEITEN ALLER ARTEN

Das Endprodukt wurde hauptsächlich nach Mailand und Basel in die pharmazeutische Industrie geliefert. Als Öl oder Salbe angeboten, wurde das «Saurolo» gerne bei Hautkrankheiten eingesetzt (Furrer 2016).

Oben: Die ehemalige Ölfabrik Spinirolo bei Meride, um 1940.
Unten: Arbeiter um 1930 mit einem von Kühen gezogenen Fuhrwerk vor dem Betriebsgebäude beim Stollen S. Barbara 1ª. Heute sind von diesem Gebäude nur noch spärliche Spuren im Gelände zu finden.

Das perfekt erhaltene Skelett eines 80 cm langen Pachypleurosauriers Serpianosaurus mirigiolensis aus der Fossiliengrabung von Mirigioli (Punkt 902 in der Besano-Formation).

ERSTE FOSSILIENFUNDE IN ITALIEN

1847 wurden durch den Mailänder Geologen Giulio Curioni die ersten Fossilienfunde am Fusse des Monte Orsa in der Gegend von Besano (I) publik gemacht. Schon im Jahr 1854 wurden oberhalb von Besano weitere Fossilienfunde gemacht und erste Beschreibungen und Zeichnungen durch den Mailänder Naturforscher Emilio Cornalia unter dem Namen «Pachypleura Edwardsii» publik gemacht. Der für die Cassina-Schichten des Meride-Kalkes typische Pachypleuro-Saurier trägt heute den Namen «Neusticosaurus edwardsii» (Furrer 2016).

ERSTE GRABUNGEN

Unter der Leitung des Abts Antonio Stoppani führte in den Jahren 1863 und 1878 die Società Italiana di Scienze Naturali erste Fossiliengrabungen in den «Scisti ittiolitici di Besano» (heute Besano-Formation) durch. Weitere Fossiliengrabungen folgten, aber leider sind zahlreiche dieser fossilen Fische, Reptilien, wirbellosen Tiere und Pflanzen im August 1943 bei der Bombardierung des Museums von Mailand während des Zweiten Weltkrieges zerstört worden (Furrer 2016).

DEM BERGWERK SEI DANK

Durch den «Ölschiefer»-Abbau im Bergwerk Tre Fontane bei Serpiano wurden auch zahlreiche Fossilien in der Schweiz zutage gefördert. Im Jahr 1924 fing Bernhard Peyer von der Universität Zürich damit an, mit Hilfe der Bergleute in den Stollen des Bergwerk Tre Fontane und beim Bergwerk Val Porina systematisch nach Fossilien in der Besano-Formation (Grenzbitumenzone) zu suchen.

BERG DER SAURIER

Bis ins Jahr 1938 führte Peyer regelmässige Fossiliengrabungen am Monte San Giorgio durch. Durch die Funde zahlreicher komplett erhaltener Skelette und der Veröffentlichung viel beachteter Publikationen machte Peyer den Monte San Giorgio zum «Berg der Saurier».

GRÖSSTE SYSTEMATISCHE GRABUNGEN

Von 1950 bis 1968 führte der ehemalige Assistent von Bernhard Peyer, Emil Kuhn-Schnyder, zusammen mit dem Geologen Louis Vonderschmitt von der Universität Basel, eine gross angelegte Fossiliengrabung bei Mirigioli/Punkt 902 durch. Auf einer Fläche von 240 m^2 wurde die 16 m mächtige Abfolge detailliert untersucht. Bank für Bank wurden die Schichten sorgfältig abgetragen, gewissenhaft untersucht und alle Fossilienfunde sowie Sedimentstrukturen aufgezeichnet.

KEIN ENDE IN SICHT

Bis heute sind an den Hängen des Monte San Giorgio an 25 Lokalitäten über 30 Fossiliengrabungen durchgeführt worden. Einige dieser Fossilienfundstellen rund um den seit 2003 unter Schutz stehenden Monte San Giorgio (UNESCO-Welterbe) sind bis heute erhalten geblieben. Ein Fossilienlehrpfad führt an diesen entlang.

Oben: Transport einer grossen Kalkplatte mit zwei Pachypleurosauriern aus der Grabung Cassina (Cassina-Schichten) zur damaligen Unterkunft von Bernhard Peyer im Knappenhaus beim Bergwerk Tre Fontane, 1933.
Unten: Grabungsarbeiten 1933 beim Bergwerk Val Porina, eine der Fossilienfundstellen am Monte San Giorgio.

Oben: Bergmänner mit Lore im Stollen des ehemaligen Bergwerks Val Porina, 1931.
Rechte Seite: Bergmänner mit zwei Loren vor dem untersten Stollenmundloch S. Barbara 2ª.

SCHWARZES GOLD

Ein Kontinent zerbricht

In der Trias, vor ca. 250–200 Mio. Jahren, zeigte der Grosskontinent Pangaea erste Anzeichen eines beginnenden Zerbrechens. Schwächezonen bildeten sich an den Orten eines zukünftigen Auseinanderdriftens des Kontinentes und verursachten ein verstärktes Absenken. Grossflächige Flussablagerungen, dazwischen wieder Bodenbildungen, Evaporite wie Kalk, Gips/Anhydrit und Steinsalz zeugen von der beginnenden Bildung eines flachmarinen Meeres.

Diese Evaporite (lateinisch für ausdampfen, ausdünsten) wurden entlang der Südküste des Schwarzwaldes, in einem Meer ähnlich dem heutigen Persischen Golf, abgelagert. Die abwechselnden Kohlen- Fluss- Seeablagerungen und flachmarinen Kalke mit zahlreichen Fossilien zeugen von einer wiederholten Überflutung. Bedingt durch eine stärkere Absenkung (Subsidenz), werden die abgelagerten Evaporite gegen den Süden hin zunehmend mächtiger (Weissert 2009).

Wertvoller als Gold

Die mächtigen Salzlagerstätten bei Basel und Bex wie auch die Gipslagerstätten/Steinbrüche entlang der Alpen sind wertvolle Rohstoffe aus diesem Erdzeitalter. Bereits im Mittelalter war Salz ein wichtiges Konservierungs- und Lebensmittel. So hatte ein Block Salz mit einem Gewicht von 300 kg bis 2 Tonnen in Polen so viel Wert wie drei komplette Dörfer und war dadurch viel wertvoller als Gold (Franz 2014).

Sensationelle Fossilienfunde im Tessin

Die mächtigen, mit Sedimentstrukturen und Fossilien durchzogenen Dolomite und Kalksteine am Monte San Giorgio erlauben einen einmaligen Einblick in die Ablagerungsbedingungen eines warmen Flachmeeres während der Trias. Die umfangreichsten und weltweit einzigartigen Fossilienfunde am Monte San Giorgio wurden im bituminösen Schwarzschiefer, der «Grenzbitumenzone» der Mittleren Trias gemacht.

Dank radiometrischen Altersdatierungen von Zirkonkristallen in abgelagerter Vulkanasche konnten die sechs übereinander liegenden Fundschichten auf 243 bis 239 Millionen Jahre datiert werden.

Die vielen gut erhaltenen Skelettfunde deuten auf einen Ablagerungsraum in einem vom offenen Meer abgeschlossenen Meeresbecken hin (Furrer 2016). Das tiefere Wasser dieses Meeresbeckens wurde nicht umgewälzt, so dass sich eine «Sprungschicht» bilden konnte. Unterhalb dieser bildet sich eine stagnierende, salzreichere (somit schwerere) anoxische Wasserschicht. Die meisten Lebewesen können hier nicht leben. Somit zersetzten sich die Kadaver der gestorbenen Saurier und Fische nicht und werden in dem sich bildenden Faulschlamm (Sapropel) optimal konserviert.

Dieser Faulschlamm kann bis zu 35 % organische Substanzen enthalten und es entsteht daraus durch die Diagenese ein Schwarzschiefer (schwarzer Tonstein, Schwarzpelit), welcher ein hervorragendes Muttergestein für die Erdölentstehung bilden kann (Neukirch 2016).

Versteinerte Saurierspuren

Da eine lange Zeit davon ausgegangen wurde, dass die Schweiz während der Blütezeit der Dinosaurier komplett mit Wasser bedeckt war, galten Saurierspuren als grosse Seltenheit. Inzwischen sind zahlreiche Funde versteinerter Saurierspuren im Jura bekannt (Lommiswil SO, Moutier BE, Courtedeux JU) und in den Alpen (Tödigebiet GL, Albulatal GR, Piz dal Diavel GR, Vieux Emoson VS).

Darstellung des Ablagerungsraums zur Zeit der Entstehung des Meride-Kalks.

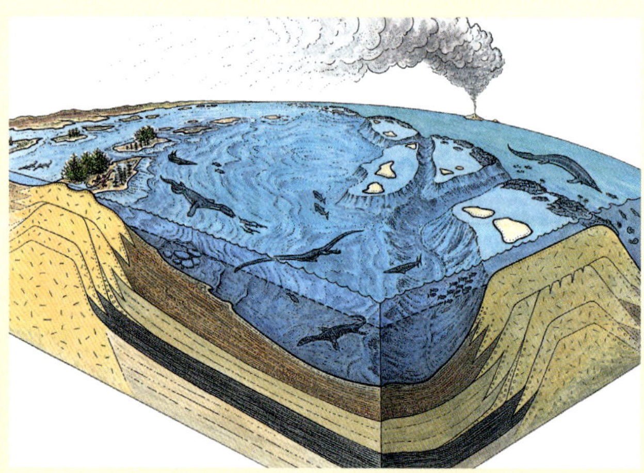

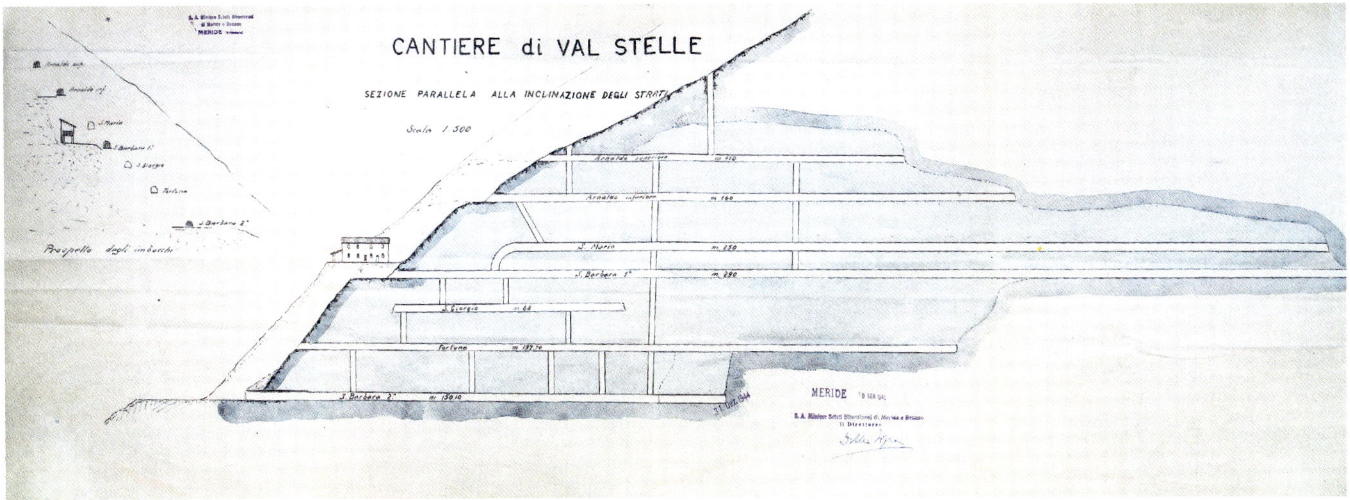

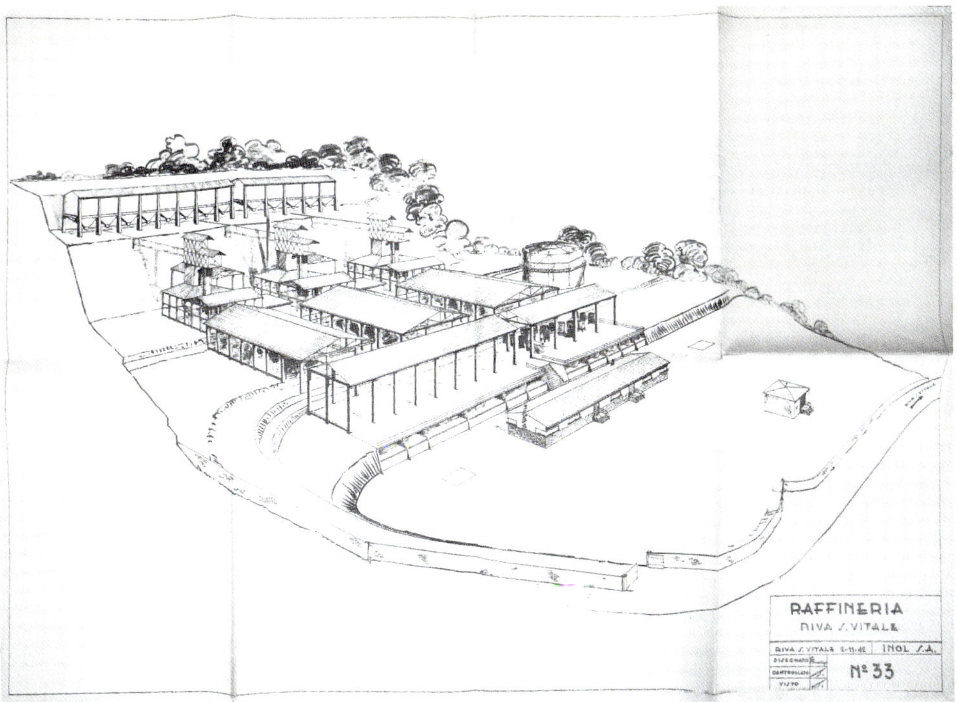

Oben: Stollenplan des Bergwerks Tre Fontane oberhalb der Alpe Serpiano.
Unten: Tuschzeichnung der projektierten «Raffineria» der Inol SA bei Riva san Vitale (1942).

ABSATZSCHWIERIGKEITEN WÄHREND DES ZWEITEN WELTKRIEGES

Nachdem im Jahr 1883 in Seefeld bei Tirol ein ähnlicher Ölschiefer abgebaut und das Endprodukt Ichthyol mit Erfolg vermarktet wurde, begann man 1902 wieder mit dem Abbau der Ölschiefer oberhalb von Besano (I).

1906 wurde die «Società Anonima Miniere Scisti Bituminosi di Meride e Besano» mit Sitz in Meride gegründet. Im Jahr 1908 wurden alte Stollen bei Tre Fontane, oberhalb der Alpe Serpiano, aufgewältigt, um den Abbau auf Schweizer Gebiet aufzunehmen.

Der Ölschiefer wurde mit fünf Stollen angefahren, die durch Aufhaue miteinander verbunden waren. Der abgebaute Ölschiefer wurde hinunter zur Ölfabrik in Spinirolo transportiert. Die Jahresproduktion vor dem Zweiten Weltkrieg betrug mehrere hundert Tonnen. Während des Zweiten Weltkrieges ging die Produktion infolge von Ausfuhrproblemen von 243 Tonnen auf 36 Tonnen zurück, und stieg dann im Jahr 1945 nochmals auf 625 Tonnen an. 1950 wurde der Abbau eingestellt; 1954 dann auch die Produktion und der Vertrieb von Saurolo (Rickenbach 1947).

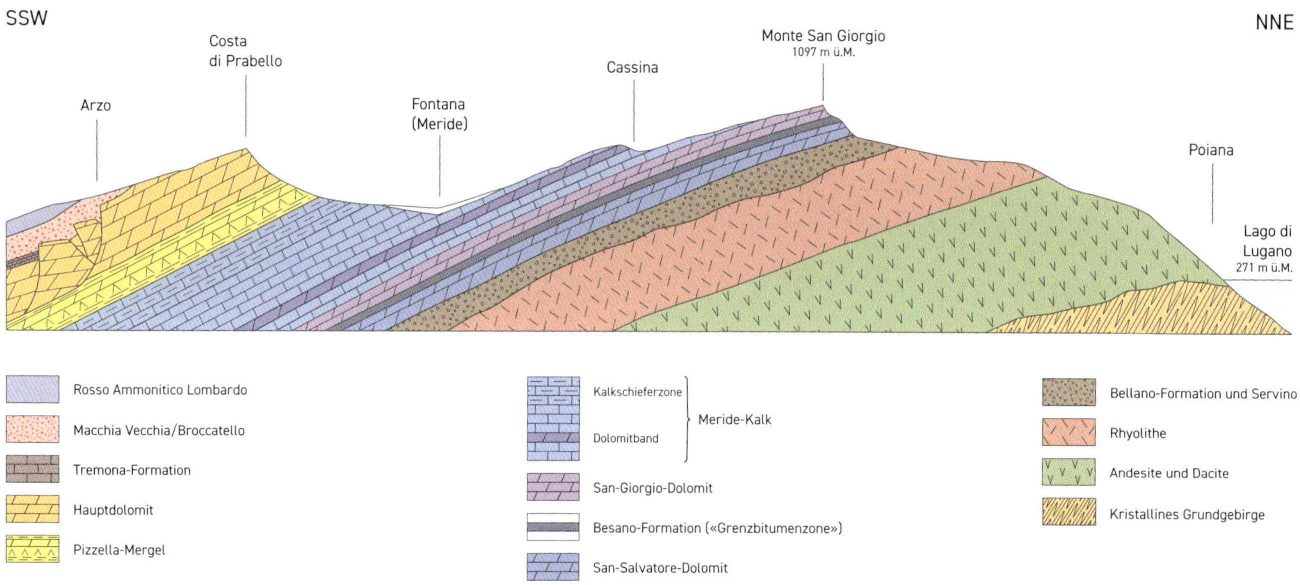

Vereinfachtes geologisches Profil durch den Monte San Giorgio.

TREIBSTOFFKNAPPHEIT

Um die herrschende Treibstoffknappheit auszugleichen, wurde durch das Büro für Bergbau ein Projekt zur Gewinnung und Verarbeitung der Ölschiefer zu Treibstoff oder Heizöl erarbeitet. Chemische Analysen waren bereits durch Herrn Schläpfer von der Eidgenössischen Materialprüfungsanstalt EMPA ausgeführt worden. Doch es fehlten noch jegliche zuverlässigen Daten zur Wirtschaftlichkeit eines solchen Projekts.

ES BRAUCHT OBJEKTIVE GUTACHTEN

Die geologischen und bergbaulichen Verhältnisse mussten untersucht und weitere chemische Analysen ausgeführt werden. Aufgrund der hohen Gestehungskosten wurde von einem solchen Projekt abgeraten, hingegen hätte eine Studie zur Produktion von Schmieröl eine wirtschaftliche Berechtigung gehabt.

Ohne das Ergebnis einer solchen Studie abzuwarten, wurde 1942 die Inol SA mit 500 000.– Franken Aktienkapital gegründet und mit dem Bau einer Destillationsanlage begonnen. Bereits im Frühling 1943 war trotz Warnung der Geologen vom Büro für Bergbau anstelle eines Sondierstollens am Ostabhang des Monte San Giorgio eine grossflächige Schürfung im Tagbau durchgeführt worden – das Ergebnis war ein Hangrutsch. Ein weiterer Bergbau kam nie mehr zur Ausführung (Rickenbach 1947).

FÜHRUNGEN

Infos zum Fossilienmuseum in Meride und den Lehrpfaden am Monte San Giorgio sind auf der Webseite zu finden.

Kontakt

Fossilienmuseum des Monte San Giorgio
Via Bernardo Peyer 9, 6866 Meride
Telefon: +41 (0) 91 640 00 80
Mail: info@montesangiorgio.org
Webseite: www.montesangiorgio.org/de/

Oben: Installationen und Betriebsgebäude beim Bergwerk Tre Fontane, um 1915.
Unten: Mineur im Stollen des Bergwerks Tre Fontane, um 1916.

ANHANG

BESUCHERBERGWERKE DER SCHWEIZ

AARGAU

HERZNACH
Verein Bergwerk Herznach
5027 Herznach
+41(0) 62 878 15 11
info@bergwerkherznach.ch
www.bergwerkherznach.ch
Besichtigung:
- Museum
- Bergwerk
- Stollenbahn
- Bed & Breakfast im Silo

AARAU
Stollenführerschaft Meyersche Stollen
Poststrasse
5000 Aarau
fuehrungen@meyerschestollen.ch
www.meyerschestollen.ch/stollenfuehrungen
Besichtigung:
- Aufschluss Meyerstollen
- Führung Nordstollen

BERN

BOLTIGEN
Freunde Kohlenbergwerke Boltigen
kohlenbergwerke.boltigen@hotmail.com
www.kohlenbergwerke-boltigen.ch
Besichtigung:
- Museum

PLANPLATTEN/ERZEGG
Museum der Landschaft Hasli
Kapellen 1
3860 Meiringen
www.haslimuseum.ch
Besichtigung:
- Wanderung
- Abbauorte/Stollen
- Erz/Fossilien
- Sägewerk
- Museum

KRAUCHTHAL
Museum Krauchthal
Länggasse 20
3326 Krauchthal
www.museumkrauchthal.ch/sandsteinpfad
Besichtigung:
- Museum
- Sandsteinpfad
- Steinbrüche

GLARUS

GLARUS SÜD
Landesplattenberg Engi
Sernftalstrasse 109
8765 Engi
+41(0) 55 642 55 55
info@landesplattenberg.ch
www.landesplattenberg.ch
Besichtigung:
- Bergwerk
- Schiefertafelfabrik

Herznach

Meyerstollen

GRAUBÜNDEN

OBERSAXEN
Erzbergwerk Platenga
Undertor 1
7134 Obersaxen
Surselva Tourismus
+41(0) 81 933 22 22
obersaxen@surselva.info
www.surselva.info/Media/
Attraktionen/Erzbergwerk-
Platenga-Obersaxen
Besichtigung:
- Bergwerk

RUEUN/GULATSCH
Minas da Gulatsch
ilanz@surselva.info
www.surselva.info/Media/Touren/
Erlebniswerg-Minas-da-Gulatsch
Besichtigung:
- Erlebnisweg Minas da Gulatsch

RHEINWALD
Verein Erzminen Hinterrhein
www.erzminen-hinterrhein.ch
+41 (0)81 650 90 30

ZILLIS-REISCHEN
Silberminen Alp Taspegn
www.erzminen-hinterrhein.ch/
führungen/taspegn
info@viamala.ch
+41 (0)81 650 90 30
Besichtigung:
- 40-minütige Fahrt zum Bergwerk
- Führung durch die Stollen
- Höchst gelegenes Museum

ANDEER
Erzstollen Gruobas Ursera
www.erzminen-hinterrhein.ch/
führungen/ursera
info@viamala.ch
+41 (0)81 650 90 30
Besichtigung:
- Schmelzi
- Wanderung zu den Stollen
- Stollenbesichtigung

INNERFERRERA
www.erzminen-hinterrhein.ch/
führungen/historische-
bergbau-führung
info@viamala.ch
+41 (0)81 650 90 30
Besichtigung:
- Bergbaumuseum
- Schmelza in Ausserferrera
- Wanderung

SALOUF
Schmelzofen Flex
www.bergbau-graubuenden.ch/
uploads/pdf/factsheets/
inventar_ID-100.pdf
Wanderweg
Besichtigung:
- Frei zugänglich über
  beschilderten Wanderweg

S-CHARL
Minieras Schmelzra
+41 (0)81 864 07 90
www.schmelzra.ch/1/museum
Besichtigung:
- Museum
- Stollen Mot Madlain

Erzstollen Gruobas/Ursera

Bergwerk Monstein

SCHMITTEN

Bergwerk Blyberg
Richard Item
Landwasserstrasse 10B
7493 Schmitten (Albula)
info@item-motobike.ch
www.erzgruben.ch
+41 (0)79 611 15 50
Besichtigung:
- Fahrt hinauf zum Bergwerk
- Bergwerk

DAVOS

Bergwerk Monstein
sekretariat@silberberg-davos.ch
www.silberberg-davos.ch
+41 (0)81 415 21 21
Besichtigung:
- Bergwerk
- Spezialführung Museum, Bergwerk, Brauerei

DAVOS/SCHMELZBODEN

Bergbaumuseum Graubünden
Schmelzboden 3, 7278 Davos Monstein
info@bergbau-museum.ch
+41 (0)79 203 77 84
Besichtigung:
- Museum
- Spezialführung Museum, Bergwerk, Brauerei

JURA

DELÉMONT

Museum Tête du puits
Association de la tête du puits de Mine
Parkplatz Landi
Route de Moutier 111
2800 Delémont
www.atpm.ch
+41 (0)32 487 10 53
(Régis Froidevaux, Präsident)
Besichtigung:
- Museum

CHOINDEZ

Musée von Roll ingrates
Choindez 397
2830 Courrendlin
www.vonroll-casting.ch/de/museum.html
audrey.meurier@vrproduction.ch
+41 (0)32 436 13 84
Besichtigung:
- Museum (Eisenverarbeitung in den Von Roll Eisenwerken und vieles mehr)

NEUENBURG

LA PRESTA

Mines d'Asphalte
Site de la Presta
2105 Travers
+41 (0)32 864 90 64
www.mines-asphalte.ch/de
info@gout-region.ch
Besichtigung:
- Museum
- Bergwerk
- Asphaltminen-Boutique
- Spezialität «Schinken im Asphalt gekocht»

SCHAFFHAUSEN

SCHLEITHEIM

Gipsmuseum/Gipsbergwerk
Flüelistrasse 25
8226 Schleitheim-Oberwiesen
www.museum-schleitheim.ch/gipsmuseum.htm
Besichtigung:
- Museum
- Workshop
- Bergwerk (auf Anfrage mit Apero in der Tonhalle)

Choindez

Delemont

ST. GALLEN

SARGANS

Bergwerk Gonzen
Vild 18
7320 Sargans
+41 (0)81 723 12 17
www.bergwerk-gonzen.ch
info@bergwerk-gonzen.ch

Besichtigung:

- Bergwerkführung normal, gross, zweitägig
- Stollenfahrt
- Fotoworkshop
- Stein & Wein-Führung
- Restaurant
- Apero in der Stollenbeiz

TESSIN

ASTANO

Miniera Costa di Sessa bei Astano
La Costa
6988 Ponte Tresa
+41 (0)91 608 11 25
+41 (0) 79 127 20 80
www.minieradoro.ch
info@minieradoro.ch

Besichtigung:

- Bergwerk
- Museum
- Exkursionen
- Goldwaschen

VALLE MOROBBIA

Fondazione Valle Morobbia
Ehemalige Hüttenanlage bei Carena
6500 Bellinzona
www.vallemorobbia.com/miniere

Besichtigung:

- Hammer- und Schmelzofenkomplex
- Wanderung zu den Stollen

MERIDE

Fossilienmuseum von Meride
via Bernardo Meyer 9
6866 Meride
+41(0)91 640 00 80
www.montesangiorgio.org/de/Musei/Museo-dei-Fossili-di-Meride.html
info@montesangiorgio.org

Besichtigung:

- Fossilienmuseum
- Fossilien-Lehrpfad
- Bergwerk-Lehrpfad

WAADT

BEX

Mines de Sel de Bex
Rte des Mines de Sel 55
1880 Bex-Le Bouillet
+41 (0)24 463 03 00, info@mines.ch
www.salz.ch/fr/decouvrir-le-sel/mines-de-sel-de-bex

Besichtigung:

- Bergwerk
- Stollenbahn
- Exkursionen in den historischen Teil
- Salz-Shop

Selva-Bella – Bergwerk-Lehrpfad, Monte San Giorgio

Quarzsand-Bergwerk Buchs

WALLIS

VAL D'ANNIVIERS (ZINAL)

Kupfermine La Lée
+41 (0)27 476 17 05, zinal@anniviers.ch
www.valdanniviers.ch/de/kupfermine-gefuhrte-besichtigungen-zinal-1284.html

Besichtigung:

- Bergwerk (einzige, öffentlich besuchbare Kupfermine der Schweiz)

BINNTAL

Grube Lengenbach
Figgerscha, 3996 Binn
www.grube-lengenbach.ch
www.andre-gorsatt.ch/museum

Besichtigung:

- Mineralien suchen auf der Halde
- Mineralienmuseum bei Feld (Binn)

GONDO

Goldmine Gondo
Zwischenbergstrasse
3907 Gondo
+41 (0)79 469 54 36 (Rolf Gruber)
www.goldmine-gondo.ch/minenbesichtigung/goldmine-gondo
goldmine-gondo@bluewin.ch

Besichtigung:

- Bergwerk
- Goldwaschen
- Goldminen-Apero

ZÜRICH

HORGEN

Bergwerk Käpfnach
Bergwerkstrasse 27
8810 Horgen
+41 (0)44 725 39 35
sekretariat@bergwerk-kaepfnach.ch
www.bergwerk-kaepfnach.ch/t/bergwerk

Besichtigung:

- Stollen mit Abbauschlitz
- Stollenbahn
- Bergwerksmuseum
- Spaziergang im Aabachtobel

BUCHS

Quarzsand-Bergwerk Buchs
Krähstelstrasse 29
8107 Buchs
+41 (0)43 411 83 62 (Bea Kathriner)
www.quarzsand-bergwerk.ch/kontakt

Besichtigung:

- Bergwerk
- Restaurant
- Gartenwirtschaft/Gewölbe

AEUGSTERTAL

Bergwerk Riedhof
Riedtrasse 16
8914 Aeugstertal
www.bergwerk-riedhof.ch/index.html

Besichtigung:

- Museum
- Bergwerk
- Stollenbeizli

Mines de Sel de Bex

Käpfnach

LITERATURVERZEICHNIS

VORWORT:

Gay, J., 1942: Fotos zum Bergwerk Chandoline VS, Akten des Büros für Bergbau aus dem Archiv der Landesgeologie, InfoGeol Nr. 24209, swisstopo Bern.

EINLEITUNG:

Schlaefli, R., (1942): Mineure bei der Arbeit in der engen Grube (Fotografie). ASL-Fotoagentur Actualités Suisse, Lausanne.

Gay, J., 1942: Fotos zum Bergwerk Chandoline VS, Akten des Büros für Bergbau aus dem Archiv der Landesgeologie, InfoGeol Nr. 24209, swisstopo Bern.

Zographos, G., 2019: Karte zum Rohstoffinformationssystem der Fachstelle Georessourcen Schweiz der ETH Zürich (RIS). Stand der Aufarbeitung im Jahr 2023. https://map.georessourcen.ethz.ch/.

KRISTALLE UND MINERALE:

Meyer, J., (2017): Gesteine der Schweiz. Der Feldführer. Haupt Verlag.

molekuule.be, 2024: www.alamy.de/stockfoto-quarz-bergkristall-mineral-kristall-struktur-amethyst-onyx-und-achat-edelstein-sind-alle-sorten-von-quarz-atome-als-farbkodierten-spharen-s-140018494.html.

GESTEINE:

Diercke, (2023): Online Atlas. Schnitt durch die Erdkruste. Kreislauf der Gesteine. https://diercke.de/content/schnitt-durch-die-erdkruste-schematisch-978-3-14-100800-5-240-3-1.

Meyer, J., (2017): Gesteine der Schweiz. Der Feldführer. Haupt Verlag.

MINERALISCHE ROHSTOFFE:

GFZ Helmholtz-Zentrum Potsdam, 2022: Entstehung von Kohle und Öl. https://www.gfz-potsdam.de/en/press/offers-for-schools/teaching-materials/pictures.

Neukirchen, F., Ries, G., (2016): Die Welt der Rohstoffe. Lagerstätten, Förderung und wirtschaftliche Aspekte. Springer Verlag.

Pohl, W.L., (2005): Mineralische und Energie-Rohstoffe. Eine Einführung zur Entstehung und nachhaltigen Nutzung von Lagerstätten. E. Schweizerbart'sche Verlagsbuchhandlung.

HISTORISCHER BERGBAU IN DER SCHWEIZ:

Agricola, G., (1556): De re Metallica Libri XII. Zwölf Bücher vom Berg- und Hüttenwesen. Marix Verlag.

Ansermet., S., (201): Le Mont Chemin. Mines et Minéraux du Valais.

Gay, J., 1942: Fotos zum Bergwerk Bramois VS, Akten des Büros für Bergbau aus dem Archiv der Landesgeologie, InfoGeol Nr. 24215, swisstopo Bern.

Kündig. R., et al, (1997): Die mineralischen Rohstoffe der Schweiz. Schweizerische Geotechnische Kommission (SGTK). Vontobel Druck AG.

Lötscher, Chr., (2015): Das jungsteinzeitliche Silexbergwerk «im Chalchofen» bei Olten Kanton Solothurn. Minaria Helvetica, Publikation der Schweizerische Gesellschaft für historische Bergbauforschung (SGHB).

ENTWICKLUNG DER ABBAUTECHNIK:

Bergwerk-Käpfnach (2023): Geschichte; Stollenplan. www.bergwerk-kaepfnach.ch/bergwerk/geschichte.

Gerlach, H., (1873): Die Bergwerke des Kantons Wallis nebst einer kurzen Beschreibung seiner geologischen Verhältnisse in Rücksicht auf Erz- und Kohlenlagerstätten. Verlag von A. Galerini.

Leutert, W., (1997): Handskizze von Wilfried Leutert. Kohlenabbau in den Seitenstollen des Bergwerks Riedhof ZH. Archiv Verein Bergwerk Riedhof.

Letsch, E., Ritter, E., (1925): Die schweizerischen Molassekohlen III. Beiträge zur Geologie der Schweiz. Geotechnische Serie, XII. Lieferung. Kümmerly+Frey.

Wagenbreth, O., Wächtler, E., (1990): Bergbau im Erzgebirge. Technische Denkmale und Geschichten. Springer Verlag.

ROHSTOFFE HISTORISCH BETRACHTET:

Gay, J., 1942: Fotos zum Bergwerk (Chandoline VS), Akten des Büros für Bergbau aus dem Archiv der Landesgeologie, InfoGeol Nr. 24209, swisstopo Bern.

Neukirchen, F., Ries, G., (2016): Die Welt der Rohstoffe. Lagerstätten, Förderung und wirtschaftliche Aspekte. Springer Verlag.

BERGWERK URSERA:

Geocover – Vektordaten (2023): Ausschnitt aus dem Kartenblatt beim Bergwerk Ursera. swisstopo, www.map.geo.admin.ch.

Krähenbühl, H., (1990): Der Bergbau im Schams und Ferreratal: Die Kupferlagerstätte der Alp Ursera-Andeer. Bergknappe, Mitteilungen 52. Freunde des Bergbaus in Graubünden (FBG).

Stäbler, H., (2015): Historischer Bergbau im Hinterrhein. Bergknappe, Tagungsband 18. Internationaler Bergbau- und Montanhistorik-Workshop in Andeer. Freunde des Bergbaus in Graubünden (FBG).

Schöttle, G., (1914): Die Münzstätte Haldenstein und ihr Streit mit der Stadt Lindau im Jahr 1623. Jahrbuch für schweizerische Geschichte. Band (Jahr): 39 (1914). Persistenter Link: http://doi.org/10.5169/seals-45976.

Sincona AG (2013): Foto einer Silbermünze aus der Münzstätte Haldenstein von Freiherr Thomas von Ehrenfels. Auktion 16 (18. Oktober 2013), Los 5600.

Georg Fischer Archiv (1960): Wagen, aus Desauguliers. Foto eines Stiches (+GF+ 600282) aus dem Jahr 1745. Eisenbibliothek // Iron Library (Klasse). Signatur: GFA 11/600282-600283.

Würmli, N., (2003): Gruoba, Andeer. Feldmessprojekt im Juni 2003 der Rudolf Steiner Schule Zürcher Oberland.

BERGWERK CALANDA:

Goldabbau in der Schweiz, (2018): Fotografie einer 16 Franken Duplone aus dem Jahr 1813 (Fotograf und Datum unbekannt). Minaria Helvetica 39/2018. Schweizerische Gesellschaft für historische Berg bauforschung (SGHB).

Bosshard E. (1890): Das Goldbergwerk «zur Goldenen Sonne» am Calanda. Jahrbuch des Schweizer Alpenclub. Fünfundzwanzigster Jahrgang 1889–1890.

Brunner, M., (2018): Goldabbau in der Schweiz. Aktueller Stollenplan der «Oberen Gruob» Fliden. Minaria Helvetica 39/2018. Schweizerische Gesellschaft für historische Bergbauforschung (SGHB).

Rocco, J.B., (1899): Die bergbaulichen Untersuchungen auf Gold am Calanda (Graubünden), Einladung zur Gründung einer Gesellschaft zum Zwecke des Abschlusses jener Untersuchungen, von J.B. Rocco, privatem und eidgen. bergbaulichen Experten, in Bern.

Bächtiger, K., (1967): Die neuen Goldfunde aus dem alten Goldbergwerk «Goldene Sonne» am Calanda (Kt. Graubünden).

Bächtiger, K., (1968): Die alte Goldmine «Goldene Sonne» am Calanda (Kt. Graubünden) und der gegenwärtige Stand ihrer Erforschung. 1. Teil.

Bächtiger, K., (1969): Die alte Goldmine «Goldene Sonne» am Calanda (Kt. Graubünden) und der gegenwärtige Stand ihrer Erforschung. 2. Teil.

Audétat, A., (1995): Mineralogische und Petrographische Untersuchungen an Au, Sb, Cu -führenden Quarz-Karbonat-Gängen am Calanda bei Chur, Kt. Graubünden. Diplomarbeit am Institut für Mineralogie und Petrographie ETH Zürich.

Hess-Divo AG, 2012: Foto einer 16 Franken (Duplone) 1813 aus dem Gold vom Calanda. Auktion 331(2012), Los 179.

Marks, M., Warnecke, M., & et al (2017): Gesteinskunde Skript für die Übungen zur Dynamik der Erde. Mathematisch-Naturwissenschaftliche Fakultät, FB III: Geowissenschaften. Universität Tübingen.

BERGWERK GONZEN:

Berlepsch, H. A., 1860: Erzschlittler am Gonzen. Holzstich von Hermann Alexander Berlepsch nach einer Zeichnung von Emil Rittmeyer. Gonzen – Der Berg und sein Eisen 2010.

Beringer, L., ca. 1923: Fotografie eines Erzzuges mit einer Akku-Lok aus dem Nausstollen. Gonzen – Der Berg und sein Eisen 2010.

Bugg, M., (2010): Gonzen – Der Berg und sein Eisen.

Högger, R., 1846: Ölgemälde des Hüttenwerks bei Plons (Privatbesitz). Gonzen – Der Berg und sein Eisen 2010.

BERGWERK MÜRTSCHENALP:

Stöhr, E., (1865): Die Kupfererze an der Mürtschenalp und der auf ihn geführte Bergbau von Emil Stöhr.

Von Arx, R., (1992): Das Kupferbergwerk Mürtschenalp. Porträt von Heinrich Simon aus dem Heimatbuch Meilen (1983). Portät von Gustav Weinmann, Privatbesitz. Fotografie vom Angriffstollen (1916), Fotografie der Seilbahnstation von Gmür (1917/18), Transport des Druckkessels, Fotografie von Kamm (1916/17).

Feldmann, M., (2023): Geologie der Glarneralpen. Teil II: Karbon, Perm & Trias. Geo-life. https://docplayer.org/53433002-Kurs-geologie-der-glarneralpen-teil-ii-karbon-perm-trias-mark-feldmann-dr-sc-nat-eth.html.

Bächtiger, K., (1989): Die Lagerstätten und die Geschichte des Silber. Und Kupfer-Bergbaues auf der Mürtschenalp.

Simon, H., (1857): Dr. Heinrich Simon. Beilage zum «Der freie Oberländer» Bad Ragaz, vom 02.09.1960, Nr. 103.

Powerhouse Collection (2023): Rittinger Stossherd (H10103). https://collection.maas.museum/object/230832.

Pohl, W.L., (2005): Mineralische und Energie-Rohstoffe. Eine Einführung zur Entstehung und nachhaltigen Nutzung von Lagerstätten. E. Schweizerbart'sche Verlagsbuchhandlung.
Stöhr, E., 1864: Stollenpläne zur Bergwerk Mürtschenalp. ETH-Bibliothek Zürich. Signaturen: Hs 4c:872b.
Tröger, H., 1860: Zeichnungen, Karten und Stollenpläne zur Bergwerk Mürtschenalp. ETH-Bibliothek Zürich. Signaturen: Hs 4c:873b.
Tröger, H., 1860: Das Kupferbergwerk nach einer originalen Zeichnung des damaligen Direktor Heinrich Tröger. Skizze aus dem Privatbesitz der Familie Fulda.

LANDESPLATTENBERG ENGI:
Baumgartner-Marti, M., (1997): Schieferreiches Engi.
Rhyner, H., (2023): Historische Fotos aus dem Archiv des Landesplattenberg.
www.landesplattenberg.ch (2023).

BERGWERK HÖHRONE:
Braendlin, E., (1943): Stollenpläne zur Höhrone ZG. Akten des Büros für Bergbau aus dem Archiv der Landesgeologie, swisstopo Bern.
Fehlmann, H., (1947): Der Schweizerische Bergbau während des Zweiten Weltkrieges. Herausgegeben vom Büro für Bergbau des Eidg. Kriegs- Industrie- und -Arbeits-Amtes.
Landtwing, K., (1997): Kohlenbergbau am Höhronen. Minaria Helvetica 17a/1997. Schweizerische Gesellschaft für historische Bergbauforschung (SGHB).
Letsch, E., (1899): Die Schweizerischen Molassekohlen östlich der Reuss. Beiträge zur Geologie der Schweiz, Geotechnische Serie, I. Lieferung.

BERGWERK KÄPFNACH:
Lager, P. (2024): Diverse historische Fotos aus dem Archiv des Bergwerks Käpfnach.
Letsch, E., (1899): Die Schweizerischen Molassekohlen östlich der Reuss. Beiträge zur Geologie der Schweiz, Geotechnische Serie, I. Lieferung.
Fehlmann, H., (1919): Der Schweizerische Bergbau während des Weltkrieges. Kümmerly+Frey.

BERGWERK RIEDHOF:
Kündig, R., Wenger, U., (2002): Kohlenbergwerk Riedhof bei Aeugst am Albis. Minaria Helvetica 22a/2002. Schweizerische Gesellschaft für historische Bergbauforschung (SGHB). Fotos vom Gonzen Archiv EGAG und den Gebrüdern Spinner.
Von Moos, (1947): Kohlenbergwerk Riedhof, Schlussbericht. Akten des Büro für Bergbau aus dem Archiv der Landesgeologie, InfoGeol Nr. 3650, swisstopo Bern.

QUARZSAND-BERGWERK BUCHS:
Widmer, R., (2017): Das Bergwerk im Krähstel. Minaria Helvetica 38/2017. Schweizerische Gesellschaft für historische Bergbauforschung (SGHB).
Wetzel, M., (2017): Verschiedene Fotos und Postkarten aus der Sammlung von Myrta Wetzel.

GIPSBERGWERK SCHLEITHEIM:
www.museum-schleitheim.ch (2023).

PLANPLATTEN - ERZEGG:
Kaufmann. S., (2006): Eisenerzabbau in Obwalden. Arbeit zur Erlangung des Bachelorgrades der Geisteswissenschaftlichen Fakultät der Universität Luzern.
Zahn, U., (2001): Eisenbergwerk Mühletal. Ein Beitrag zur Heimatkunde des Oberhasli.
Wenger, U., (2016): Erzbergbau im Gental. Minaria Helvetica 37/2067. Schweizerische Gesellschaft für historische Bergbauforschung (SGHB).

ASPALTMINE LA PRESTA:
Spycher, A., (1994): Die Asphaltgrube im Val-de-Travers – ein Kapitel schweizerischer Bergbaugeschichte. Schweizerische Gesellschaft für Volkskunde Abteilung Film. Reihe: Altes Handwerk. Heft 61.
Schmutz. L., (2015): Die Asphaltminen von La Presta.

ERDÖLQUELLE BEI DARDAGNY:
Heim. A., Hartmann, A., (1919): Untersuchungen über die petrolführende Molasse der Schweiz. Beiträge zur Geologie der Schweiz, Geotechnische Serie, VI. Lieferung.
Althaus, H.E., Rickenbach, E., (1947): Erdölgeologische Untersuchungen in der Schweiz. I. Teil. Beiträge zur Geologie der Schweiz, Geotechnische Serie, 26. Lieferung.
Lagotala, H., (1932): Les Gîtes bitumineux de Dardagny (Genève). In: Le Globe. Revue genevoise de géographie, tom 71, 1932.

MINE DE SEL DE BEX:
Bonzon, A., (1894): Plan annexé à la concession accordée à la Société des Salines des Bex, par Alexis Bonzon fils, géomètre. Plan des galeries et exploitations. Inventaires des Archives cantonales vaoudoises (DAVEL). Signatur: CV-N6_545.
Boillat, Chr., (2016): En 1916, les Vaudois se mobilisent et sauvent leurs Salinex Bex. Le Conseil d'Etat voulait confier la concession des mines et la gestion du sel aux Salines suisses du Rhin. (www.24heures.ch, 2024).
Clavel, J., (1986): Die Minen und Salinen von Bex. Ein grossartiges Werk unserer Vorfahren. Diverse historische Aufnahmen und Pläne.
Chappuis-Genoud, J., (1888): Carte des mines de sel de Bex accompagnant la Notice sur les travaux de la Compagnie des Mines et Salines. Publiée par le comité. Jules Chapuis-Genoud, lithographe, Lausanne. Inventaires des Archives cantonales vaoudoises (DAVEL).
Signatur: N6/329 a-c.
Weidmann, M., (2006): Mines de sel de Bex, données 1991-2004. Beiträge zur Geologie der Schweiz, Geotechnische Serie, 94. Lieferung.
www.salina-helvetica.ch (2024).

BERGWERK COLLONGES:
Campana, Br., 1942: Stollenplan zum Bergwerk Collonges VS, Akten des Büros für Bergbau aus dem Archiv der Landesgeologie, InfoGeol Nr. 24175, swisstopo Bern.
Christ, P., (1925). Das produktive Karbon der Schweizeralpen. II. Teil: Die Walliser Anthrazitlagerstätten und Walliser Anthrazitbergbau während der Jahre 1917-1924. Beiträge zur Geologie der Schweiz, Geotechnische Serie, XI. Lieferung.
Gay, J., 1943: Fotos zum Bergwerk Collonges VS, Akten des Büros für Bergbau aus dem Archiv der Landesgeologie, InfoGeol Nr. 24175, swisstopo Bern.
GeoPark (2023): Ruhrgebiet, Sumpfwald im Oberkarbon, Ruhr Museum.
Grenouillet, W., 1918: Stollenplan zum Bergwerk Collonges VS, Akten des Büros für Bergbau aus dem Archiv der Landesgeologie, InfoGeol Nr. 1420, swisstopo Bern.
Fehlmann, H., (1919): Der Schweizerische Bergbau während des Weltkrieges. Kümmerly+Frey.
Fehlmann, H., (1947): Der Schweizerische Bergbau während des Zweiten Weltkrieges. Herausgegeben vom Büro für Bergbau des Eidg. Kriegs- Industrie- und -Arbeits-Amtes.
Schmidt, P., 1917: Bergwerk Collonges VS, Akten des Büros für Bergbau aus dem Archiv der Landesgeologie, InfoGeol Nr. 1420, swisstopo Bern.
Wehrli, L. (1925): Das produktive Karbon der Schweizeralpen. I. Teil: Übersicht und Geschichte des Bergbaues von seinen Anfängen bis Mitte 1917 mit besonderer Berücksichtigung der Anthrazite des Wallis. Beiträge zur Geologie der Schweiz, Geotechnische Serie, XI. Lieferung.
Mont Chemin:
Ansermet, S., (2001): Le Mont Chemin. «Mines et minéraux du Valais».
Hugi, E., (1948): Die Eisen- und Manganerze der Schweiz. Band 4. Die Magnetit-Lagerstätten. Beiträge zur Geologie der Schweiz, Geotechnische Serie, XIII. Lieferung.
Wehrli, L., (1919): Fotos der Mine des Trappistes (Dia_247-03111 / Dia_247-03108 / Dia_247-03110). www.e-pics.ethz.ch (2024).
www.sentier-des-mines.ch (2023).

BERGWERK APROZ:
Grenouillet, W., (1919): Berichte zum Bergwerk Aproz VS, Akten des Büros für Bergbau aus dem Archiv der Landesgeologie, InfoGeol Nr. 1391, swisstopo Bern.
Cadisch, J., (1942): Berichte zum Bergwerk Aproz VS, Akten des Büros für Bergbau aus dem Archiv der Landesgeologie, InfoGeol Nr. 7137, swisstopo Bern.
Masson, R., (1942): Stollenpläne zum Bergwerk Aproz VS, Akten des Büros für Bergbau aus dem Archiv der Landesgeologie, InfoGeol Nr. 7137, swisstopo Bern.
Gay, J., (1944): Berichte zum Bergwerk Aproz VS, Akten des Büros für Bergbau aus dem Archiv der Landesgeologie, InfoGeol Nr. 7137, swisstopo Bern.
Gerlach, H., (1873): Die Bergwerke des Kantons Wallis nebst einer kurzen Beschreibung seiner geologischen Verhältnisse in Rücksicht auf Erz- und Kohlenlagerstätten. Verlag von A. Galerini.
Weissert, H., Stössel, I., (2009): Der Ozean im Gebirge. Eine geologische Zeitreise durch die Schweiz. VdK Hochschulverlag AG.

BERGWERK KALTENBERG:

Epiney, B., Aimé, P., (1836): Brief an den Grosskastlan von Leuk. Staatsarchiv Sion. Akten Nr. 3 DTP (Kaltenberg).

Album der Sächsischen Industrie (1856): Stich des Königlichen Blaufarbenwerk OberSchlema. Druck und Verlag von Louis Leser in Neuselza. SLUB Dresden. http://digital.slub-dresden.de/id252070844.

Büro für Bergbau, Akten des Büros für Bergbau aus dem Archiv der Landesgeologie, InfoGeol Nr. 1307 (Kaltenberg VS), swisstopo Bern.

Gilliéron, F., (1946): Geologisch-petrographische Untersuchungen an der Ni-Co-Lagerstätte Kaltenberg. Beiträge zur Geologie der Schweiz, Geotechnische Serie, 25. Lieferung.

Glauser, A., (1942): Büro für Bergbau, Akten des Büros für Bergbau aus dem Archiv der Landesgeologie, InfoGeol Nr. 7093 (Kaltenberg VS), swisstopo Bern.

Grenouillet, W., (1919): Berichte zum Bergwerk Aproz VS, Akten des Büros für Bergbau aus dem Archiv der Landesgeologie, InfoGeol Nr. 1391, swisstopo Bern.

Métral. M. (2017): SW. Fotografie vom Bergwerk Kaltenberg, Herkunft und Datum bekannt (vermutlich 1892 bis 1898).

Sterren, J., (ca. 1950): Fotografie der Ruinen der ehemaligen Aufbereitungsanlage (genaues Datum unbekannt). Sammlung Untergrund Schweiz, Bergbaumuseum in Ried/Lötschental.

Siegen, J., (ca. 1950): Fotografie der Ruinen der ehemaligen Aufbereitungsanlage (genaues Datum unbekannt). Sammlung Untergrund Schweiz, Bergbaumuseum in Ried/Lötschental.

Widmer, R., (2013): Bergwerk Kaltenberg. Ein Bericht über Hoffnung, Realität und Untergang. Minaria Helvetica 32/2013. Schweizerische Gesellschaft für historische Bergbauforschung (SGHB).

Shisha-Tom, (2012): Smalte, historische Farbstoffsammlung der Technischen Universität Dresden (de.m.wikipedia.org/wiki/Datei:Smalte-Historische_Farbstoffsammlung.jpg).

Wehrli, L., (1921): Foto Mine Kaltenberg (Dia_247-03239-2). www.e-pics.ethz.ch (2024).

de.wikipedia.org/wiki/Blaufarbenwerk_Oberschlema (2024).

BERGWERK GOPPENSTEIN:

Bellwald, W., Bachmann, A., Bärtschi, H.P., (1994): Dokumente, Feldzeugen und Interviews über die Blei-Zinkmine Goppenstein. Zur Biographie eines Schweizer Bergwerkes von Werner Bellwald. Minaria Helvetica 14b/1994. Schweizerische Gesellschaft für historische Bergbauforschung (SGHB).

Carlen, L., (1980): Zur Geschichte der Bergwerke in Lötschen.

Eberhard, E., (1942): Berichte zum Bergwerk Goppenstein VS. Büro für Bergbau, Akten des Büros für Bergbau aus dem Archiv der Landesgeologie, InfoGeol Nr. 4741/1299, swisstopo Bern.

Gerlach, H., (1873): Die Bergwerke des Kantons Wallis nebst einer kurzen Beschreibung seiner geologischen Verhältnisse in Rücksicht auf Erz- und Kohlenlagerstätten.

Rossi, H., (1949): Zur Geschichte der Walliser Bergwerke.

Stebler, F.G., (1907): Am Lötschberg, Land und Volk von Lötschen. Monographien aus den Schweizeralpen. Albert Müller's Verlag.

Tschabold, H., Stüssi-Lauterburg, J., (2006): Einheimisches Blei für die Schweizer Armee. Über die Bleiminen von Goppenstein. Schweizer Strahler SVSMF.

www.lonza.com/about-us/our-history (2024).

BERGWERK MEDEGLIA:

Büro für Bergbau, Akten des Büros für Bergbau aus dem Archiv der Landesgeologie, InfoGeol Nr. 1893 (Medeglia TI), swisstopo Bern.

Grütter, O., (1946): Berichte zum Bergwerk Medeglia TI. Büro für Bergbau, Akten des Büros für Bergbau aus dem Archiv der Landesgeologie, InfoGeol Nr. 10017 (Medeglia TI), swisstopo Bern.

Buckingham, Th., (2011): Die Alpenbildung im Blockdiagrammen.

Knittel, U., Willner, A., (2012): Infoblatt Metamorphe Gesteine. Entstehung von metamorphen Gesteinen. TERRA GWG Geographie WirtschaftONLINE (www2.klett.de, 2024).

Fehlmann, H., (1919): Der Schweizerische Bergbau während des Weltkrieges. Kümmerly+Frey.

Fehlmann, H., (1947): Der Schweizerische Bergbau während des Zweiten Weltkrieges. Herausgegeben vom Büro für Bergbau des Eidg. Kriegs- Industrie- und Arbeits-Amtes.

BERGWERK COSTA:
www.minieradoro.ch/miniera-deutsch (2023).
www.ticino.ch/it/hike/details/Sentiero-delle-Meraviglie/58834559.html (2023).

BERGWERK TRE FONTANE:
Althaus, H.E., Rickenbach, E., (1947): Erdölgeologische Untersuchungen in der Schweiz. I. Teil. Beiträge zur Geologie der Schweiz, Geotechnische Serie, 26. Lieferung.
Furrer, H., (2016): Bergbau am Monte San Giorgio. Fondazione del Monte San Giorgio.
Furrer, H., (2016): Paläontologische Forschung im Gebiet des Monte San Giorgio. Fondazione del Monte San Giorgio.
Furrer, H., (2023): Die Geschichte des Bergwerks Miniera Tre Fontane in Meride. Fondazione del Monte San Giorgio.
Weissert, H., Stössel, I., (2009): Der Ozean im Gebirge. Eine geologische Zeitreise durch die Schweiz.
Neukirchen, F., Ries, G., (2016): Die Welt der Rohstoffe. Lagerstätten, Förderung und wirtschaftliche Aspekte. Springer Verlag.
Fossati, A., (1944). Büro für Bergbau, Tre Fontane bei Meride TI. Akten des Büros für Bergbau aus dem Archiv der Landesgeologie, InfoGeol Nr. 1894/10299/11809, swisstopo Bern.
PIMUZ (2024): Sammlung des Paläontologisches Institut der Universität Zürich.

BILDNACHWEIS

HISTORISCHE FOTOS:
Albert Heim: S. 175 o.
Aldo Galli: S. 284
Bergwerk Käpfnach: S. 117, 118 o./u., 119 o./u.
Bernhard Epney: S. 248
Christophe Boillat: S. 193
Emil Hugi: S. 222 o./u.l./u.r.
Emil Letsch: S. 23 o.r.
FMSG (Archiv): S. 305 o., 309, 313 o./u.
Gebrüder Spinner: S. 127 u.
Gipsbergwerk Schleitheim, Archiv: S. 152
Gonzen Archiv EGAG: S. 126 o./u., 127 o., 128, 129, 130, 131 o./u.
Leo Beringer: S. 67
Leo Wehrli: S. 220, 221 r.o./ r.u., 249 o.
Lonza (Archiv): S. 271
Michel Métral: S. 249 u.l.
Myrta Wetzel: S. 142, 143 o./m./u.l/u.r.
Jacques Clavel: S. 190
Jean Gay: S. 7, 10 u.r., 21 l.r., 26 l./r., 207 l.o./l.u./r., 235 o.r.
Josef Cadisch: S. 234, 235 o.l/u.
Roland Schlaefli: S. 10 u.l.
Rolf von Arx: S. 80 o.l., S. 82, 83 l./r. o./r.u.
Hans Rhyner: S. 94, 95 u.
Heinrich Tröger: S. 78
Otto Grütter: S. 287
PIMUZ (Archiv): S. 304, 205 u., 306, 307 o./u., 308
Sentier des mine: S. 221 o.l., 221 u.
Von Moos: S. 105
Werner Bellwald: 266, 267, 272, 273, 274 l./r., 275 o.l./o.r./u.
Willy Grenouillet: S. 233

KARTEN:
Alexis Bonzon: S. 191 u.
Emil Letsch: S. 107 o. 120 o.
Gregor Zographos (RIS): S. 11
Heinrich Tröger: S. 79
Jules Chappuis: S. 191 o.
swisstopo: S. 42 l., 160, 178 u., 225 u., 296 u.
Unbekannt (Archiv Bergwerk Bex): S. 192

ZEICHNUNGEN UND PLÄNE:
Andrea Fossati: S. 311 o.
Andreas Audétat: S. 59
Albert Heim & Albert Hartmann: S. 176
A. Glauser: S. 251 o.
Bruno Campana: S. 209 u.
Emil Braendlin: S. 103 o./u.
Emil Bosshard: S. 54
Emil Hugi: S. 223 o.
Emil Letsch: S. 23 o.l., 105, 107 u., 120 u.
Emil Stöhr: S. 81
Ernst Eberhard: S. 265, 268 o., 269 o.
F. Gilliéron: S. 251 u.
GeoPark-Ruhr: S. 210
Georg Agricola: S. 20 l./r.
Georg Fischer AG: S. 41 o.r.
Hans Fehlmann: S. 121
Hans Emil Althaus: S. 175 u.
Heinrich Tröger: S. 78
Heinz Furrer & Beat Scheffold: S. 310
Hermann Alexander Berlepsch: S. 66 o.
Renatus Högger: S. 66 u.
J.B. Rocco: S. 55, 57
Karl Landtwing: S. 104 l./r.
Nicolas Würmli: S. 42/43
Otto Grütter: S. 285
Peter Christ: S. 208, 209 o.l.
R. Masson: S. 237 o./u.
Roger Widmer: (gez. nach Wagenbreth & Wächtler): S. 22
Roger Widmer: (gez. nach Wilfried Leutert): S. 23 u.r.
Roger Widmer: S. 24/25
Roger Widmer / Matthias Keller: S. 286 u.
Roger Widmer (gez. nach Bachmann): S. 269 u.
Sentier des Mines: S. 223 u.
Unbekannt (InfoGeol): S. 311 u.
Unbekannt (Bergwerk Käpfnach): S. 23 u.l.
Von Moos: S. 132
Willy Grenouillet: S. 209 o.l., 236

GRAFIKEN:
Thomas Buckingham: S. 286 l.
Heinz Furrer: S. 312
Roger Widmer: (gez. nach molekuul): S. 12
Roger Widmer: (gez. nach Diercke): S. 15
Roger Widmer: (gez. nach Neukirchen): S. 17 o.
Roger Widmer: (gez. nach gfz-potsdam): S. 17 u.
Roger Widmer: S. 24/255
Roger Widmer: S. 84 u.
Roger Widmer (gezeichnet nach Knittel): S. 286 r.

FOTOS:
Hess-Divo AG: S. 56 o.r.
Matthias Keller: S. 150 o./u., 231 u., 319 r.
Powerhouse Collection: S. 80 o.r.
Roger Widmer: S. 13 l.o./l.u./r, 14 l./m./r., 19 o.l./o.r./u.l./u.r., 27 o. l/o.r./ u.l./u.r., 28 l./m./r., 29 l./m./r., 30 l./r., 31 o.l./o.r./u.l./u.r., 34/35, 36, 37, 38, 39, 40, 44/45, 48, 49, 50/51, 52 o./u., 53, 56 o.l., 62, 63, 64, 65 o.u., 68/69, 72/73, 74 o./u., 75, 76, 77 o./u., 84 r.o/r.u., 85 o./u.l./u.r., 86/87, 90 o./u., 91, 92/93, 95 o., 98, 99, 100, 101, 102, 106 o.l./o.r./u.l., 108/109, 112, 113, 114, 115 o./u., 122/123, 133 o./u., 134/135, 138, 139 , 140 l.o/l.u./r., 141, 144/145, 148, 149, 151, 153 l./r.o./r.u., 156, 157 o./u., 158, 159, 161 o./u., 164, 165 o./u., 166, 167 o./u., 170, 171, 172, 173 o./u., 177 l.o./l.u./r., 178 o., 179 o./u.l./u.r., 182, 183, 184/185, 186, 187, 188, 189, 194 u.l., 195, 196/197, 200/201, 202 o,/u., 203 o./u., 204, 205, 206, 211 l./r., 212/213, 216, 217 o./u., 218, 219, 224 l.o./l.u./r., 225 o., 228, 229, 230, 231 o., 232 o./u., 238, 239 l.o./l.u./r, 240/241, 244/245, 246, 247 o./u., 249 u.r., 250, 252 o./u., 254/255, 258, 259, 260 o./u., 261, 262 o./u., 263 o./u., 276/277, 280, 281, 282, 283, 288/289, 292 o./u., 293, 294, 295 o./u., 296 o., 297 o./u., 300, 301, 302 o./u., 303, 315 l./r., 316 l./r., 317 l./r., 318 l./r., 319 l.
salina-helvetica: S. 194 o.l., 194 o.r.,
Shisha-Tom: S. 253 o.
SINCONA AG: S. 41 o.r.
Wikipedia: S.253 u.

DANK

Ohne die tatkräftige Unterstützung meiner Freunde wäre es mir niemals möglich gewesen, dieses Buchprojekt umzusetzen. Darum möchte ich an dieser Stelle einmal allen für ihre Hilfe danken, sei es für die Geduld beim Fotografieren im Bergwerk, für technische Tipps zur Fotografie und Beleuchtung im Untergrund oder für die Begleitung auf meinen oft nicht ungefährlichen Befahrungen.

Ein spezieller Dank gilt Koni Zehnder, einem guten Freund und ehemaligen Mitarbeiter der SGTK. Er hat in mühevoller Arbeit einen Grossteil der Texte korrigiert, so dass mein ganz persönlicher Stil trotz zahlreicher grammatikalischer Korrekturen erhalten blieb.

Tom Burri möchte ich für die kritischen Fragen danken, mit denen er meine Texte zur Geologie hinterfragt hat. Die alte Literatur zur Geologie der einzelnen Bergwerke war oft überholt und so war ich gezwungen, eigene Überlegungen anzustellen.

Nicht zu vergessen das Team der ehemaligen SGTK. Die fünf Jahre in diesem Team werden für mich vermutlich die schönsten Jahre meines Lebens sein; ihr habt aus einem kleinen Chaoten wie mir einen halben Geologen gemacht. Vielen Dank euch allen für eure Geduld mit mir und all die schönen Momente, die ich zusammen mit euch erleben durfte und hoffentlich noch weiterhin erleben darf.

Ein grosser Dank gilt auch den zahlreichen Sponsoren, die mit ihren Beiträgen die Realisation dieses Buches unterstützt und finanziert haben.

Zu guter Letzt möchte ich dem Team vom AS Verlag dafür danken, dass aus einer einfachen Anfrage vor einiger Zeit ein so wunderschönes Buch reifen konnte.

Glück auf!
Roger Widmer

Sepp

Roger & Mü

Matti & Barbara

Roland

Thomas & Lothar

Efi

Ruedi

Husu

Ueli, Roger & Rainer

Albert & Koni

Tom

DER AUTOR

Das Interesse an der Unterwelt wurde bei mir bereits mit 15 Jahren in einem «Jungschi»-Lager geweckt, als wir eine Höhle im Jura besichtigten. Als Jugendlicher «erforschte» ich oft mit Freunden Kanalisationen und alte Fabrikkanäle entlang der Sihl. Aber mit dem Übergang ins Berufsleben rückte dieses Interesse in den Hintergrund.

Während meiner Lehrzeit half ich ab und zu im Besucherbergwerk Horgen, die alten Stollen instand zu stellen. Aber von Forschung war da noch weit und breit keine Spur. Erst durch eine Mitgliedschaft beim neu gegründeten Bergwerkverein Riedhof wurde mein Interesse an der Bergwerkforschung so richtig geweckt. Ich kam durch Rainer Kündig an historische Unterlagen heran und begann mit Hilfe dieser die alten Bergwerke gezielt zu suchen. Es begann sich eine Faszination für den Untergrund zu manifestieren, die bis heute anhält. Im Jahr 2012 war es dann so weit, dass ich mein Hobby zum Beruf machen konnte. Ich bekam von Rainer Kündig, dem damaligen Präsidenten der Schweizerischen Geotechnischen Kommission SGTK der ETH Zürich, ein Jobangebot. Ich sollte im Rahmen des Rohstoffinformationssystems RIS die historischen Daten zu Vorkommen, Lagerstätten, Abbaustellen und Verarbeitungsbetrieben mineralischer Rohstoffe in der Schweiz erfassen.

Ein bewährtes Mittel der Dokumentation war das Fotografieren. Bei meinen Befahrungen historischer Abbaustellen entstanden immer wieder Fotos, die zu schön waren, um nur im Archiv zu verstauben. So begann ich, die fotografischen «Highlights» aus dieser Forschung auf meiner eigenen Webseite www.bergwerkforschung.ch dem breiteren Publikum zugänglich zu machen.

Vor einiger Zeit wurde der AS Verlag auf diese Fotos aufmerksam und es begann eine konstruktive Zusammenarbeit. Das Ergebnis hältst du jetzt in deinen Händen und ich wünsche dir viel Spass mit interessanten Geschichten und Fotos von gestern, heute und aus der Makrowelt.

Oben links: Der Autor geniesst die Ruhe unter Tage.
Oben rechts: Nach einer gelungenen Befahrung hat auch die Waschmaschine ordentlich zu tun.
Unten: Für ein gutes Foto ist keine Haltung zu unbequem.

ENTDECKUNGSREISEN IM AS VERLAG

Xaver Büeler
Schwyz Outdoors
136 Outdoor-Highlights
für alle Jahreszeiten
ISBN: 978-3-03913-048-1

Die Schweiz ist reich an einzigartigen Naturschönheiten: Berge, Seen, Flüsse, Auen und Wälder bilden den idealen Erholungsraum für jede Jahreszeit. Kaum irgendwo sonst auf der Welt sind die Voraussetzungen für unvergessliche Outdoor-Abenteuer so gut wie im Herzen der Schweiz – in Schwyz. Verkehrstechnisch ideal gelegen, finden sich hier auf engstem geografischen Raum ungeahnte Möglichkeiten, die Natur im Rahmen von sportlichen Aktivitäten zu entdecken.

Heinz Schild
Visionäre Bahnprojekte
Die Schweiz im Aufbruch
ISBN: 978-3-906055-13-8

1890 herrscht Aufbruchstimmung im jungen Bundesstaat Schweiz. Unternehmer sprühen vor Ideen. Parlament und Bundesrat winken Eisenbahn-Projekte durch, welche heute politisch chancenlos, finanziell unerschwinglich und ökologisch fragwürdig wären. Ob die Spitze der Jungfrau oder der Matterhorn-Gipfel, ob «Aussichtsturm Eiger» oder Einschienenbahn auf den Chasseral, kaum ein bekannter Gipfel bleibt vor Erschliessungsträumen verschont.

Klaus Schilling
Baumtrotten
Kulturerbe und
Jahrhundertzeugen
ISBN: 978-3-03913-032-0

In diesem reich illustrierten Band wird die vielfältige Präsenz von historischen Baumpressen in unterschiedlichen Umgebungen beschrieben, von Museen über Winzerbetriebe bis hin zu verlassenen Kammern und modernen Restaurants. Die massiven Baumstämme, die regional unterschiedliche Namen tragen, sind nicht nur funktionale Geräte, sondern tragen auch Geschichten von harter Arbeit, Reichtum und Armut in sich. Sie erzählen von den Herausforderungen und dem Leben der Kellerburschen. Während Besucher mit diesen Zeitzeugen der Kellertechnik Selfies machen, wird der Begriff Nachhaltigkeit neu interpretiert und gewinnt an Bedeutung.

Heinz Staffelbach
Urkraft Wald
Die ältesten Wälder der Schweiz
Finden – Wandern – Erleben
ISBN: 978-3-03913-038-2

Alte Wälder sind die Seelen einer Landschaft. Wer mit offenen Sinnen in diese Räume eintritt, spürt die Kraft und die Wunder der Natur. Wälder sind die Stätten der Natur, in die wir wirklich eintauchen und in denen wir ein Universum von kleinen und grossen Wesen entdecken können. Das tut uns Menschen gut: Hier können wir abschalten und vergessen, hier finden wir Ruhe und Gelassenheit. Alte Wälder gehören zu den intaktesten Ökosystemen der Schweiz – und sie sind Lebensräume, die vor versteckten Überraschungen und spannenden Geschichten nur so strotzen.

Peter Krebs
Walserweg Gottardo
Oberwallis, Val Formazza,
Tessin, Gotthard und Surselva
ISBN: 978-3-03913-052-8

Im Spätmittelater wanderten Oberwalliser in alle Himmelsrichtungen aus. Sie gründeten 200 hochgelegene Siedlungen im Alpenraum, die heute als Walsersiedlungen gelten. Der Wanderführer erkundet den zentralen Teil dieser erstaunlichen Bewegung, die nur dank Wagemut und spezieller Kulturtechniken möglich war. Vom Binntal aus führt der «Walserweg Gottardo» ins italienische Val Formazza, nach Bosco Gurin, ins Bedrettotal, über den Gotthardpass und in die Surselva. Der Autor stellt in kenntnisreichen wie unterhaltsamen Texten die durchwanderten Gegenden mit ihrer Geschichte und Kultur vor.

Ruedi Eichenberger
Bahnreiseführer Schweiz
Mit Zug, Bus und Schiff das
ganze Land entdecken
ISBN: 978-3-03913-014-6

Der «Bahnreiseführer Schweiz» bietet eine umfassende und inspirierende Übersicht über die schönsten Bahnstrecken des Landes. Der Leser wird auf eine Reise durch die beeindruckenden Landschaften der Schweiz mitgenommen, von den majestätischen Alpen bis zu malerischen Seen und charmanten Städten. Der Führer enthält detaillierte Informationen zu den verschiedenen Routen, Sehenswürdigkeiten entlang der Strecke und Tipps für Ausflüge. Zudem werden die historischen und kulturellen Hintergründe der Bahnen beleuchtet. Ideal für Reisende, die die Schweiz entspannt erkunden und die atemberaubende Natur geniessen möchten.